Berechnung und Konstruktion ringversteifter Druckrohrleitungen

Berechnung und Konstruktion ringversteifter Druckrohrleitungen

Von

Dr.-Ing. Friedrich Mang

Karlsruhe

Mit 120 Abbildungen

Springer-Verlag Berlin Heidelberg GmbH

1966

Library of Congress Catalog Card Number: 66 - 25 392
ISBN 978-3-662-11234-2   ISBN 978-3-662-11233-5 (eBook)
DOI 10.1007/978-3-662-11233-5

Titel Nr. 1337

Vorwort

Im Zuge eines Umbruches in der Rohstoff- und Energieverteilung werden in schnell anwachsendem Maße Rohrleitungen notwendig, die frei oder erdverlegt errichtet werden. Insbesondere die direkte Energiegewinnung aus Wasserkraft und der Energieausgleich mittels Pumpspeicherwerken sowie der Betrieb thermoelektrischer Kraftwerke, machen den Bau stählerner Druckrohrleitungen notwendig, die innerhalb der Gesamtinvestition einen maßgebenden Anteil darstellen. Es ist daher notwendig, in jedem Sonderfall die optimale konstruktive Lösung zu finden, die gleichzeitig über eine exakt nachweisbare Sicherheitsspanne gegenüber den vorgeschriebenen maßgebenden Beanspruchungen verfügt.

In diesem Buche wird versucht, die vielfachen Erfahrungen im In- und Ausland zu einer einheitlichen Betrachtungsweise zusammenzuführen und dem praktisch tätigen Ingenieur einfache Berechnungsmethoden, sowie Tafel- und Tabellenwerte zu vermitteln.

Die in der Karlsruher „Versuchsanstalt für Stahl, Holz und Steine" seit 1948 durchgeführten systematischen Untersuchungen an versteiften Rohrschalen und Rohrabzweigungen, welche unter anderem auch in dem Werk des früheren Mitarbeiters Dr. H. ATROPS („Stählerne Druckrohrverzweigungen", Springer-Verlag 1963) niedergelegt sind und bei denen ich seit 1959 mitwirkte, gaben mancherlei Anregungen.

Ganz besonders verdanke ich Herrn Professor Dr.-Ing. Dr. sc. techn. h.c. O. STEINHARDT zahlreiche Ratschläge sowie die vielfältige Förderung dieser Arbeit.

Besonderer Dank gilt auch dem Springer-Verlag für die vorzügliche Gestaltung dieses Buches.

Karlsruhe-Waldstadt, im Februar 1966.

Friedrich Mang

Inhaltsverzeichnis

Bezeichnungen und Formelzeichen

Spezielle und selten benutzte Zeichen werden an der jeweiligen Textstelle erklärt.

[]	gibt mit der jeweiligen Ziffer die im Literaturverzeichnis angeführte Veröffentlichung an.
a	Exzentrizität der Ringauflagerung.
A_i, B_i, C_i	Integrationskonstanten.
b	Breite (in Rohrlängsrichtung gemessen).
E, E^*	Elastizitätsmodul, Ersatz-E-Modul.
F_R, F_m	Ringträgerquerschnittsfläche, mittragende Fläche der Rohrschale.
$g_i, k, n_i, m_i, o_i, s, \bar{s}$	Konstanten.
g	Eigengewicht des Schalenelementes.
G	Schubmodul $G = E/2 \cdot (1 + \mu)$.
H	Druckhöhe; horizontale Auflagerkomponente.
i	laufende Zahlen.
J, S	Trägheitsmoment, Statisches Moment.
$k^{I/II}_{M_i, N_i, Q_i}$	Hilfsfaktoren zur Momenten-, Normalkraft- und Querkraftbestimmung im Bereich I und II des Auflagerringes.
K	Bettungsziffer.
l_i	Rohrlängen, Auflagerringabstand.
$m, M_D, Q_D, M^{I/II}_i,$ $N^{I/II}_i, Q^{I/II}_i$	Schnittgrößen in der Rohrschale und in den verschiedenen Auflagerringbereichen I und II.
N_D, N_L, N_R	Degenrohrkraft, Auflagerreibungskraft, Stopfbuchsenreibungskraft.
p, p_J	Innendruck.
p_0, p_u, p	Auflagerpressungen, Scheitelpressungen.
P	radiale Störbelastung des Auflagerringes.
q	Abtriebslast.
Q	Auflagerkraft des Auflagerringes.
r, R	Rohr-Mittelflächenradius, Ringträger-Schwerlinienradius.
$t, \bar{t}$	Blechdicken.
T	Schubfluß.
$u, v, w, \bar{w}$	Verschiebungen eines Rohrmittelflächenpunktes in x-, y-, z-Richtung.
x, y, z	Koordinaten des kartesischen Koordinatensystems.
X, Y, Z	äußere Kräfte je Mittelflächeneinheit.
α	Rohrachsen-Neigungswinkel zur Horizontalen, Querschnittswert für die „mittragende Breite".
γ	Raumgewicht.
$\gamma_i, \gamma_{x\varphi}, \gamma_{\varphi x}$	Verzerrungen, Gleitungen.
δ, φ, ψ	laufende Koordinaten-Winkel für Kreiskoordinaten.
δ_{ii}	Verschiebungsgrößen.
$\varepsilon_x, \varepsilon_y, \varepsilon_z, \varepsilon_\varphi$	Dehnungen.
λ, ϱ_i	Konstanten.
μ	Querdehnungszahl.
μ_L, μ_s	Reibbeiwerte für rollende und gleitende Reibung.
ν	Reduktionsfaktor für mittragende Breite.
σ	Spannungen.
μ_0	Auflagerwinkel.

Weitere Formelzeichen sind im Text erklärt.

1. Einleitung

1.1 Allgemeines

Festigkeits- und stabilitätstheoretische Untersuchungen für Druckrohrleitungen erlauben bei zahlreichen Lastfällen die Abstrahierung auf einen punkt- bzw. achsensymmetrischen Hohlquerschnitt.

Der gerade Rohrstrang einer Druckrohrleitung aus Zylinder- und Kegelstücken stellt die einfachste Erscheinungsform dar, deren Beanspruchungszustand durch die Theorie wirklichkeitsnah erfaßt werden kann. In diesem Zusammenhang sind beispielsweise bei Pumpspeicherwerken in der Regel die Hangrohrleitung oder die Fallrohrleitung zu

Abb. 1. Verteilrohrleitung des Kraftwerkes Lünersee.

nennen. — Bei der Aufgliederung der Rohrstränge zu Verteilrohrleitungen entstehen rahmenartige Stabwerksysteme, deren Schnittgrößenberechnung durch besondere Auflagerbedingungen und insbesondere durch die Steifigkeitsänderungen infolge wechselnder Blechstärken und Rohrdurchmesser, sowie durch Krümmer, Abzweigstücke und Armaturen oft erschwert wird.

1 A   Mang, Druckrohrleitungen

Diese Elemente stellen zum Teil komplizierte, aus Teilschalen geschaffene und durch Träger mit veränderlichem Querschnitt ausgesteifte Gebilde dar, die gegebenenfalls modellstatischer Untersuchungen bedürfen, wie solche auch durch die „Technischen Richtlinien für die Erstellung von stählernen Druckrohrleitungen für Wasserkraftanlagen" des VDEW [107] und STEINHARDT [108] empfohlen sind. Störzonen in Verschneidungsbereichen, Auswirkungen des Träger-Schalen-Verbundsystems sowie konzentrierte Lasteintragungen, schließen nämlich hier i. d. R. (vgl. hierzu REUSCH [53]) noch eine genaue Spannungsberechnung aus. Ähnliches gilt auch für ungelöste Stabilitäts- und Schwingungsprobleme, welche insbesondere durch Blechdickenreduzierung beim Einsatz hochfester Baustähle aufgeworfen werden.

Unter diesen Voraussetzungen kommt der Auswahl des Baustahles besondere Bedeutung zu. Der Werkstoff muß eine ausreichende Festigkeit, Alterungsbeständigkeit und Sprödbruchsicherheit garantieren; darüber hinaus schweißbar sein und zum Ausgleich und Abbau von ungünstigen, unkontrollierten Spannungszuständen ein genügendes Verformungsvermögen bereitstellen. Die modernen, niedrig legierten, normalisierten Feinkornbaustähle erfüllen diese Bedingungen und erreichen Streckgrenzen von 46 bis 50 kg/mm², bei Dehnwerten von $\delta_5 = 18$ bis 22%. Sie verlangen aber eine aufwendige Qualitätsauslese und -überwachung sowie exakt realisierte Schweißbedingungen und zuverlässige Prüfmethoden. Aus ähnlichen Schmelzen, wie vorgenannte normalisierte Stähle, entsteht nunmehr auch in Deutschland ein durch besondere Wärmebehandlung *vergütetes* Material mit Streckgrenzen bis 70 kg/mm²; es reagiert äußerst empfindlich auf Fehlbehandlungen und sollte in seiner Verwendung zunächst nur auf besonders begründete Fälle beschränkt bleiben.

1.2 Die Aufgabenstellung

Im Druckrohrleitungsbau stellt der Auflager- und Versteifungsring ein Konstruktionsglied dar, das entsprechend der Leitungslänge in gleicher oder sehr ähnlicher Ausführung in großen Stückzahlen gefertigt wird und mitbestimmend für die Wirtschaftlichkeit des Gesamtbauwerkes ist. Es erscheint hier also ein besonderer Aufwand an theoretischen Untersuchungen gerechtfertigt.

Von einem Auflager- bzw. Versteifungsring wird erwartet, daß er Querbelastungen eines Rohrstranges — z. B. aus Wasser-, Eigen- und Überschüttungsgewicht — in Form von tangentialen Schubkräften aufnimmt und auf bestimmte Weise in Fundamente ableitet oder ausgleicht, daß er sich an der Innendruckaufnahme beteiligt und daß er

ferner die kreisrunde Form der Rohrschale erhält. Bei geneigten, frei-
liegenden Rohrsträngen darf er Längskräften keinen Widerstand ent-
gegensetzen und muß ihre vollständige Weiterleitung an Festpunkte ermöglichen, was eine unbehinderte Verschieblichkeit in Rohrachsenrich-
tung erfordert, die zusammen mit Stopfbuchsen oder Dilatationen
gleichzeitig zwanglose Längenänderungen des Rohrstranges zuläßt. Da
bei der Erfüllung dieser Aufgaben in gegliederten Ringträgerquerschnit-

ten möglicherweise einzelne Querschnittsteile ihre
volle Mitwirkung versagen
und außerdem durch den
Verbund mit der Rohr-
schale zwangsläufig Wech-
selwirkungen erzeugen,
muß bei der Bearbeitung
des gestellten Themas zu-
erst eine Behandlung die-
ser Erscheinungen erfol-
gen, um anschließend
weitere systematische Un-
tersuchungen an einem
genau definierten Aufla-
ger- und Versteifungs-
ringgebilde vornehmen zu
können.

Abb. 2. Mittels Auflagerringen
auf Rollen gelagerte gerade Rohrstränge.

Nach einer Formelzusammenstellung für die Ermittlung planmäßi-
ger Schalenschnittgrößen verschieden gelagerter Rohrstränge werden
deshalb in vorliegender Arbeit zunächst das drehsymmetrische Randstörproblem der isotropen Kreiszylinderschale, sowie Störprobleme an
Rohrschalen mit starren und elastischen Ringträgern unterschiedlicher Querschnitte behandelt. Die in der gemeinsamen Differentialgleichung begründete Verwandtschaft der Randstörprobleme mit dem
Problem des „Balkens auf elastischer Bettung" kann bei besonderer
Formulierung die Verwendung vorhandener Tafelwerte erlauben. Sie
wird hier insbesondere auch zur Untersuchung des Einflusses von Blech-
dickenwechseln im Auflagerringbereich benutzt. Eng mit den Randstörproblemen verbunden und von besonderer Bedeutung für die Ring-
trägerbemessung ist die Bestimmung der mittragenden Breite von
Rohrschale und Querschnittsteilen. Ihnen ist der anschließende Abschnitt gewidmet, der wiederum besonderen Raum für die Erforschung
von Rückwirkungen aus Dickensprüngen an der Rohrschale läßt. Im
weiteren Verlauf der Arbeit wird der Ringträger als selbständiges Gebilde, mit einem an Hand vorstehender Untersuchungen feststellbaren

1*

und genau definierten Querschnitt, behandelt. Dabei sind die verschiedenen Auflagerringsysteme nach ihrer Lagerungsweise unterschieden. Es werden zunächst allgemeingültige Systeme gesucht, die alle Sonderfälle einer Ringlagerung in sich bergen und dann eine systematische Aufgliederung in vielfach verwendbare Grundsysteme vorgenommen. Für diese Grundsysteme werden exakte Formeln zur Bestimmung der Momenten-, Normalkraft- und Querkraftverteilung über den Ringträgerumfang, unter Berücksichtigung der exzentrischen Tangentialschubeinleitung aufgestellt. Über Hilfsfaktoren wird eine Verkürzung der Formelschreibweise erreicht, die die alleinige Abhängigkeit von der Auflagersummenkraft und geometrischen Größen noch verdeutlicht und den weitgehenden Einsatz elektronischer Rechenautomaten erlaubt. Unter Ausnutzung dieser Möglichkeit entstanden Tabellen und graphische Darstellungen für die Hilfsfaktoren und damit ein — abgesehen von Zeichen- und Ableseungenauigkeiten — exaktes Hilfsmittel zur einfachen Berechnung aller im Druckrohrleitungsbau üblichen, einfachsymmetrischen Auflagerringsysteme. Die gewonnenen Formeln und Faktoren gelten ohne Einschränkung für alle Lastfälle, deren Belastungsschema symmetrisch angreifende, beliebig gerichtete Einzelkräfte, ferner gleichmäßig verteilte, radiale oder parallel gerichtete, oder nach der cos-Funktion veränderliche Streckenlasten aufweist, sowie aus der Schubabtragung herrührende, an der Ringträgerinnenseite wirksame Tangentialkräfte vorsieht. Somit können auch entsprechende Festpunktkonstruktionen, Krümmerverankerungen und Versteifungsringe von eingeerdeten Rohrleitungen nach diesen Formeln berechnet werden. Die Hilfsfaktoren wurden in dieser Arbeit weiterhin dazu benutzt, die verschiedenen Lagerungsweisen von Auflagerringen miteinander zu vergleichen, in speziellen Fällen die Stellen extremer Beanspruchungen zu zeigen und insbesondere gewisse Aussagen über die Wahl zweckmäßiger Auflagerringsysteme und wirtschaftliche Auflagerausbildungen zu machen. Abschließend werden die Anwendbarkeit der Berechnungsgrundlagen auf Versteifungsringe eingeerdeter Druckrohrleitungen gezeigt sowie an einem Versuchsmodell und ausgeführten Druckrohrleitungen gewonnene Meßwerte mit Rechenergebnissen verglichen.

Es wurde versucht, die exakte baustatische Berechnung der Auflager- und Versteifungsringe stählerner Druckrohrleitungen durch eine Systematik im Ringsystem-Aufbau und in der Rechenmethode übersichtlich und einfach durchführbar zu gestalten. Dabei wurde die vollständige Untersuchung aller im Ringträgerbereich auftauchenden Probleme angestrebt, die das baustatische Verhalten beeinflussen. Damit ist eine Zusammenstellung und Sichtung der einschlägigen Literatur verbunden.

2. Die baustatischen Probleme des Auflagerringbereiches und ihre Auswirkungen auf den Auflagerring

2.1 Die planmäßigen Beanspruchungen der Rohrschale

2.1.1 Grundlagen und Voraussetzungen für eine Berechnung

Die Rohrschale als raumabschließendes und tragendes Element wird durch Schweißverbindungen Teil des Auflagerringquerschnittes und unterliegt als solches Beanspruchungen aus der Tragwirkung des Auflagerringes sowie Störeinflüssen desselben. Sie ist im Auflagerbereich aber weiterhin auch den planmäßigen Schnittgrößen einer Kreiszylinderschale ausgesetzt.

Für die Kreiszylinderschale, als das im Behälter- und Rohrleitungsbau am häufigsten ausgeführte Schalentragwerk, waren schon früh Berechnungsgrundlagen bekannt. Die dabei angewandte lineare Theorie der technischen Elastizitätstheorie wurde vor allem von LOVE [1] auf diese Bedürfnisse ausgerichtet. REISSNER [2] gab auf dieser Grundlage für einen rotationssymmetrisch ausgebildeten und belasteten Kreiszylinder als Ausgangsgleichung der Biegetheorie eine Differentialgleichung 4. Ordnung an. In [3] wird später von MEISSNER für allgemeine Rotationsschalen eine Biegetheorie entwickelt. Für Rohre mit nicht-rotationssymmetrischer Belastung werden dann von REISSNER [4] und von MIESEL [5] Lösungsansätze aufgezeigt. In [6—9] und [10] und außerdem von AAS-JAKOBSEN in mehreren weiteren Veröffentlichungen, z. B. in [11], werden weitere, die geschlossene Kreiszylinderschale betreffende Rechenwege veröffentlicht, während in [12] zwar die gleichen Rechenansätze entwickelt werden — dann aber auf spezielle, dem Behälter- und Druckrohrleitungsbau fremde Spezialgebiete Anwendung finden.

Die ersten von Mathematikern und Elastizitätstheoretikern angestellten Bemühungen erstreckten sich zunächst auf eine möglichst allgemeingültige Aufstellung von Gleichungssystemen und die Gewinnung strenger und grundsätzlicher Lösungsverfahren. Später wurden zur Lösung spezieller technischer Aufgaben besondere Wege angegeben. Neben den Standardwerken — [13, 14], wo, wie in vielen anderen Büchern, die Differentialgleichungen aus den Gleichgewichtsbedingungen am Schalenelement hergeleitet werden [15—22] und [23], in denen zum Teil für speziell gelagerte Rohre geschlossene Formeln für die Beanspruchungen in der Rohrschale wiedergegeben sind — geben weitere Veröffentlichungen [24—35] Möglichkeiten zur Erfassung des Kräftespieles in Rohrschalen an.

Den theoretischen Abhandlungen liegen die für die Membran- bzw. Schalentheorie geltenden Voraussetzungen zugrunde:

1 B   Mang. Druckrohrleitungen

1. In Analogie zur Bernoulli-Hypothese vom Ebenbleiben der Querschnitte in der Biegetheorie der Balken und Platten, wird die von Love bzw. Kirchhoff aufgestellte *Normalenhypothese* angewandt, die besagt, daß sich alle Punkte, die vor der Verformung auf einer Schalennormalen liegen (Senkrechte auf die Tangentialebene an einen Punkt der Mittelfläche), auch noch nach der Verformung auf einer Schalennormalen befinden. Die Schubverformungen bleiben also unberücksichtigt.

2. Die Rohrschale wird als zweidimensionales Tragwerk angesehen, in dem sich ein zweiachsiger (ebener) Spannungszustand ausbildet — Normalspannungen senkrecht zur Schalenmittelfläche also vernachlässigt werden.

3. Aus der nach 2. aufgestellten Voraussetzung ergibt sich für jeden Punkt einer Schalennormalen die gleiche Verschiebung senkrecht zur Schalenmittelfläche.

4. Die Verschiebungen der Kreiszylinderschale sind so klein, daß die Gleichgewichtsbedingungen am unverformten Schalenelement abgeleitet werden dürfen.

Die hier angeführten üblichen Annahmen stellen eine sinngemäße Übertragung der bei Biegestäben angewandten Grundsätze dar (Bernoullische Hypothese vom Ebenbleiben der Querschnitte, Vernachlässigung der Querkraftverformung, Gleichgewicht am unverformten System, Hookesches Gesetz, Gültigkeit des Superpositionsgesetzes).

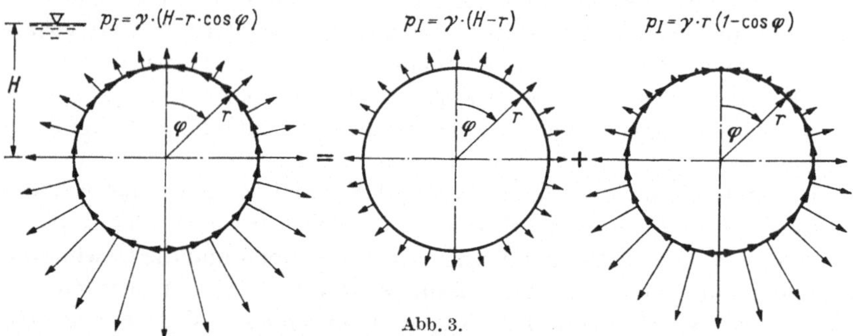

Abb. 3.

Die wesentlichen Belastungen eines mittels Auflagerringen gelagerten geraden Druckrohrleitungsstranges, der Innendruck, das Wassergewicht und das Eigengewicht, können in einem Kreisrohrquerschnitt keine *Umfangsbiegemomente* erzeugen, wie nachstehende Ausführungen beweisen sollen.

Der Lastfall *Innendruck* und *Wassergewicht* läßt sich gemäß Abb. 3 in Einzellastfälle gliedern, wobei der erste Anteil — die reine Innendruckbelastung — offensichtlich keine Biegung hervorruft.

Die Lasten des zweiten Anteiles können ihrerseits eine Aufteilung gemäß Abb. 4 erfahren und erhalten mit ihrer ersten Erscheinungskomponente die Rohrschale ebenfalls biegungsfrei. Das Biegemoment der

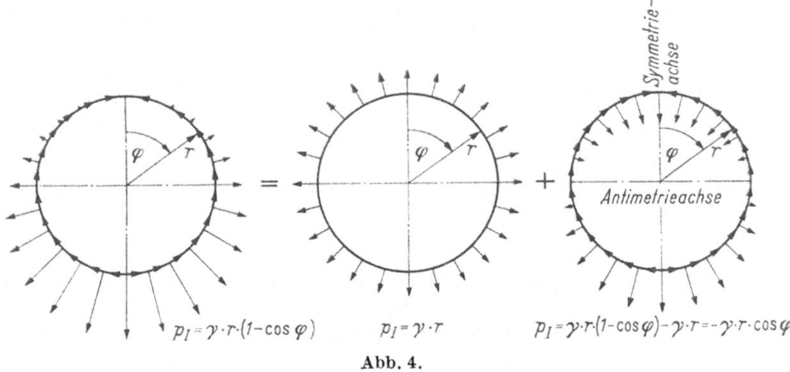

Abb. 4.

zweiten Lastkomponente kann unter Ausnutzung von Symmetrie (Einspannung in der Symmetrieachse) und Antimetrie (alleinige Wirksamkeit von antimetrischen Kräften in der Antimetrieachse, nämlich der

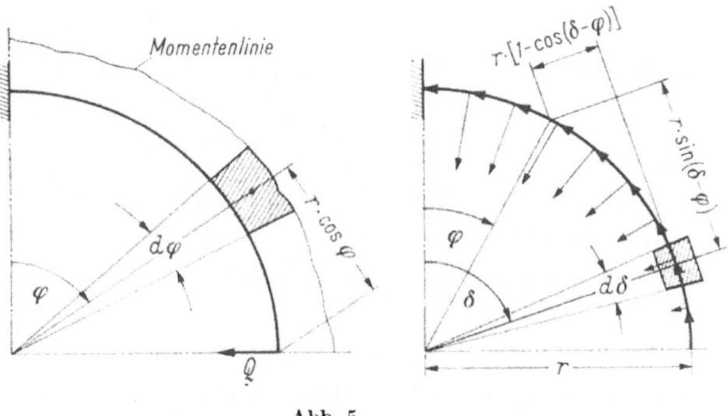

Abb. 5.

Querkraft) nach Abb. 5 bestimmt werden. Für den Biegeanteil aus Radiallasten M_J ergibt sich

$$M_J = - \int\limits_{\delta = \frac{\pi}{2}}^{\delta = \varphi} \gamma \cdot r \cdot \cos\delta \cdot ds \cdot r \cdot \sin(\delta - \varphi)$$

$$= -\gamma \cdot r^3 \cdot \int\limits_{\delta = \frac{\pi}{2}}^{\delta = \varphi} \cos\delta \cdot \sin(\delta - \varphi) \cdot d\delta,$$

$$M_J = \frac{\gamma \cdot r^3}{2} \cdot \left[\cos\varphi + \left(\varphi - \frac{\pi}{2}\right) \cdot \sin\varphi\right]. \tag{1}$$

Das Biegemoment aus Schublasten (M_{SJ}) wird unter Verwendung der aus der Festigkeitslehre bekannten Beziehungen für den Schubfluß, das Trägheitsmoment und das statische Moment, errechnet

$$T = Q \cdot \frac{S}{J} = r^2 \cdot \pi \cdot \gamma \cdot \frac{r^2 \cdot t \cdot \sin \delta}{r^3 \cdot t \cdot \pi} = r \cdot \gamma \cdot \sin \delta, \tag{2}$$

$$M_{SJ} = \int\limits_{\delta = \frac{\pi}{2}}^{\delta = \varphi} r \cdot \gamma \cdot \sin \delta \cdot r \cdot d\delta \cdot r \cdot [1 - \cos(\delta - \varphi)]$$

$$= r^3 \cdot \gamma \cdot \int\limits_{\delta = \frac{\pi}{2}}^{\delta = \varphi} \sin \delta \cdot [1 - \cos(\delta - \varphi)] \cdot d\delta,$$

$$M_{SJ} = \frac{\gamma \cdot r^3}{2} \cdot \left[\cos \varphi + \left(\varphi - \frac{\pi}{2} \right) \cdot \sin \varphi \right]. \tag{3}$$

Da auf Grund der Mohrschen Bedingungen die Momente der Momentenflächen (Abb. 5) aus äußeren Kräften und der Momentenfläche aus $Q_{(M_Q)}$, bezogen auf die Antimetrieachse, gleich sein müssen, gilt

$$\frac{1}{EJ} \cdot \int\limits_0^{\frac{\pi}{2}} (M_J + M_{SJ}) \cdot r \cdot d\varphi \cdot r \cdot \cos \varphi = \frac{1}{EJ} \cdot \int\limits_0^{\frac{\pi}{2}} M_Q \cdot r \cdot d\varphi \cdot r \cdot \cos \varphi,$$

$$M_J + M_{SJ} = M_Q. \tag{4}$$

Werden in diese Gleichung (4) die Beziehungen (1) und (3) eingesetzt, so entsteht

$$M_Q = 0. \tag{5}$$

Das bedeutet, daß das Moment aus äußeren Kräften ($M_J + M_{SJ}$), wie auch jenes aus der Querkraft (M_Q) an jeder Stelle des Rohrquerschnittes Null ist — daß also infolge Innendruck und Wasserlast keine Umfangsbiegemomente möglich sind.

Der Lastfall *Eigengewicht* ist in seiner Wirkungsweise durch Abb. 6 gekennzeichnet. Zur Biegemomentenbestimmung läßt er auf Grund der vorhandenen Symmetrie und Antimetrie die in Abb. 7 getroffenen Vereinfachungen zu. In der Antimetrieebene wirkt (Abb. 5) allein die Querkraft Q. Für das Biegemoment aus Eigengewichtslasten (M_E) gilt mit den Bezeichnungen von Abb. 7 und dem Gewicht (g) des Schalenelementes

$$M_E = \int\limits_{\delta = \frac{\pi}{2}}^{\delta = \varphi} g \cdot r \cdot d\delta \cdot r \cdot (\sin \delta - \sin \varphi)$$

$$= g \cdot r^2 \cdot \int\limits_{\delta = \frac{\pi}{2}}^{\delta = \varphi} (\sin \delta - \sin \varphi) \cdot d\delta,$$

$$M_E = g \cdot r^2 \cdot \left[\cos \varphi + \left(\varphi - \frac{\pi}{2} \right) \cdot \sin \varphi \right]. \tag{6}$$

Das Schub-Biegemoment (M_{SE}) lautet mit der bereits erwähnten Beziehung der Festigkeitslehre

$$T = Q \cdot \frac{S}{J} = 2 \cdot r \cdot \pi \cdot g \cdot \frac{r^2 \cdot t \cdot \sin\delta}{r^3 \cdot t \cdot \pi} = 2 \cdot g \cdot \sin\delta, \tag{7}$$

$$M_{SE} = \int\limits_{\delta=\frac{\pi}{2}}^{\delta=\varphi} 2 \cdot g \cdot \sin\delta \cdot r \cdot d\delta \cdot r \cdot [1 - \cos(\delta - \varphi)]$$

$$= 2 \cdot g \cdot r^2 \cdot \int\limits_{\delta=\frac{\pi}{2}}^{\delta=\varphi} \sin\delta \cdot [1 - \cos(\delta - \varphi)] \cdot d\delta,$$

$$M_{SE} = - g \cdot r^2 \cdot \left[\cos\varphi + \left(\varphi - \frac{\pi}{2} \right) \cdot \sin\varphi \right]. \tag{8}$$

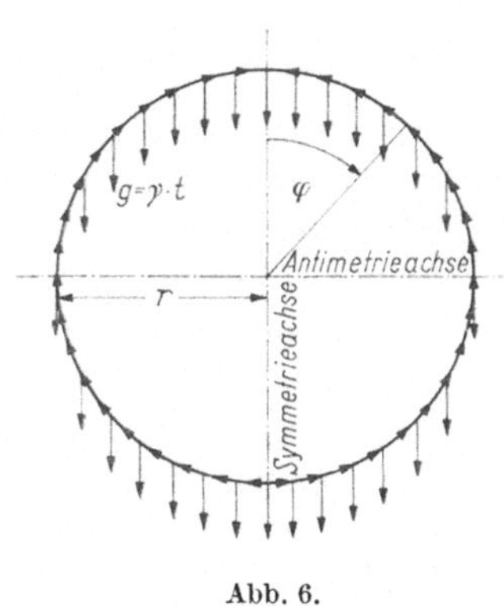

Abb. 6.

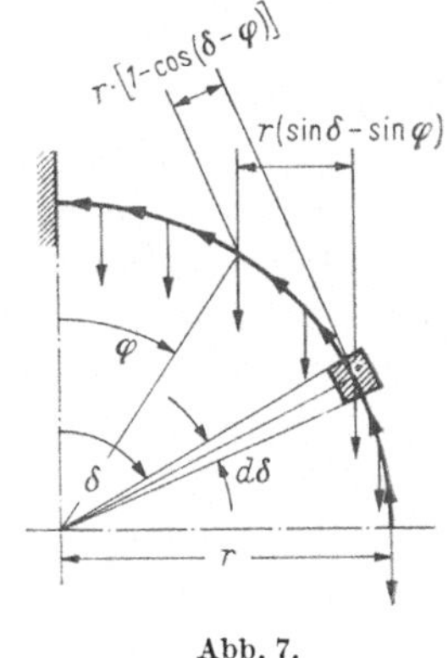

Abb. 7.

Die Mohrschen Bedingungen liefern in analoger Weise wie für Formel (4) die Gleichung

$$M_E + M_{SE} = M_Q, \tag{9}$$

und nach Einsetzen von Formel (6) und (8)

$$M_Q = 0. \tag{10}$$

Im Lastfall Eigengewicht wirken folglich an keiner Stelle des Rohrquerschnittes Umfangsbiegemomente.

Nachweise über das Fehlen von Umfangsbiegespannungen lassen sich für die gegebenen Voraussetzungen auch über die Formänderungen aufstellen. Die mit Hilfe der Membrantheorie ermittelten Formänderungen gelten nämlich näherungsweise auch für die Biegetheorie der Zylinderschale — und zwar um so genauer, je eher die zusätzlichen Deformationen aus Momenten und Querkräften vernachlässigt werden dürfen. Das würde bei einer durch Auflagerringe gestützten Rohrleitung insbesondere für die Feldmitte gelten. Führt man die z. B. für Innendruck und Wasserlast abgeleiteten Radialverschiebungen w (24c) der Rohrschale in die Boussinesqsche Differentialgleichung (wie sie z. B. in [36] auf S. 297 genannt wird)

$$EJ \cdot \left(\frac{\delta^2 w}{\delta\varphi} + w\right) = - r^2 \cdot m_\varphi; \quad m_\varphi = - \frac{EJ}{r} \cdot \left(\frac{\delta^2 w}{\delta\varphi^2} + w\right)$$

ein, dann ergibt sich die Spannungsdifferenz zwischen Rohrinnen- und außenseite unter einem evtl. vorhandenen Biegemoment m_φ gleich dem Innendruckwert. Das gleiche Ergebnis entsteht nach [20] und [22] für die Tangentialspannungsdifferenz eines allein durch Innendruck belasteten *dickwandigen* Rohres. Es läßt sich daraus folgern, daß unter Umständen auch beim Lastfall Wassergewicht infolge der von cos φ abhängigen Verformungen keine Umfangsbiegemomente entstehen.

2.1.2 Die Bestimmung der Schnittgrößen und Verformungen

Die Tatsache, daß trotz ungleichmäßiger Verformungen des Rohrquerschnittes keine Biegemomente auftreten, berechtigt zur Anwendung der *Membrantheorie* auf die Berechnung der Rohrschale. Es ist dabei der Krümmungseinfluß, sowie die Wirksamkeit von Querkräften in der Rohrschale ausgeschlossen und eine gleichmäßige Spannungsverteilung über die Schalendicke zugrunde gelegt. Lediglich bei der späteren Behandlung von Störeinflüssen gelten andere Voraussetzungen. Die hieraus resultierenden Spannungen sind jenen aus der Membrantheorie zu überlagern.

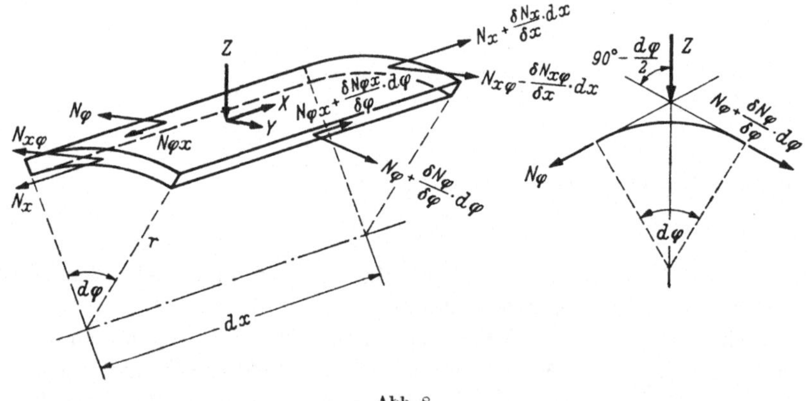

Abb. 8.

In Abb. 8 ist ein Element der Kreiszylinderschale mit allen angreifenden Belastungen und Schnittgrößen dargestellt. Die Punkte der Schalenmittelfläche sind durch die Koordinaten x und φ und jene außerhalb durch die Ordinate z (nach außen gerichtet: positiv) festgelegt.

Die äußeren Kräfte je Mittelflächeneinheit werden mit X, Y, Z eingeführt und in positiver x- und φ-Richtung und in negativer z-Richtung als positiv definiert.

Für das Schalenelement gelten folgende Gleichgewichtsbedingungen:

$$\sum Z = Z \cdot dx \cdot r \cdot d\varphi + N_\varphi \cdot d\varphi \cdot dx = 0,$$

$$\sum Y = Y \cdot dx \cdot r \cdot d\varphi + \frac{\delta N_\varphi}{\delta \varphi} \cdot d\varphi \cdot dx + \frac{\delta N_{x\varphi}}{\delta x} \cdot dx \cdot r \cdot d\varphi = 0, \quad (11\,\mathrm{a-c})$$

$$\sum X = X \cdot dx \cdot r \cdot d\varphi + \frac{\delta N_x}{\delta x} \cdot dx \cdot r \cdot d\varphi + \frac{\delta N_{x\varphi}}{\delta \varphi} \cdot d\varphi \cdot dx = 0.$$

Aus der Momentenbedingung um den Koordinatenursprung wird die bekannte Beziehung für die Gleichheit der Schubkräfte gefunden:

$$\sum M = 0 = \left[2 \cdot N_{x\varphi} + \frac{\delta N_{x\varphi}}{\delta x} \cdot dx \right] \cdot r \cdot d\varphi \cdot \frac{dx}{2}$$

$$- \left[2 \cdot N_{\varphi x} + \frac{\delta N_{\varphi x}}{\delta \varphi} \cdot d\varphi \right] \cdot r \cdot \frac{d\varphi}{2} \cdot dx$$

$$= 2 \cdot N_{x\varphi} + \frac{\delta N_{x\varphi}}{\delta x} \cdot dx - 2 \cdot N_{\varphi x} + \frac{\delta N_{\varphi x}}{\delta \varphi} \cdot d\varphi.$$

Daraus folgt

$$\boxed{N_{x\varphi} = N_{\varphi x}}. \qquad (12)$$

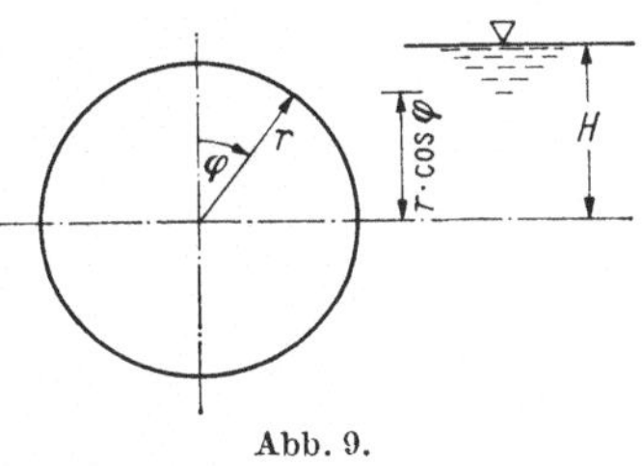

Abb. 9.

Nach Umformung der Gln. (11a—c) und Einsetzen von (12) liegen die allgemeinsten Gleichungen für die Tangentialkräfte N_φ, die Längskräfte N_x und die Schubkräfte $N_{\varphi x}$ vor:

$$\boxed{\begin{aligned} N_\varphi &= - Z \cdot r \\ N_{\varphi x} &= - \int \left[Y + \frac{1}{r} \cdot \frac{\delta N_\varphi}{\delta \varphi} \right] \cdot dx + C_1(\varphi) \\ N_x &= - \int \left[X + \frac{1}{r} \cdot \frac{\delta N_{\varphi x}}{\delta \varphi} \right] \cdot dx + C_2(\varphi) \end{aligned}} \qquad (13\,\mathrm{a-c})$$

Formeln für die Schnittgrößen aus dem Lastfall *Innendruck* und *Wasserlast* werden nach Einsetzen der aus Abb. 9 ablesbaren Lastgrößen abgeleitet. Für die äußeren Lasten gilt

$$X = 0; \quad Y = 0; \quad Z = - p = - \gamma \cdot (H - r \cdot \cos \varphi). \quad (14\,\mathrm{a-c})$$

Innendruck und Wasserlast	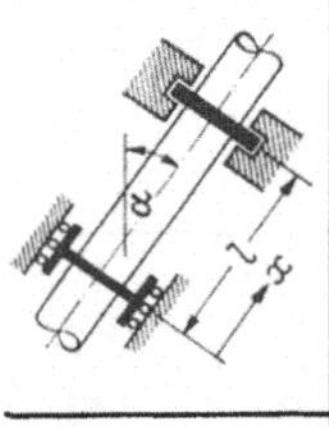	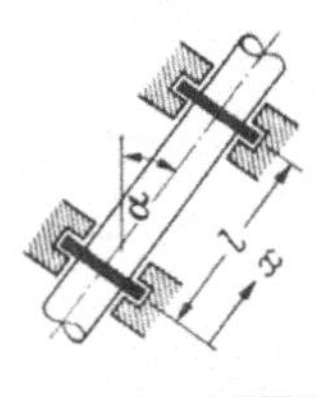	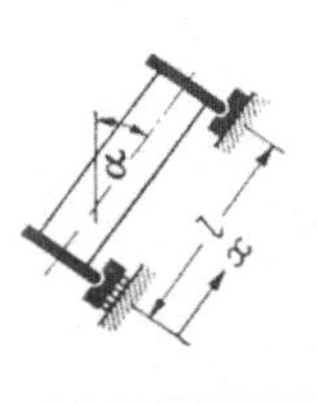	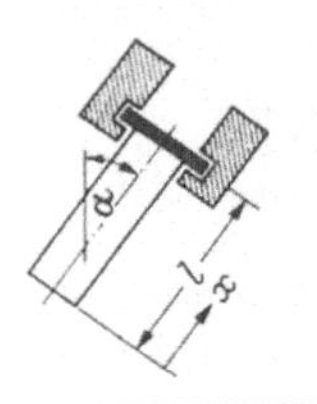	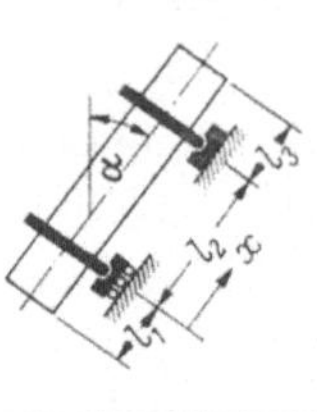
Tangentialkraft N_φ	$N_\varphi = r\cdot\gamma\cdot(H - r\cdot\cos\alpha\cdot\cos\varphi)$	$N_\varphi = r\cdot\gamma\cdot(H - r\cdot\cos\alpha\cdot\cos\varphi)$	$N_\varphi = r\cdot\gamma\cdot(H - r\cdot\cos\alpha\cdot\cos\varphi)$	$N_\varphi = r\cdot\gamma\cdot(H - r\cdot\cos\alpha\cdot\cos\varphi)$	$N_\varphi = r\cdot\gamma\cdot(H - r\cdot\cos\alpha\cdot\cos\varphi)$
Längskraft N_x	$N_x = \gamma\cdot\left(\dfrac{x^2}{2} - \dfrac{l}{2}x + \dfrac{l^2}{12} - r^2\cdot\mu\right)\cdot\cos\alpha\cdot\cos\varphi$	$N_x = \gamma\left[\left(\dfrac{x^2}{2} - \dfrac{l}{2}x + \dfrac{l^2}{12} - r^2\mu\right)\cdot\cos\alpha\cdot\cos\varphi + \mu H r\right]$	$N_x = \dfrac{\gamma}{2}(x^2 - lx)\cdot\cos\alpha\cdot\cos\varphi$	$N_x = \dfrac{\gamma}{2}\cdot x^2\cdot\cos\alpha\cdot\cos\varphi$	$N_x = \dfrac{\gamma}{2}\left(x^2 - \dfrac{l_1^2 + l_2^2 - l_3^2}{l_2}\cdot x + l_1^2\right)\cdot\cos\alpha\cdot\cos\varphi$
Schubkraft $N_{\varphi x}$	$N_{\varphi x} = \gamma\cdot r\cdot\left(\dfrac{l}{2} - x\right)\cdot\cos\alpha\cdot\sin\varphi$	$N_{\varphi x} = \gamma\cdot r\cdot\left(\dfrac{l}{2} - x\right)\cdot\cos\alpha\cdot\sin\varphi$	$N_{\varphi x} = \gamma\cdot r\cdot\left(\dfrac{l}{2} - x\right)\cdot\cos\alpha\cdot\sin\varphi$	$N_{\varphi x} = -\gamma\cdot r\cdot x\cdot\cos\alpha\cdot\sin\varphi$	$N_{\varphi x} = \gamma\cdot r\cdot\left(\dfrac{l_1^2 + l_2^2 - l_3^2}{2l_2} - x\right)\cdot\cos\alpha\cdot\sin\varphi$

Abb. 10. Schnittgrößen in der Rohrschale unter Innendruck und Wasserlast.

Damit entstehen aus den Gln. (13a—c) die Berechnungsformeln für eine *Innendruck-* und *Wasserbelastung*:

$$\boxed{\begin{aligned}
N_\varphi &= r \cdot \gamma \cdot (H - r \cdot \cos \varphi) \\
N_{\varphi x} &= -\gamma \cdot r \cdot x \cdot \sin \varphi + C_1(\varphi) \\
N_x &= \frac{\gamma}{2} \cdot (x^2 - l \cdot x) \cdot \cos \varphi + C_2(\varphi)
\end{aligned}} \qquad (15\,\text{a—c})$$

Die Integrationskonstanten dieser Gleichungen können bei äußerlich statisch bestimmten Lagerungsfällen aus den Randbedingungen und bei statisch unbestimmter Lagerung, wie sie im Druckrohrleitungsbau am häufigsten ist, durch Formänderungsbedingungen bestimmt werden. In Abb. 10 sind die Ergebnisse für verschiedene Rohrstrangsysteme zusammengestellt. Dabei ist die Neigung α gegenüber der Horizontalen mitberücksichtigt.

Für den Lastfall *Eigengewicht* gelten die in Abb. 11 demonstrierten Zusammenhänge der Lastwirkung. Es entstehen für die Komponenten

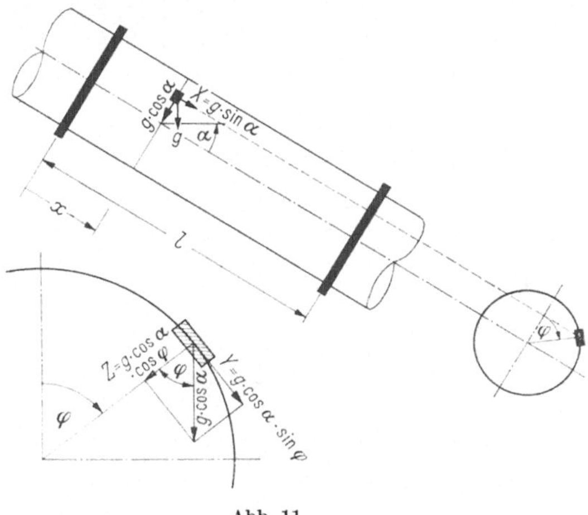

Abb. 11.

der äußeren Last (Gewicht g des Membranelementes) die Bedingungen

$$X = g \cdot \sin \alpha; \quad Y = g \cdot \cos \alpha \cdot \sin \varphi; \quad Z = g \cdot \cos \alpha \cdot \cos \varphi. \qquad (16\,\text{a—c})$$

Mit Hilfe von (13a—c) werden damit die Berechnungsformeln für eine *Eigengewichtsbelastung* wie folgt bestimmt:

$$\boxed{\begin{aligned}
N_\varphi &= -g \cdot r \cdot \cos \alpha \cdot \cos \varphi \\
N_{\varphi x} &= -2 \cdot g \cdot \cos \alpha \cdot \sin \varphi \cdot x + C_1(\varphi) \\
N_x &= \frac{g}{r} \cdot (x^2 - l \cdot x) \cdot \cos \alpha \cdot \cos \varphi - g \cdot \sin \alpha \cdot x + C_2(\varphi)
\end{aligned}} \qquad (17\,\text{a—c})$$

Eigengewicht					
Tangentialkraft N_φ	$N_\varphi = -g\cdot r\cdot\cos\alpha\cdot\cos\varphi$	$N_\varphi = -g\cdot r\cdot\cos\alpha\cdot\cos\varphi$	$N_\varphi = -g\cdot r\cdot\cos\alpha\cdot\cos\varphi$	$N_\varphi = -g\cdot r\cdot\cos\alpha\cdot\cos\varphi$	$N_\varphi = -g\cdot r\cdot\cos\alpha\cdot\cos\varphi$
Längskraft N_x	$N_x = \frac{g}{r}\left(x^2 - l\cdot x + \frac{l^2}{6} - \mu\cdot r^2\right)\cdot$ $\cos\alpha\cdot\cos\varphi - g\cdot\sin\alpha\cdot x$	$N_x = \frac{g}{r}\left(x^2 - l\cdot x + \frac{l^2}{6} - \mu\cdot r^2\right)\cdot$ $\cos\alpha\cdot\cos\varphi - g\left(x-\frac{l}{2}\right)\cdot\sin\alpha$	$N_x = \frac{g}{r}\left(x^2 - l\cdot x\right)\cdot$ $\cos\alpha\cdot\cos\varphi - g\cdot\sin\alpha\cdot x$	$N_x = \frac{g}{r}\cdot x^2\cdot\cos\alpha\cdot\cos\varphi -$ $-g\cdot x\cdot\sin\alpha$	$N = \frac{g}{r}\left(x^2 - \frac{l_1^2 + l_2^2 - l_3^2}{l_2}\cdot x + l_1^2\right)\cdot$ $\cos\alpha\cdot\cos\varphi - g(l+x)\cdot\sin\alpha$
Schubkraft $N_\varphi x$	$N_{\varphi x} = g(l-2x)\cdot\cos\alpha\cdot\sin\varphi$	$N_{\varphi x} = g(l-2x)\cdot\cos\alpha\cdot\sin\varphi$	$N_{\varphi x} = g(l-2x)\cdot\cos\alpha\cdot\sin\varphi$	$N_{\varphi x} = -2g\cdot\cos\alpha\cdot\sin\varphi\cdot x$	$N_{\varphi x} = g\left(\frac{l_1^2 + l_2^2 - l_3^2}{l_2}\cdot 2x\right)\cdot$ $\cos\alpha\cdot\sin\varphi$

Abb. 12. Schnittgrößen in der Rohrschale unter Eigengewichtsbelastung.

Für bestimmte Lagerungsfälle können über die Rand- bzw. Verformungsbedingungen die Integrationskonstanten gewonnen werden. Auf Abb. 12 sind die vollständigen Formeln für verschiedene Rohrstrangsysteme mitgeteilt. Beziehungen für die *Formänderungen* der Rohrschale werden an einem Schalenelement, wie es Abb. 13 zeigt, abgeleitet. Die

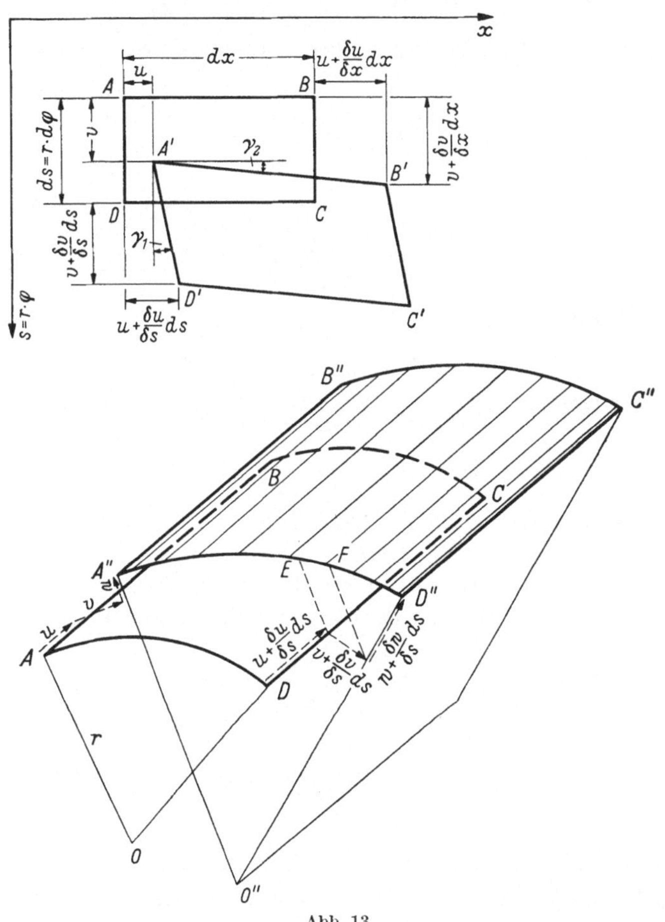

Abb. 13.

Verschiebungen dieses Elementes in x-, y-, z-Richtung werden mit u, v, w bezeichnet. Als axiale Dehnung ergibt sich gemäß Abb. 13

$$\varepsilon_x = \frac{\delta u}{\delta x}. \tag{18}$$

Für die Verzerrungen bzw. Gleitungen gilt

$$\gamma_1 = \frac{\delta u}{\delta s}; \quad \gamma_2 = \frac{\delta v}{\delta x}; \quad \gamma_{x\varphi} = \gamma_1 + \gamma_2 = \frac{\delta u}{\delta s} + \frac{\delta v}{\delta x}. \tag{19a—c}$$

Unter Beachtung der für die Berechnung der Schalen üblichen Grundsätze und der Flächenähnlichkeit von $A'' O'' D''$ und $F D' D''$ entstehen, unter Vernachlässigung der Größen zweiter Ordnung, folgende Beziehungen

$$\overline{EF} = v + dv, \quad \varepsilon_\varphi = \frac{dv + \overline{FD''}}{ds}; \quad \frac{\overline{FD''}}{ds} = \frac{w}{r}. \qquad (20\,\text{a—c})$$

Unter Benutzung von (20b) und (20c) errechnet sich für die Umfangsdehnung

$$\varepsilon_\varphi = \frac{\delta v}{\delta s} + \frac{w}{r}. \qquad (21)$$

Ferner gilt

$$\varepsilon_x = \frac{1}{E \cdot s} \cdot (N_x - \mu \cdot N_\varphi); \quad \varepsilon_\varphi = \frac{1}{E \cdot s} \cdot (N_\varphi - \mu \cdot N_x);$$

$$\gamma_{x\varphi} = \frac{N_{\varphi x}}{G \cdot s}. \qquad (22\,\text{a—c})$$

Über den Schubmodul

$$G = \frac{E}{2 \cdot (1 + \mu)}$$

entsteht aus (22c):

$$\boxed{\gamma_{x\varphi} = \frac{2 \cdot (1 + \mu)}{E \cdot s} \cdot N_{\varphi x}}. \qquad (23)$$

Durch Umformung von (18) und Einsetzen von (22a) sowie durch Umformung von (19c) und Einsetzen von (23), und weiterhin durch Umformung von (21) und Einsetzen von (22b), ergeben sich bei Verwendung der Beziehung $\delta s = r \cdot \delta\varphi$ die Verschiebungen in x-, y- und z-Richtung zu

$$\boxed{\begin{aligned} u &= \frac{1}{E \cdot s} \cdot \int (N_x - \mu \cdot N_\varphi) \cdot dx + C_3(\varphi) \\ v &= \frac{2 \cdot (1 + \mu)}{E \cdot s} \cdot \int N_{\varphi x} \cdot dx - \frac{1}{r} \cdot \int \frac{\delta u}{\delta\varphi} \cdot dx + C_4(\varphi) \\ w &= \frac{r}{E \cdot s} \cdot (N_\varphi - \mu \cdot N_x) - \frac{\delta v}{\delta\varphi} \end{aligned}}. \qquad (24\,\text{a—c})$$

Die Verschiebungen hängen von Integrationskonstanten $C_3(\varphi)$, $C_4(\varphi)$ und — weil N_x in den Formelausdrücken enthalten ist — von $C_2(\varphi)$ ab. Diese Konstanten sind aus den speziellen Lagerungsbedingungen der Rohrleitung zu ermitteln.

Weitere planmäßige *Beanspruchungen* der Rohrschale können sich aus dem Systemaufbau und seinen konstruktiven Erfordernissen ergeben. Die zum Längenausgleich notwendigen Stopfbuchsen bieten z. B. dem Wasserdruck Angriffsflächen zur Erzeugung von Längskräften in der Rohrschale. Zudem treten bei Längsverschiebungen Reibungskräfte zwischen den Dichtungspaketen und der Rohrschale auf,

die ebenfalls als Längskräfte in der Rohrschale wirksam werden. Abb. 14
gibt die Wirkungsweise dieser Kräfte an. Die beim Innendruck $p =$

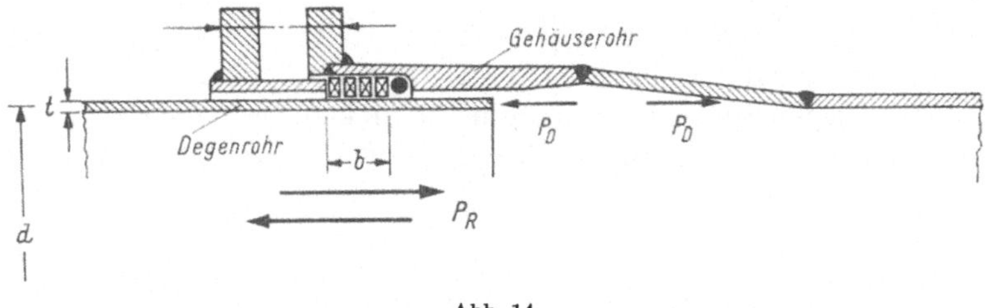

Abb. 14.

$\gamma \cdot (H - r \cdot \cos \alpha \cdot \cos \varphi)$ wirksame *Degenrohrkraft* N_D im Rohrstrang
leitet sich über die Stirnfläche des Degenrohres her zu

$$N_D = - \gamma \cdot (H - r \cdot \cos \alpha \cdot \cos \varphi) \, . \tag{25}$$

Die *Stopfbuchsenreibungskraft* N_R kann mit Hilfe der senkrecht zur
Reibfläche $(d \cdot \pi \cdot b)$ wirkenden Innendruckpressung und dem Reibbeiwert μ_s (für gleitende Reibung von Hanfseilen auf Stahl $\mu_s = 0{,}3$) festgestellt werden:

$$N_R = \pm \, \gamma \cdot (H - r \cdot \cos \alpha \cdot \cos \varphi) \cdot \frac{d \cdot \pi \cdot b \cdot \mu_s}{t} \, . \tag{26}$$

Die durch Temperaturänderungen, Querkontraktion und Auflagersen-
kung erzwungenen Bewegungen des auf Rollen gelagerten Ringträgers
sind erst nach Überwindung des Reibungswiderstandes in den Lager-
flächen möglich. Er ist im wesentlichen von der Auflagerbelastung Q
und dem Reibbeiwert μ_L (für rollende Reibung $\mu_L = 0{,}03$ bis $0{,}1$) ab-
hängig. Die Längskraft aus *Auflagerreibung* errechnet sich zu

$$N_L = \frac{Q \cdot \mu_L}{2 \cdot r \cdot \pi} \, . \tag{27}$$

Weitere Axialbeanspruchungen können infolge Innendruck bei geschlossenen oder zu Druckprobenzwecken mit Deckeln versehenen Rohrsträngen entstehen und entsprechen der halben Tangentialspannung.
Ferner können sich zusätzliche Belastungen bei äußerlich statisch unbestimmten Systemen aus Auflagersenkungen ergeben.

Die durch *auflagernden Schnee* bzw. *Eis* verursachten Beanspruchungen der Rohrschale können als unbedeutend angesehen werden.

Der Fall einer *innen vereisten Rohrschale* ist durch die Formeln der
Abb. 12 erfaßbar, wenn an Stelle des Rohrschalengewichtes g jenes der

Eisschale eingesetzt wird. Dieser Lastfall kann auch beim Betrieb der Rohrleitung auftreten, wie Messungen an der Triebwasserleitung des Obervermuntwerkes nachweisen. Dort wurden Eisdicken an der Rohrinnenseite bis 120 mm festgestellt.

In diesem Zusammenhang ist die Gefahr des bei tiefer Temperatur und mehrachsigen Spannungszuständen in dicken Blechen besonders begünstigten *Sprödbruches* zu beachten, die bei einer Materialwahl berücksichtigt werden muß.

2.2 Die Störprobleme im Auflagerringbereich

2.2.1 Allgemeines

Durch die monolithe Verbindung verschiedener Schalen- und Trägerelemente können Störerscheinungen mit erheblicher Überschreitung der Schalengrundspannungen entstehen. Diese Störspannungen waren früher zunächst nur unter Vernachlässigung von elastischen Randverformungen zu errechnen, weil keine geschlossenen Beziehungen für Einflußzahlen elastischer Randbewegungen existierten. PASTERNAK hat 1925 in [37] erstmals ein Verfahren zur Bestimmung der Zwängungskräfte mittels Differenzengleichungen, unter Berücksichtigung elastischer Verformungen, mitgeteilt und in [38] ausführlich abgeleitet. Dabei sind dünne Schalen und große Krümmungsradien vorausgesetzt. In neuerer Zeit sind u. a. durch NEUBER [39], RÜDIGER-URBAN [40] und RABICH [41) die theoretischen Grundlagen für die Behandlung von Randstörproblemen behandelt und durch letzteren in Form von vier Biegetheorien zusammengestellt worden. Hiervon sind neben der „unvollständigen" Biegetheorie nach FINSTERWALDER insbesondere die „vollständige" (FLÜGGE) und die „quasi-vollständige" — auch Donnellsche Theorie genannt — für die praktische Berechnung der Störungen, unter weitgehender Verwendung von Tafelwerten, zu benutzen (wie z. B. in [42] demonstriert wird). Auf die Berechnung von Randstörkräften aus dem Zusammenschluß einzelner Schalenteile und Träger sind nach Umwandlungen von FORKEL [43] und MARKUS [44] auch das aus der Stabwerkstatik bekannte Drehwinkel- und Cross-Verfahren anwendbar. Zum Zusammensetzen von Störsystemen können aus [8, 23] und [7] einzelne Randstörfälle entnommen werden, wie sie aus den Grundgleichungen der isotropen Kreiszylinderschale herzuleiten sind. Auf den Zusammenhang dieser Gleichungen mit der Theorie des Balkens auf elastischer Bettung wird u. a. in [46, 47] und [48] hingewiesen. Spezielle Störfälle der ringversteiften Druckrohrleitung wurden bei SCHORER [49], ATROPS [35, 50], BIER [51], ESSLINGER [52) und REUSCH [53] behandelt, sowie in [54] und [55] angewandt. Es wurde hierbei stets die nicht-punktsymmetrische Verformung der Auflagerringe als vernachlässigbar angesehen. Lediglich in einem für Auflagerringe kaum zutreffenden Fall eines ringversteiften Rohres unter zwei radialen Einzellasten wurde das Randstörproblem unter Beachtung der nicht-drehsymmetrischen Verhältnisse untersucht [53].

Die Ableitungen des vorliegenden Abschnittes führen zu Beziehungen für Verformungen und Schnittgrößen der durch einen elastischen Ring versteiften und mit einem Blechdickenwechsel behafteten Rohrschale, sowie zu Formeln für die Errechnung der Zusatzlast des Auflagerring-Restquerschnittes. Aus diesem *allgemeingültigen System* werden durch Grenzbetrachtungen Beziehungen für den Sonderfall der durchgehend *glatten Rohrschale* mit *elastischem Ring*, sowie für die Sonderfälle der in ihrer Dicke *gestuften Rohrschale* und der durchgehend glatten Rohrschale mit *starrem Ring* hergeleitet. Es ist damit ferner der Fall des zweistegigen Auflagerringes zu erfassen.

2.2.2 Die Grundstörfälle

Die Flüggeschen Differentialgleichungen für die isotrope Kreiszylinderschale, wie sie u. a. in [15, 16, 18] abgeleitet sind, geben als „Grundgleichungen der Elastizität" Beziehungen für die Schalenverschiebungen u, v, w an und lassen sich nach [16] auch als Differentialgleichung 8. Ordnung wie folgt anschreiben:

$$r^8 \cdot w'''''''' + \mu \cdot r^6 \cdot w'''''' + r^4 \cdot \left(1 + \frac{1-\mu^2}{k}\right) \cdot w'''' + 4 \cdot r^6 \cdot w^{\cdot\cdot''''''}$$

$$+ 4 \cdot r^4 \cdot w^{\cdot\cdot''''} + 2 \cdot r^2 \cdot w^{\cdot\cdot''} + 6 \cdot r^4 \cdot w^{\cdot\cdot\cdot\cdot''''}$$

$$+ (6 - \mu) \cdot r^2 \cdot w^{\cdot\cdot\cdot\cdot''} + 4 \cdot r^2 \cdot w^{\cdot\cdot\cdot\cdot\cdot\cdot''} + w^{\cdot\cdot\cdot\cdot\cdot\cdot\cdot\cdot}$$

$$+ 2 \cdot w^{\cdot\cdot\cdot\cdot\cdot\cdot} + w^{\cdot\cdot\cdot\cdot} = 0. \tag{28}$$

In dieser Schreibweise wurden der Mittelflächenradius mit r bezeichnet und ferner folgende Abkürzungen gewählt:

$$w' = \frac{\delta w}{\delta x}; \quad w^{\cdot} = \frac{\delta w}{\delta \varphi}; \quad k = \frac{t^2}{12 \cdot r^2}. \tag{29 a—c}$$

Darüber hinaus gelten die Definitionen und Bezeichnungen nach [16]. In drehsymmetrischen Lastfällen, die hier ausschließlich behandelt werden, sind keine vom Winkel φ abhängige Verschiebungen möglich, so daß in (28) alle Ableitungen nach φ Null werden. Aus (28) entsteht dann

$$r^8 \cdot w'''''''' + \mu \cdot r^6 \cdot w'''''' + r^4 \cdot \left(1 + \frac{1-\mu^2}{k}\right) \cdot w'''' = 0. \tag{30}$$

2*

Die Lösung dieser Differentialgleichung ergibt nach Ausschluß von Triviallösungen, entsprechender Umformung und Einführung von

$$s = \sqrt[4]{\frac{r^2 \cdot t^2}{3 \cdot (1 - \mu^2)}};$$ (31)

$$w = e^{\frac{x}{s}} \cdot \left(A_1 \cdot \cos \frac{x}{s} + A_2 \cdot \sin \frac{x}{s}\right)$$
$$+ e^{-\frac{x}{s}} \cdot \left(B_1 \cdot \cos \frac{x}{s} + B_2 \cdot \sin \frac{x}{s}\right)$$ (32a)

Eine weitere Umformung führt zu

$$w = C_1 \cdot \sin \frac{x}{s} \cdot \mathrm{Sin} \frac{x}{s} + C_2 \cdot \cos \frac{x}{s} \cdot \mathrm{Cos} \frac{x}{s}$$
$$+ C_3 \cdot \sin \frac{x}{s} \cdot \mathrm{Cos} \frac{x}{s} + C_4 \cdot \cos \frac{x}{s} \cdot \mathrm{Sin} \frac{x}{s}$$ (32b)

Die gleichen Lösungsergebnisse sind auch für die Differentialgleichung des Balkens auf elastischer Bettung bekannt und z. B. in [14, 57, 58, 59, 60, 35] zu finden. In der Bettungsziffer ist mit Rücksicht auf die Querdehnung der E-Modul mit $E^* = E/(1 - \mu^2)$ einzuführen und in der Schreibweise nach [14] ferner zu setzen: $K = E \cdot t/[r^2 \cdot (1 - \mu^2)]$.

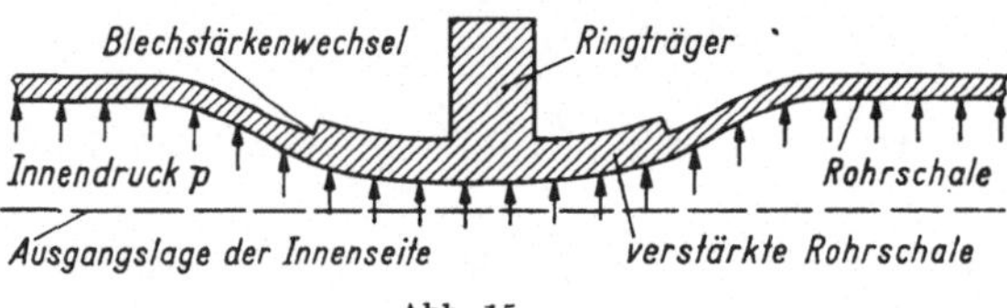

Abb. 15.

Der Auflagerringbereich bietet unter einer Innendruckbelastung p das in Abb. 15 gezeigte Schnittbild, welches durch Berücksichtigung eines elastischen Versteifungsringes und eines beliebig langen verstärk-

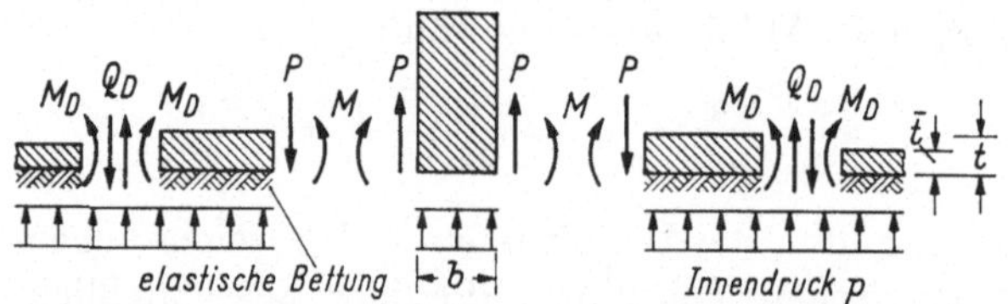

Abb. 16. Statischer Aufbau des Auflagerringbereiches.

ten Rohrschalenbereiches eine gewisse Allgemeingültigkeit birgt. In Abb. 16 ist sein statischer Aufbau dargestellt, der den weiteren Berechnungen zugrunde liegt. Das System besteht aus dem Ringträger — der hier als nichtgegliederter Rechteckquerschnitt wiedergegeben ist —, aus einem verstärkten Rohrschalenabschnitt endlicher Länge sowie aus der Rohrschale mit gleichbleibender Dicke $\bar{t}$, die wegen des großen Ringabstandes und wegen seines kleinen Einflußbereiches (s. Abb. 20) als unendlich lang anzusehen ist. Die Schnittgrößen P und M belasten den Ringträger und verursachen in der angrenzenden Rohrschale zusätzliche Beanspruchungen. Zur Erfassung dieser Größen und zur Aufstellung von Verformungsbeziehungen werden zunächst die in Abb. 17 zusammengestellten Grundstörfälle abgeleitet.

	Grundstörfall	*Biegelinie*	*Durchbiegung* in $x=0$	*Verdrehung* in $x=0$	*Durchbiegung* in $x=l$	*Verdrehung* in $x=l$
1	$P=1$; l; t	$w = \dfrac{r^2}{E\cdot t\cdot s}\left[2\varrho_3\cdot\cos\frac{x}{s}\cdot\mathrm{Cos}\frac{x}{s} + (1-\varrho_2)\cdot\sin\frac{x}{s}\cdot\mathrm{Cos}\frac{x}{s} - (1+\varrho_2)\cdot\cos\frac{x}{s}\cdot\mathrm{Sin}\frac{x}{s}\right]$	$w_0 = \dfrac{2r^2}{E\cdot t\cdot s}\cdot\varrho_3$	$w_0' = -\dfrac{2r^2}{E\cdot t\cdot s^2}\cdot\varrho_2$	$w_l = -\dfrac{4r^2}{E\cdot t\cdot s}\cdot\varrho_5$	$w_l' = -\dfrac{8r^2}{E\cdot t\cdot s^2}\cdot\varrho_4$
2	x; w; $P=1$; l; t	$w = -\dfrac{4r^2}{E\cdot t\cdot s}\left[\varrho_5\cdot\cos\frac{x}{s}\cdot\mathrm{Cos}\frac{x}{s} - \varrho_4\cdot\left(\sin\frac{x}{s}\cdot\mathrm{Cos}\frac{x}{s} + \cos\frac{x}{s}\cdot\mathrm{Sin}\frac{x}{s}\right)\right]$	$w_0 = -\dfrac{4r^2}{E\cdot t\cdot s}\cdot\varrho_5$	$w_0' = \dfrac{8r^2}{E\cdot t\cdot s^2}\cdot\varrho_4$	$w_l = \dfrac{2r^2}{E\cdot t\cdot s}\cdot\varrho_3$	$w_l' = \dfrac{2r^2}{E\cdot t\cdot s^2}\cdot\varrho_2$
3	$M=1$; l; t	$w = -\dfrac{2r^2}{E\cdot t\cdot s^2}\left[\sin\frac{x}{s}\mathrm{Sin}\frac{x}{s} + \varrho_2\cdot\cos\frac{x}{s}\mathrm{Cos}\frac{x}{s} - \varrho_1\cdot\left(\sin\frac{x}{s}\mathrm{Cos}\frac{x}{s} + \cos\frac{x}{s}\mathrm{Sin}\frac{x}{s}\right)\right]$	$w_0 = -\dfrac{2r^2}{E\cdot t\cdot s^2}\cdot\varrho_2$	$w_0' = \dfrac{4r^2}{E\cdot t\cdot s^3}\cdot\varrho_1$	$w_l = \dfrac{8r^2}{E\cdot t\cdot s^2}\cdot\varrho_4$	$w_l' = \dfrac{8r^2}{E\cdot t\cdot s^3}\cdot\varrho_6$
4	x; w; $M=1$; l; t	$w = \dfrac{4r^2}{E\cdot t\cdot s^2}\cdot\left[\varrho_4\cdot 2\cos\frac{x}{s}\mathrm{Cos}\frac{x}{s} - \varrho_6\cdot\left(\sin\frac{x}{s}\cdot\mathrm{Cos}\frac{x}{s} + \cos\frac{x}{s}\sin\frac{x}{s}\right)\right]$	$w_0 = \dfrac{8r^2}{E\cdot t\cdot s^2}\cdot\varrho_4$	$w_0' = -\dfrac{8r^2}{E\cdot t\cdot s^3}\cdot\varrho_6$	$w_l = -\dfrac{2r^2}{E\cdot t\cdot s^2}\cdot\varrho_2$	$w_l' = -\dfrac{4r^2}{E\cdot t\cdot s^3}\cdot\varrho_1$
5	$P=1$; t; $l=\infty$	$w = \dfrac{2r^2}{E\cdot t\cdot s}\cdot\cos\frac{x}{s}\cdot e^{-\frac{x}{s}}$	$w_0 = \dfrac{2r^2}{E\cdot t\cdot s}$	$w_0' = -\dfrac{2r^2}{E\cdot t\cdot s^2}$	—	—
6	$M=1$; x; w; t; $l=\infty$	$w = \dfrac{2r^2}{E\cdot t\cdot s^2}\cdot e^{-\frac{x}{s}}\cdot\left(\sin\frac{x}{s} - \cos\frac{x}{s}\right)$	$w_0 = -\dfrac{2r^2}{E\cdot t\cdot s^2}$	$w_0' = \dfrac{4r^2}{E\cdot t\cdot s^3}$	—	—

Abb. 17. Biegelinien, sowie örtliche Durchbiegungen und Verdrehungen für Grundstörfälle an glatten Rohrschalen. [Konstanten s, ϱ_1 bis ϱ_6, s. Gl. (31), (37 a—f).]

Die Ausgangsgleichung (32 b) enthält vier aus Randbedingungen zu bestimmende Konstanten C_1, C_2, C_2, C_4. Über die Gleichung der Biegelinie und ihre Verbindung mit der Querkraft

$$w'' = -\frac{M}{E^*\cdot J}; \qquad w''' = \frac{Q}{E^*\cdot J} \qquad (33\,\text{a, b})$$

erhält man schließlich nach entsprechender Ableitung von (32 b) und Einsetzen der im *Grundstörfall 1* maßgebenden Randbedingungen

$$M(o) = 0; \quad Q(o) = 0; \quad M(l) = 0; \quad Q(l) = 0, \quad (34\,\text{a—d})$$

und nach Einführung der Verhältnisse

$$J = \frac{t^3}{12}; \qquad \lambda = \frac{l}{s} \qquad (35\,\text{a, b})$$

vier Bestimmungsgleichungen für die Konstanten C_1 bis C_4, und nach Auflösung derselben folgende Größen

$$C_1 = 0; \quad C_2 = -\frac{s^3}{E^* \cdot J} \cdot \frac{\sin\lambda \cdot \mathrm{Cos}\,\lambda - \cos\lambda \cdot \mathrm{Sin}\,\lambda}{\mathrm{Cos}\,2\lambda + \cos 2\lambda - 2} = -\frac{4 \cdot r^2}{E \cdot t \cdot s} \cdot \varrho_5,$$

$$\text{(36a, b)}$$

$$C_3 = C_4 = \frac{s^3}{E^* \cdot J} \cdot \frac{\sin\lambda \cdot \mathrm{Sin}\,\lambda}{\mathrm{Cos}\,2\lambda + \cos 2\lambda - 2} = \frac{4 \cdot r^2}{E \cdot t \cdot s} \cdot \varrho_4. \qquad \text{(36c, d)}$$

Nach Einsetzen dieser Beziehungen in Gl. (32b) und nach Berücksichtigung entsprechender Koordinaten entstehen die in Abb. 17 genannten Formeln für $w(x)$; $w(o)$; $w'(o)$; $w(l)$; $w'(l)$. Die Werte ϱ_2, ϱ_3, ϱ_4 und ϱ_5 sind bei PASTERNAK [58], Tafel II in Abhängigkeit von λ tabelliert.

Die Behandlung der *Grundstörfälle 2, 3, 4* verläuft analog. Die zugehörigen Beziehungen für die Verformungen können Abb. 17 entnommen werden. Die Konstanten ϱ_1 bis ϱ_6 sind aus Tafel II bei [58] abzulesen, oder auf Grund nachstehender Formeln zu errechnen:

$$\varrho_1 = \frac{\mathrm{Sin}\,2\lambda + \sin 2\lambda}{\mathrm{Cos}\,2\lambda + \cos 2\lambda - 2}; \quad \varrho_2 = \frac{\mathrm{Cos}\,2\lambda - \cos 2\lambda}{\mathrm{Cos}\,2\lambda + \cos 2\lambda - 2};$$

$$\varrho_3 = \frac{\mathrm{Sin}\,2\lambda - \sin 2\lambda}{\mathrm{Cos}\,2\lambda + \cos 2\lambda - 2}; \quad \varrho_4 = \frac{\sin\lambda \cdot \mathrm{Sin}\,\lambda}{\mathrm{Cos}\,2\lambda + \cos 2\lambda - 2}; \quad \text{(37a—f)}$$

$$\varrho_5 = -\frac{\sin\lambda \cdot \mathrm{Cos}\,\lambda - \cos\lambda \cdot \mathrm{Sin}\,\lambda}{\mathrm{Cos}\,2\lambda + \cos 2\lambda - 2}; \quad \varrho_6 = \frac{\sin\lambda \cdot \mathrm{Cos}\,\lambda + \cos\lambda \cdot \mathrm{Sin}\,\lambda}{\mathrm{Cos}\,2\lambda + \cos 2\lambda - 2}.$$

Die *Grundstörfälle 5 und 6* behandeln unendlich lange Schalenstücke, bei denen an unendlich weit von der Kraft- bzw. Momenteneinleitung entfernten Stellen keine Durchbiegungen und Verdrehungen mehr möglich sind. Da aber in Gl. (32a) mit wachsendem x die Funktion $e^{x/s}$ ansteigt, müssen ihre zugehörigen Konstanten A_1 und A_2 Null sein:

$$A_1 = A_2 = 0. \qquad \text{(38)}$$

Der restliche Anteil der Gl. (32a) ergibt über Gl. (33a, b) und entsprechende Randbedingungen für die Grundstörsysteme 5 und 6 die in Abb. 17 genannten Beziehungen.

Der *Grundstörfall 7* besteht aus einem am Rand O durch eine Querlast P und ein eingeprägtes Moment M belasteten verstärkten Rohrabschnitt, an den eine unendlich lange Zylinderschale anschließt (Abb. 18). Durch nachstehende Untersuchungen sollen die Berechnung der Schnittgrößen am Blechdickensprung sowie die Berechnung der Verformungen an der Lasteinleitungsstelle O ermöglicht werden. Die Längendifferenz der beiden Mittelflächenradien bleibt dabei unberücksichtigt. Folgende Beziehungen werden neu eingeführt:

$$\bar{t} = k^2 \cdot t; \quad \bar{s} = k \cdot s. \qquad \text{(39a, b)}$$

Aus der Bedingung, daß die beiden Schnittufer 1 und 2 sich weder gegenseitig verschieben noch verdrehen dürfen

$$w_{01} + w_{11} = w_{22}; \qquad w'_{01} + w'_{11} = w'_{22}; \qquad\qquad (40\,\mathrm{a,\,b})$$

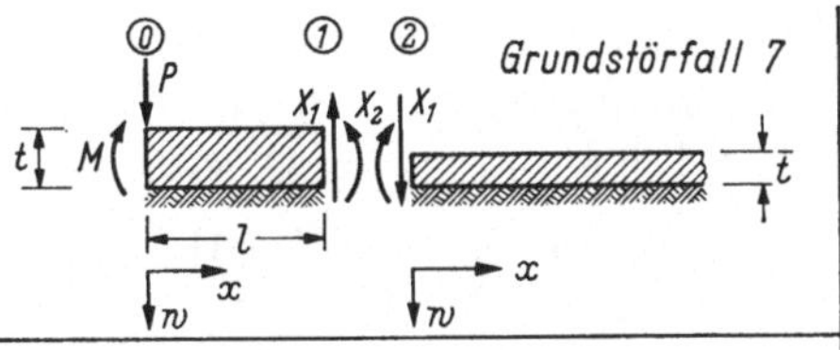

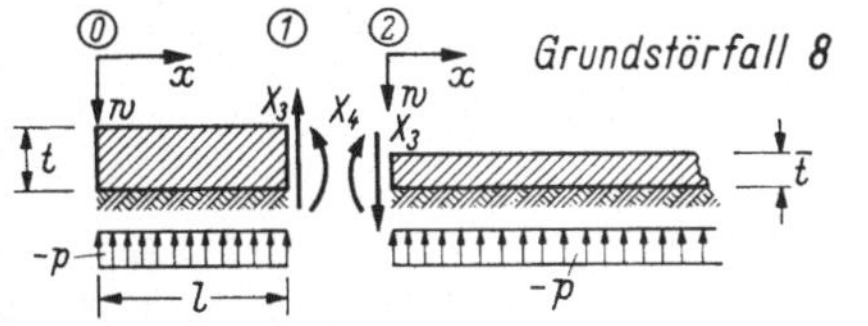

	Grundstörfall 7	Grundstörfall 8
Querkraft	$X_1 = \dfrac{n_1}{s} \cdot M + m_1 \cdot P$	$X_3 = s \cdot o_1 \cdot p$
Biegemoment	$X_2 = n_2 \cdot M + s \cdot m_2 \cdot P$	$X_4 = s^2 \cdot o_2 \cdot p$
Durchbiegung in ⓪	$w_0 = \dfrac{2\,r^2}{E\cdot t\cdot s}\left[\varrho_3 + 2\varrho_5\cdot m_1 + 4\varrho_4\cdot m_2\right]\cdot P - \dfrac{2\,r^2}{E\cdot t\cdot s^2}\left[\varrho_2 - 2\varrho_5\cdot n_1 - 4\varrho_4\cdot n_2\right]\cdot M$ $w_0 = \dfrac{2\,r^2}{E\cdot t\cdot s}\cdot g_1\cdot P - \dfrac{2\,r^2}{E\cdot t\cdot s^2}\cdot g_2\cdot M$	$w_0 = -\dfrac{r^2 p}{t\cdot E} + \dfrac{4\,r^2}{t\cdot E}\left(\varrho_5\,o_1 + 2\varrho_4\cdot o_2\right)\cdot p$ $w_0 = -\dfrac{r^2}{t\cdot E}\left(1 - 4g_5\right)\cdot p$
Verdrehung in ⓪	$w'_0 = -\dfrac{2\,r^2}{E\cdot t\cdot s^2}\left[\varrho_2 + 4\varrho_4\cdot m_1 + 4\varrho_6\cdot m_2\right]\cdot P + \dfrac{4\,r^2}{E\cdot t\cdot s^3}\left[\varrho_1 - 2\varrho_4\cdot n_1 - 2\varrho_6\cdot n_2\right]\cdot M$ $w'_0 = -\dfrac{2\,r^2}{E\cdot t\cdot s^2}\cdot g_3\cdot P + \dfrac{4\,r^2}{E\cdot t\cdot s^3}\cdot g_4\cdot M$	$w'_0 = -\dfrac{8\,r^2}{E\cdot t\cdot s}\left(\varrho_4\cdot o_1 + \varrho_6\cdot o_2\right)\cdot p$ $w'_0 = -\dfrac{8\,r^2}{E\cdot t\cdot s}\cdot g_6\cdot p$

Abb. 18. Schnittgrößen, sowie örtliche Durchbiegungen und Verdrehungen für Grundstörfälle an Rohren mit Blechdickenwechsel. [Konstanten ϱ_1 bis ϱ_6, n_1, n_2, m_1; m_2; g_1 bis g_4; o_1, o_2, s. Gl. (37a—f), (42a—d), (43a—d), (47a, b).]

und deren Einzelanteilen:

$$w_{01} = -\frac{4\cdot r^2}{E\cdot t\cdot s}\cdot \varrho_5\cdot P + \frac{8\cdot r^2}{E\cdot t\cdot s^2}\cdot M;$$

$$w'_{01} = -\frac{8\cdot r^2}{E\cdot t\cdot s^2}\cdot \varrho_4\cdot P + \frac{8\cdot r^2}{E\cdot t\cdot s^3}\cdot \varrho_6\cdot M;$$

$$w_{11} = -\frac{2\cdot r^2}{E\cdot t\cdot s}\cdot \varrho_3\cdot X_1 - \frac{2\cdot r^2}{E\cdot t\cdot s^2}\cdot \varrho_2\cdot X_2;$$

$$w'_{11} = -\frac{2\cdot r^2}{E\cdot t\cdot s^2}\cdot \varrho_2\cdot X_1 - \frac{4\cdot r^2}{E\cdot t\cdot s^3}\cdot \varrho_1\cdot X_2;$$

$$w_{22} = \frac{2\cdot r^2}{E\cdot \bar{t}\cdot \bar{s}}\cdot X_1 - \frac{2\cdot r^2}{E\cdot \bar{t}\cdot \bar{s}^2}\cdot X_2;$$

$$w'_{22} = -\frac{2\cdot r^2}{E\cdot \bar{t}\cdot \bar{s}^2}\cdot X_1 + 4\cdot \frac{r^2}{E\cdot \bar{t}\cdot \bar{s}^3}\cdot X_2 \qquad (41\,\mathrm{a-f})$$

können die unbekannten Schnittgrößen errechnet werden. Ihre Berechnungsformeln sind Abb. 18 zu entnehmen. Die dort benutzten Abkürzungen bedeuten

$$n_1 = 4 \cdot k^3 \cdot \frac{[2 \cdot \varrho_4 \cdot (1 + k^5 \cdot \varrho_1) + k \cdot \varrho_6 \cdot (1 - k^4 \cdot \varrho_2)]}{[2 \cdot (1 + k^5 \cdot \varrho_1) \cdot (1 + k^3 \cdot \varrho_3) - (1 - k^4 \cdot \varrho_2)^2]};$$

$$m_1 = \frac{-4 \cdot k^3 \cdot [\varrho_5 \cdot (1 + k^5 \cdot \varrho_1) + k \cdot \varrho_4 \cdot (1 - k^4 \cdot \varrho_2)]}{[2 \cdot (1 + k^5 \cdot \varrho_1) \cdot (1 + k^3 \cdot \varrho_3) - (1 - k^4 \cdot \varrho_2)^2]};$$

$$n_2 = 4 \cdot k^4 \cdot \frac{[\varrho_4 \cdot (1 - k^4 \cdot \varrho_2) + k \cdot \varrho_6 \cdot (1 + k^3 \cdot \varrho_3)}{[2 \cdot (1 + k^5 \cdot \varrho_1) \cdot (1 + k^3 \cdot \varrho_3) - (1 - k^4 \cdot \varrho_2)^2]};$$

$$m_2 = \frac{-2 \cdot k^4 \cdot [\varrho_5 \cdot (1 - k^4 \cdot \varrho_2) + 2 \cdot k \cdot \varrho_4 \cdot (1 + k^3 \cdot \varrho_3)]}{[2 \cdot (1 + k^5 \cdot \varrho_1) \cdot (1 + k^3 \cdot \varrho_3) - (1 - k^4 \cdot \varrho_2)^2]}. \qquad (42\,\mathrm{a-d})$$

Die Verformungen an der Lasteinleitungsstelle O sind durch Einsetzen der Schnitt- und Lastgrößen, sowie der Koordinaten in die entsprechenden Biegelinienformeln der Grundsysteme 1 bis 4 zu errechnen. Das Ergebnis ist in Abb. 18 mitgeteilt, wo auch nach Einführung von

$$g_1 = (\varrho_3 + 2 \cdot \varrho_5 \cdot m_1 + 4 \cdot \varrho_4 \cdot m_2);\ g_2 = (\varrho_2 - 2 \cdot \varrho_5 \cdot n_1 - 4 \cdot \varrho_4 \cdot n_2);$$

$$g_3 = (\varrho_2 + 2 \cdot \varrho_4 \cdot m_1 + 4 \cdot \varrho_6 \cdot m_2);\ g_4 = (\varrho_1 - 2 \cdot \varrho_4 \cdot n_1 - 2 \cdot \varrho_6 \cdot n_2)$$

$$(43\,\mathrm{a-d})$$

eine verkürzte Schreibweise angegeben wird.

Im *Grundstörfall 8* wird das auch im Grundstörfall 7 vorgegebene geometrische System durch den Innendruck p belastet. Mit den Verschiebungsanteilen der getrennten Schalenabschnitte (s. Abb. 18) infolge Innendrucks, die sich über die Bettungsziffer zu

$$w_p = \frac{r^2}{t \cdot E} \cdot p; \quad \bar{w}_p = \frac{r^2}{\bar{t} \cdot E} \cdot p \qquad (44\,\mathrm{a,\ b})$$

errechnen, ferner mit der Bedingung, daß eine gegenseitige Verschiebung oder Verdrehung der Schnittufer 1 und 2 nicht statthaft ist:

$$w_1 = w_2; \quad w_1' = w_2'; \qquad (45\,\mathrm{a,\ b})$$

und mit den Einzelanteilen der Gln. (45a, b):

$$w_1 = -\frac{2 \cdot r^2}{E \cdot t \cdot s} \cdot \varrho_3 \cdot X_3 - \frac{2 \cdot r^2}{E \cdot t \cdot s^2} \cdot \varrho_2 \cdot X_4 - \frac{r^2}{E \cdot t} \cdot p;$$

$$w_1' = -\frac{2 \cdot r^2}{E \cdot t \cdot s^2} \cdot \varrho_2 \cdot X_3 - \frac{4 \cdot r^2}{E \cdot t \cdot s^3} \cdot \varrho_1 \cdot X_4;$$

$$w_2 = \frac{2 \cdot r^2}{E \cdot \bar{t} \cdot \bar{s}} \cdot X_3 - \frac{2 \cdot r^2}{E \cdot \bar{t} \cdot \bar{s}^2} \cdot X_4 - \frac{r^2}{E \cdot t} \cdot p;$$

$$w_2' = -\frac{2 \cdot r^2}{E \cdot t \cdot s^2} \cdot X_3 + \frac{4 \cdot r^2}{E \cdot \bar{t} \cdot \bar{s}^3} \cdot X_4 \qquad (46\,\mathrm{a-d})$$

ist eine Schnittgrößenbestimmung möglich. Die Ergebnisse der geschilderten Rechenoperation sind Abb. 18 zu entnehmen. Dort sind bereits folgende Abkürzungen berücksichtigt:

$$0_1 = k \cdot \frac{(1 - k^2) \cdot (1 + k^5 \cdot \varrho_1)}{[2 \cdot (1 + k^5 \cdot \varrho_1) \cdot (1 + k^3 \cdot \varrho_3) - (1 - k^4 \cdot \varrho_2)^2]},$$

$$0_2 = \frac{k^2}{2} \cdot \frac{(1 - k^2) \cdot (1 - k^4 \cdot \varrho_2)}{[2 \cdot (1 + k^5 \cdot \varrho_1) \cdot (1 + k^3 \cdot \varrho_3) - (1 - k^4 \cdot \varrho_2)^2}. \qquad (47\,a, b)$$

Die Verformungen am Systempunkt 0 werden durch Einsetzen der Schnittgrößenausdrücke und Koordinaten in die Beziehungen für die Biegelinien bzw. Verdrehungen der Grundstörfälle 2 und 4 und unter Verwendung der Gln. (43a) bzw. (43b) hergeleitet. In Abb. 18 sind die daraus entstehenden Formeln zusammen mit der durch Einführung von

$$g_5 = (\varrho_5 \cdot 0_1 + 2 \cdot \varrho_4 \cdot 0_2); \quad g_6 = (\varrho_4 \cdot 0_1 + \varrho_6 \cdot 0_2); \quad (48\,a, b)$$

verkürzten Schreibweise aufgezeigt.

2.2.3 Der allgemeingültige Störfall und seine Sonderfälle

Die Schnittgrößen in der Rohrschale, die zusätzlichen Belastungen des Ringträgers, sowie die Verformungen des mit einem Blechdickensprung und einem elastischen Auflagerring ausgestatteten *allgemeingültigen Systems* werden durch die Verwendung von Verformungsbedingungen bestimmbar. Die Randbedingungen der gemäß Abb. 19 geführten Schnitte fordern für beide Schnittufer — also für die Rohrschale $(w_s(0))$ mit dem Versteifungsring (w_R) — gleiche Verschiebungen, sowie die Verdrehung Null $(w'_s(0))$

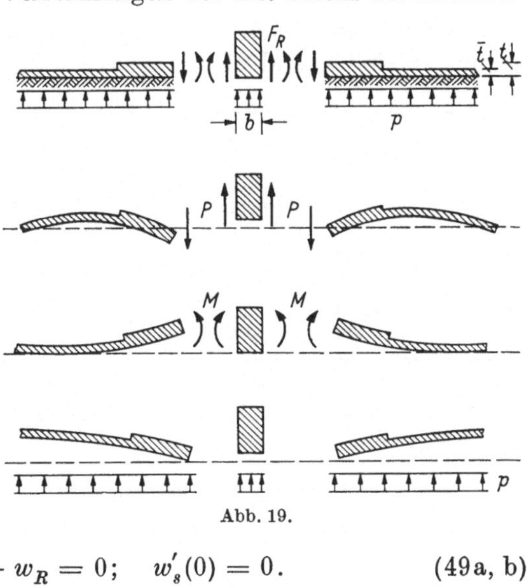

Abb. 19.

$$w_s(0) - w_R = 0; \quad w'_s(0) = 0. \qquad (49\,a, b)$$

Für die radiale Ringaufweitung (F_R = Ringfläche, r = dem Rohrmittelflächenradius gleichgesetzter Ringradius) gilt

$$w_R = -\frac{2 \cdot P \cdot r^2}{E \cdot F_R} + \frac{p \cdot b \cdot r^2}{E \cdot F_R} = \frac{r^2}{E \cdot F_R} \cdot (2 \cdot P + p \cdot b). \qquad (50)$$

Dabei ist auf Grund des in Abschn. 3.1.1 und in [61] Gesagten der Krümmungseinfluß unberücksichtigt geblieben. Sein Einfluß könnte hier durch Einführung eines Faktors W in $w_R = W \cdot p$ verfolgt werden, wobei je nach den Gegebenheiten sowohl die Theorie des schwach oder stark gekrümmten Trägers als auch die Scheibentheorie anwendbar wären. Die Durchbiegung des Rohrschalenendes lautet mit den Formeln von Abb. 18

$$w_s(0) = \frac{2 \cdot r^2}{E \cdot t \cdot s} \cdot g_1 \cdot P - \frac{2 \cdot r^2}{E \cdot t \cdot s^2} \cdot g_2 \cdot M - \frac{r^2}{E \cdot t} \cdot (1 - 4 \cdot g_s) \cdot p. \qquad (51)$$

Die Verdrehung $w_s'(0)$ des Rohrschalenendes errechnet sich mit den Beziehungen der Abb. 18 zu

$$w_s'(0) = -\frac{2 \cdot r^2}{E \cdot t \cdot s^2} \cdot g_3 \cdot P + \frac{4 \cdot r^2}{E \cdot t \cdot s^3} \cdot g_4 \cdot M - \frac{8 \cdot r^2}{E \cdot t \cdot s} \cdot g_6 \cdot p. \qquad (52)$$

Mit der Bedingung (49b) entsteht schließlich eine Beziehung zwischen P und M:

$$M = \frac{s \cdot g_3}{2 \cdot g_4} \cdot P + \frac{2 \cdot s^2 \cdot g_6}{g_4} \cdot p. \qquad (53)$$

Eine zweite liefert Bedingung (49a) über (50) und (51). Aus beiden Bedingungen sind P und M eliminierbar:

$$\left.
\begin{aligned}
P &= p \cdot s \cdot \frac{F_R \cdot \left[1 - 4 \cdot \left(g_5 - \dfrac{g_2 \cdot g_6}{g_4}\right)\right] - b \cdot t}{F_R \cdot \left(2 \cdot g_1 - \dfrac{g_2 \cdot g_3}{g_4}\right) + 2 \cdot t \cdot s} \\[2em]
M &= P \cdot \frac{s^2}{g_4} \cdot \left[\frac{g_3}{2} \cdot \frac{F_R \cdot \left[1 - 4 \cdot \left(g_5 - \dfrac{g_2 \cdot g_6}{g_4}\right)\right] - b \cdot t}{F_R \cdot \left(2 \cdot g_1 - \dfrac{g_2 \cdot g_3}{g_4}\right) + 2 \cdot t \cdot s} + 2 \cdot g_6\right]
\end{aligned}
\right\} \cdot (54\,\mathrm{a,\,b})$$

Die Schnittgrößen im Blechdickensprung sind über die Formeln aus Abb. 18 abzuleiten:

$$\left.
\begin{aligned}
Q_D &= \frac{n_1}{s} \cdot M + m_1 \cdot P + s \cdot 0_1 \cdot p; \\[0.6em]
M_D &= n_2 \cdot M + s \cdot m_2 \cdot P + s^2 \cdot 0_2 \cdot p
\end{aligned}
\right\}. \qquad (55\,\mathrm{a,\,b})$$

Die Verschiebungslinien des ganzen Auflagerringsbereiches werden, entsprechend der in Abb. 18 eingeführten Koordinatenzählung, in zwei Abschnitte — den Bereich des verstärkten Rohrschusses und den Bereich der unverstärkten Rohrschale — aufgeteilt. Über die Gln. (54a, b; 55a, b), sowie jene aus Abb. 17 entstehen zusammen mit der Gl. (44a, b) für beide Abschnitte die Beziehungen:

verstärkter Rohrschuß:

$$
\begin{aligned}
w = \frac{r^2}{E \cdot t} \cdot p \cdot \Bigg\{ & \frac{F_R \cdot \left[1 - 4 \cdot \left(g_5 - \dfrac{g_2 \cdot g_6}{g_4} \right) \right] - b \cdot t}{F_R \cdot \left(2 \cdot g_1 - \dfrac{g_2 \cdot g_3}{g_4} \right) + 2 \cdot t \cdot s} \\
& \times \left[\left(2 \cdot g_1 - \frac{g_2 \cdot g_3}{g_4} \right) \cdot \cos \frac{x}{s} \cdot \mathrm{Cos} \frac{x}{s} - \frac{g_3}{g_4} \cdot \sin \frac{x}{s} \cdot \mathrm{Sin} \frac{x}{s} \right. \\
& \left. + \sin \frac{x}{s} \cdot \mathrm{Cos} \frac{x}{s} - \cos \frac{x}{s} \cdot \mathrm{Sin} \frac{x}{s} \right] \\
& + 4 \cdot \left[\left(g_5 - \frac{g_4 \cdot g_6}{g_4} \right) \cdot \cos \frac{x}{s} \cdot \mathrm{Cos} \frac{x}{s} - \frac{g_6}{g_4} \cdot \sin \frac{x}{s} \cdot \mathrm{Sin} \frac{x}{s} - \frac{1}{4} \right] \Bigg\}
\end{aligned}
$$

$$(56\,\mathrm{a})$$

unverstärkter Rohrschalenbereich:

$$
\begin{aligned}
w = \frac{r^2}{E \cdot t} \cdot p \cdot \Bigg\{ & \frac{F_R \cdot \left[1 - 4 \cdot \left(g_5 - \dfrac{g_2 \cdot g_6}{g_4} \right) \right] - b \cdot t}{F_R \cdot \left(2 \cdot g_1 - \dfrac{g_2 \cdot g_3}{g_4} \right) + 2 \cdot t \cdot s} \\
& \times \left[\left((k \cdot n_1 - n_2) \cdot \frac{g_3}{g_4} + 2 \cdot k \cdot m_1 - 2 \cdot m_2 \right) \cdot \frac{1}{k^2} \cdot \cos \frac{x}{s} \right. \\
& \left. + \frac{1}{k^2} \cdot \left(\frac{g_3}{g_4} \cdot n_2 + 2 \cdot m_2 \right) \cdot \sin \frac{x}{s} \right] \cdot e^{-\frac{x}{s}} \\
& + 2 \cdot \left[\left(\frac{2 \cdot g_6}{k^2 \cdot g_4} \cdot (k \cdot n_1 - n_2) + \frac{0_1}{k} - \frac{0_2}{k^2} \right) \cdot \cos \frac{x}{s} \right. \\
& \left. + \frac{1}{k^2} \cdot \left(\frac{2 \cdot n_2 \cdot g_6}{g_4} + 0_2 \right) \cdot \sin \frac{x}{s} \right] \cdot e^{-\frac{x}{s}} - 1 \Bigg\}
\end{aligned}
$$

$$(56\,\mathrm{b})$$

Der *Sonderfall* des *unendlich steifen Ringes* auf einer *mit* einem *Blechdickenwechsel* versehenen Rohrschale kann zur Abschätzung der oberen Störspannungsgrenze dienen, da er die größten Beanspruchungen in der Rohrschale verursacht. Die entsprechenden Formeln können durch eine Grenzbetrachtung ($F_R \to \infty$) aus den bekannten Beziehungen abgeleitet werden:

$$P = p \cdot s \cdot \frac{1 - 4 \cdot \left(g_5 - \dfrac{g_2 \cdot g_6}{g_4}\right)}{2 \cdot g_1 - \dfrac{g_2 \cdot g_3}{g_4}};$$

$$M = \frac{p \cdot s^2}{g_4} \cdot \left[\frac{g_3}{2} \cdot \frac{1 - 4 \cdot \left(g_5 - \dfrac{g_2 \cdot g_6}{g_4}\right)}{2 \cdot g_1 - \dfrac{g_2 \cdot g_3}{g_4}} + 2 \cdot g_6\right], \qquad (57\,\text{a--b})$$

verstärkter Rohrschuß:

$$w = \frac{r^2}{E \cdot t} \cdot p \cdot \left\{ \frac{1 - 4 \cdot \left(g_5 - \dfrac{g_2 \cdot g_6}{g_4}\right)}{2 \cdot g_1 - \dfrac{g_2 \cdot g_3}{g_4}} \cdot \left[\left(2 \cdot g_1 - \frac{g_2 \cdot g_3}{g_4}\right) \cdot \cos \frac{x}{s} \right.\right.$$

$$\times \operatorname{Cos} \frac{x}{s} - \frac{g_3}{g_4} \cdot \sin \frac{x}{s} \cdot \operatorname{Sin} \frac{x}{s} + \sin \frac{x}{s} \cdot \operatorname{Cos} \frac{x}{s} - \cos \frac{x}{s}$$

$$\times \operatorname{Sin} \frac{x}{s}\Big] + 4 \cdot \left[\left(g_5 - \frac{g_4 \cdot g_6}{g_4}\right) \cdot \cos \frac{x}{s} \cdot \operatorname{Cos} \frac{x}{s} \right.$$

$$\left.\left. - \frac{g_6}{g_4} \cdot \sin \frac{x}{s} \cdot \operatorname{Sin} \frac{x}{s} - \frac{1}{4}\right]\right\};$$

$$(57\,\text{c})$$

unverstärkter Rohrschalenbereich:

$$w = \frac{r^2}{E \cdot t} \cdot p \cdot \left\{ \frac{1 - 4 \cdot \left(g_5 - \dfrac{g_2 \cdot g_6}{g_4}\right)}{2 \cdot g_1 - \dfrac{g_2 \cdot g_3}{g_4}} \right.$$

$$\times \left[\left((k \cdot n_1 - n_2) \cdot \frac{g_3}{g_4} + 2 \cdot k \cdot m_1 - 2 \cdot m_2\right) \cdot \frac{1}{k^2} \cdot \cos \frac{x}{s}\right.$$

$$+ \frac{1}{k^2} \cdot \left(\frac{g_3}{g_4} \cdot n_2 + 2 \cdot m_2\right) \cdot \sin \frac{x}{s}\Big] \cdot e^{-\frac{x}{s}}$$

$$+ 2 \cdot \left[\left(\frac{2 \cdot g_6}{k^2 \cdot g_4} \cdot (k \cdot n_1 - n_2) + \frac{0_1}{k} + \frac{0_2}{k^2}\right) \cdot \cos \frac{x}{s}\right.$$

$$\left.\left. + \frac{1}{k^2} \cdot \left(\frac{2 \cdot n_2 \cdot g_6}{g_4} + 0_2\right) \cdot \sin \frac{x}{s}\right] \cdot e^{-\frac{x}{s}} - 1\right\}$$

$$(57\,\text{d})$$

Für die Schnittgrößen im Blechdickensprung gilt weiterhin (55a, b).

Der *Sonderfall* einer durchgehend *gleichdicken Rohrschale* mit *elastischem Ring* ist ebenfalls durch eine Grenzbetrachtung erfaßbar. Wird nämlich die Breite des verstärkten Rohrschusses unendlich lang ($l \to \infty$), dann gilt für die Konstanten

$$g_1 = g_2 = g_3 = g_4 = 1; \quad g_5 = g_6 = 0. \tag{58}$$

Aus den Formeln (54a, b) und jenen der Grundstörfälle 5 und 6 entsteht damit

$$\begin{aligned}
P &= p \cdot s \cdot \frac{F_R - b \cdot t}{F_R + 2 \cdot t \cdot s}; \\[2mm]
M &= \frac{p \cdot s^2}{2} \cdot \frac{F_R - b \cdot t}{F_R + 2 \cdot t \cdot s}; \\[2mm]
y &= p \cdot \frac{r^2}{t \cdot E} \cdot \left[e^{-\frac{x}{s}} \cdot \frac{F_R - b \cdot t}{F_R + 2 \cdot t \cdot s} \cdot \left(\sin \frac{x}{s} + \cos \frac{x}{s} \right) - 1 \right]
\end{aligned} \tag{59a—c}$$

Für den *Sonderfall* der *gleichdicken Rohrschale* mit *starrem Ring* ($F_R \to \infty$) gilt dann

$$\begin{aligned}
P &= p \cdot s; \quad M = \frac{p \cdot s^2}{2}; \\[2mm]
y &= \frac{p \cdot r^2}{t \cdot E} \cdot \left[e^{-\frac{x}{s}} \cdot \left(\sin \frac{x}{s} + \cos \frac{x}{s} \right) - 1 \right]
\end{aligned} \tag{60a—c}$$

Die beiden letzten Sonderfälle sind bei [49, 51, 52, 35, 50, 53] behandelt und führen zum selben Ergebnis. Für den vorstehenden Sonderfall der Rohrschale mit starrem Ring ist die maximale Störspannung in der Rohrschale allgemein berechenbar, wenn man in Gl. (31) $\mu = 0{,}3$ und für das Widerstandsmoment des Rohrschalenelementes $t^2/6$ setzt sowie für das Störbiegemoment Gl. (60b) benutzt. Es ergibt sich

$$\sigma = \frac{M}{W} = 1{,}82 \cdot \frac{p \cdot r}{t}.$$

Die Störspannung übersteigt im vorliegenden Falle also die gleichzeitig senkrecht dazu wirksame Ringspannung um 82% und überlagert sich außerdem mit weiteren Längsspannungen. An diesem, die ungünstigsten Verhältnisse widerspiegelnden Beispiel soll deshalb die *Begrenzung des Störbereiches* diskutiert werden. Die Biegelinie pendelt gemäß Gl. (60c) mit ständig abnehmenden Amplituden um die Ordinate $w = \frac{p \cdot r^2}{t \cdot E}$ des ungehindert aufgeweiteten Rohres. Die Schnittpunkte mit dieser Geraden (hier auch als Nullstellen bezeichnet) liegen bei $x = \frac{3}{4} \cdot \pi \cdot s, \frac{7}{4} \cdot \pi \cdot s, \frac{11}{4} \cdot \pi \cdot s, \ldots$ Die Extremwerte der Biegelinien sind bei $x = 0$, $\pi \cdot s$, $2 \cdot \pi \cdot s$, $3 \cdot \pi \cdot s \ldots$ erreicht. Die Momentenlinie entsteht durch zweimaliges Differenzieren von (60c) zu

$$M(x) = \frac{p \cdot s^2}{2} \cdot e^{-\frac{x}{s}} \cdot \left(\cos \frac{x}{s} - \sin \frac{x}{s} \right) \tag{61}$$

und besitzt Nullstellen bei $x = \frac{1}{4} \cdot \pi \cdot s$, $\frac{5}{4} \cdot \pi \cdot s$, $\frac{9}{4} \cdot \pi \cdot s \ldots$, sowie die Extremwerte bei: $x = 0$, $\frac{1}{2} \cdot \pi \cdot s$, $\frac{3}{2} \cdot \pi \cdot s$, $\frac{5}{2} \cdot \pi \cdot s \ldots$ Die Dämpfung dieser Biege- und Momentenlinien wird durch den Vergleich benachbarter Extremwerte verdeutlicht, die nach Ablauf einer halben Periode nur noch 4,3% und nach Ablauf der ganzen Periode nur noch 0,187% des Ausgangswertes erreichen, wie auch in [35] und [53] festgestellt wurde. Als eigentlicher Störbereich wird deshalb in vorgenann-

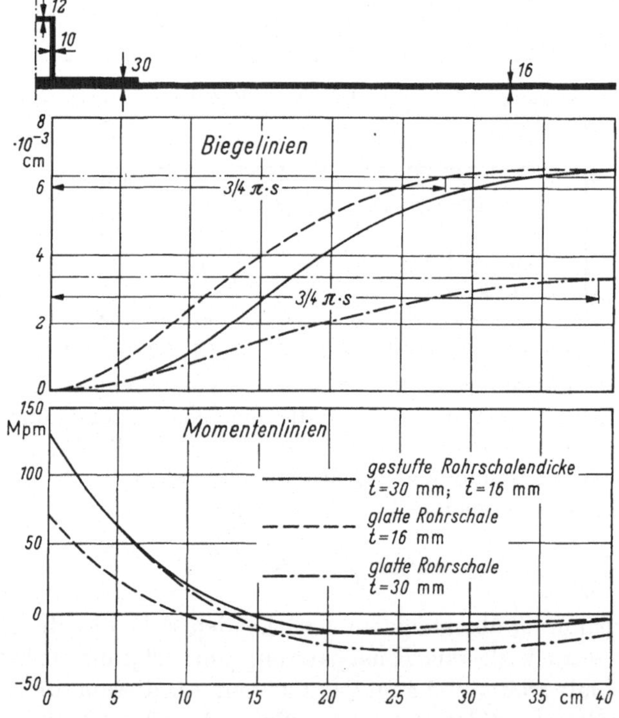

Abb. 20. Biege- und Momentenlinie für glatte und gestufte Rohrschalen.

ten Veröffentlichungen die Zone zwischen Ringträger und zweitem Biegeliniennullpunkt $\left(l_b = 4{,}28 \cdot \sqrt{r \cdot t} \right)$ angesehen, die bei alleiniger Berücksichtigung der Festigkeit sogar bis auf $l_b = 0{,}23 \cdot \sqrt{r \cdot t}$ eingeschränkt werden könnte. Als konkretes Ausführungsbeispiel eines kastenförmigen Ringträgerteilquerschnittes gibt Abb. 20 Biege- und Momentenlinien für verschieden starke und in ihrer Dicke gestufte Rohrschalen zur Demonstration des vorher Gesagten an.

Im Falle eines *zweistegigen Versteifungsringes*, wie er bei [53] untersucht wurde, kann der Vorzug einer in der Stegflächenaufteilung begründeten Störspannungsverminderung mit dem Vorteil einer Störmomentenabminderung infolge örtlicher Subtraktion zweier von den beiden Stegen ausgehenden Störwellen verbunden werden. Dabei ist eine Gesamtverminderung der Störeinflüsse um maximal 50%, bei einem günstigsten Stegabstand $c = \dfrac{2}{3} \cdot \pi \cdot s$ zu erreichen. Die Schnittgrößen und Verformungen sind durch Überlagerung der für den Sonderfall des elastischen Ringes mit glatter Rohrschale abgeleiteten Formeln (59a—c) zu erfassen Wegen der nun nicht mehr exakt zutreffenden Randbedingungen gelten sie allerdings nur für Stegabstände, die keinen gegenseitigen Einfluß an der Steganschlußstelle mehr ergeben, was für $c \geq \dfrac{2}{3} \cdot \pi \cdot s$ näherungsweise angenommen werden kann.

2.3 Die mittragenden Breiten der Ringträgerflansche und der Rohrschale

Bei gekrümmten Trägern, wie sie hier in Form von Auflagerringen zu behandeln sind, gelten gewisse Abweichungen von den elastizitätstheoretischen Grundgesetzen. Neben der unter bestimmten Voraussetzungen nicht mehr linearen Spannungsverteilung über die Querschnittshöhe, können in gegliederten Querschnitten unterschiedliche Spannungen an Stellen gleichen Nullinienabstandes herrschen Diese Erscheinung führt zum Begriff der mittragenden Breite, der hier sowohl auf die Flansche des Ringträgerquerschnittes als auch auf die gleichdick oder in ihrer Dicke abgestuft ausgebildete Rohrschale des Auflagerringbereiches angewandt werden soll. Die Bestimmung des voll mittragenden Bereiches von Flanschen endlicher Breite ist an Hand bekannter Veröffentlichungen möglich [62, 63, 64, 65, 61]. Die mittragende Breite von glatten Rohrschalen kann z. B. nach [63] oder [64] ebenfalls behandelt werden, da sie auch als Flansch mit unbegrenzter Seitenausdehnung aufzufassen ist. Solche Ableitungen wurden in [54, 35, 53, 55, 56] mit Hilfe der Theorie des Balkens auf elastischer Bettung vorgenommen, und in [51] wird das Ergebnis einer solchen Ableitung mitgeteilt. Ein nicht-drehsymmetrischer Fall von zwei radial an einem Rohr mit elastischem Versteifungsring angreifenden Einzellasten wurde in [53] behandelt.

Im vorliegenden Abschnitt dieser Arbeit werden die Grundgleichungen zur Bestimmung der mittragenden Breite von Flanschen nach [64] kurz abgeleitet, und auf ihnen aufbauend wird die mittragende Breite

einer mit einem Dickensprung versehenen Rohrschale bestimmt. Die
mittragende Breite einer glatten Rohrschale wird als Sonderfall des
vorher Zitierten aufgefaßt und aus diesem hergeleitet.

An den durch Tangentialspannungen σ_t beanspruchten Flanschen
gekrümmter Träger treten Abtriebskräfte auf. Diese konzentrisch angreifenden Abtriebskräfte q bewirken eine Querverbiegung der Ring-
trägerflansche (σ_t = Druck: Auslenkung nach außen; σ_t = Zug: Auslenkung nach innen) und damit einen Abbau der planmäßig dort wirksamen Tangentialspannung

$$\sigma_{t_0} = \frac{q \cdot r}{t},\tag{62a}$$

(im Stegbereich) auf

$$\sigma_{tx} = \sigma_{t_0} - \frac{E}{r} \cdot \overline{w}(x) = \frac{q(x) \cdot r}{t}.\tag{62b}$$

Die Tangentialspannung und die Abtriebskraft stehen also in Abhängigkeit von der Wirkungsstelle x

$$q(x) = \frac{t}{r} \cdot \left(\sigma_0 - \frac{E}{r} \cdot \overline{w}(x)\right).\tag{63}$$

Über die Differentialgleichung der Biegelinie $EJ \cdot w'''' = q(x)$, in der
bei behinderter Querdehnung $E^* = E/(1 - \mu^2)$ zu setzen ist, entsteht
nach Einführung von (63)

$$EJ^* \cdot \overline{w}'''' + \frac{t \cdot E}{r^2 \cdot (1 - \mu^2)} \cdot \overline{w} = \frac{t}{r} \cdot \sigma_{t_0}\tag{64}$$

die bekannte Differentialgleichung des Balkens auf elastischer Bettung
mit der Streckenlast $q = t/r \cdot \sigma_{t_0}$ und der Bettungsziffer

$$K = t \cdot E/[r^2 \cdot (1 - \mu^2)].$$

Nach Einsetzen von (31) und (35a) und entsprechender Umformung
ergibt sich

$$\frac{s^4}{4} \cdot \overline{w}'''' + \overline{w} = \frac{r}{E^*} \cdot \sigma_{t_0}.\tag{65}$$

Definiert man ferner als mittragende Breite der Flansche oder Rohrschale jene Breite l', die mit der Ordinate σ_{t_0} multipliziert den gleichen
Flächeninhalt bietet wie die von $x = 0$ bis $x = l$ (im Falle der mittragenden Rohrschale ist $l = \infty$) aufsummierte, ungleichmäßig verteilte
Spannung σ_{tx} — daß also die mit wachsendem x abklingende σ_{tx}-Fläche
durch eine Rechteckfläche der Länge l' und der Höhe σ_{t_0} ersetzt ist —,
dann gilt folgende mathematische Formulierung des Problems

$$l' = \frac{\int\limits_0^l \sigma_{tx} \cdot dx}{\sigma_{t_0}}.\tag{66}$$

Mit Gl. (62b) und (63) wird daraus

$$l' = \frac{r}{\sigma_{t_0} \cdot t} \cdot \int\limits_0^l q(x) \cdot dx = \frac{r \cdot P}{\sigma_{t_0} \cdot t} = \nu \cdot l,\tag{67}$$

wobei $\int_0^l q(x) \cdot dx$ die Querkraft P des elastisch gebetteten Balkens an der Stelle $x = 0$ und v den maßgebenden Reduktionsfaktor darstellt. Nach Lösung der Differentialgleichung (65) kann mit (67) die mittragende Breite bestimmt werden. Für den homogenen Teil der Differentialgleichung wurde in Abschn. 2.2.2 die allgemeine Lösung in Form von Gl. (32) bereits genannt.

Sie ist im vorliegenden Falle um den inhomogenen Lösungsanteil zu erweitern, was schließlich zum gleichen Ergebnis wie in [64] führt. Von dort ist auch Abb. 21 übernommen und nach [66] ergänzt worden. Es gibt für ⊔-, I-, T- und ☐-Querschnitte die Abminderungsfaktoren zur Bestimmung der *mittragenden Flanschbreiten* in Abhängigkeit vom Querschnittswert α wieder. Diese Abhängigkeit wird durch (67) nach Einsetzen der Lösung zur Differentialgleichung beschrieben. Der Querschnittswert α entspricht dabei dem Reziprokwert von s aus Gl. (31) mit $\mu = 0$.

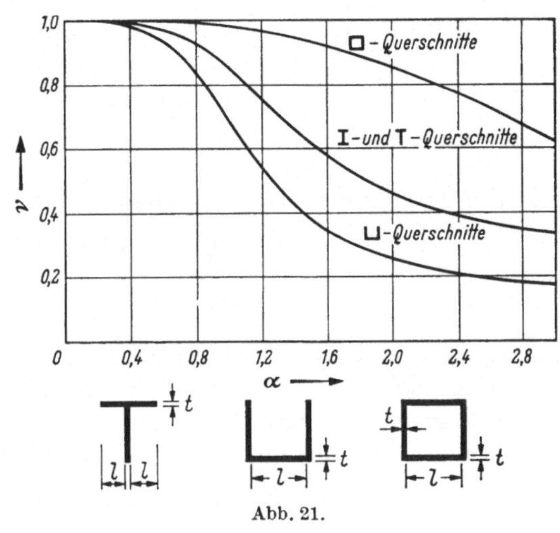

Abb. 21.

$$\alpha = 1{,}316 \cdot \frac{l}{\sqrt{t \cdot r}}.$$

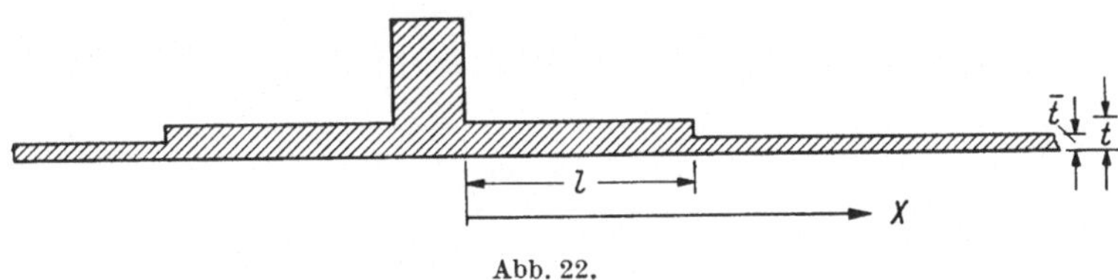

Abb. 22.

Zur Bestimmung der *mittragenden Rohrschalenbreiten* werden die vorstehend abgeleiteten Beziehungen weiter benutzt. Es gelten ferner die Bezeichnungen von Abb. 22. Aus Formel (62a) folgt für vorliegenden Fall

$$q = -\frac{t}{r} \cdot \sigma_{t_0}; \quad \bar{q} = -\frac{\bar{t}}{r} \cdot \sigma_{t_0}. \tag{68}$$

Die Biegelinie des gemäß Abb. 23 aufgetrennten Systems lautet

$$w = \bar{w} = w_0 = \bar{w}_0 = - \frac{r}{E} \cdot \sigma_{t_0}. \tag{69}$$

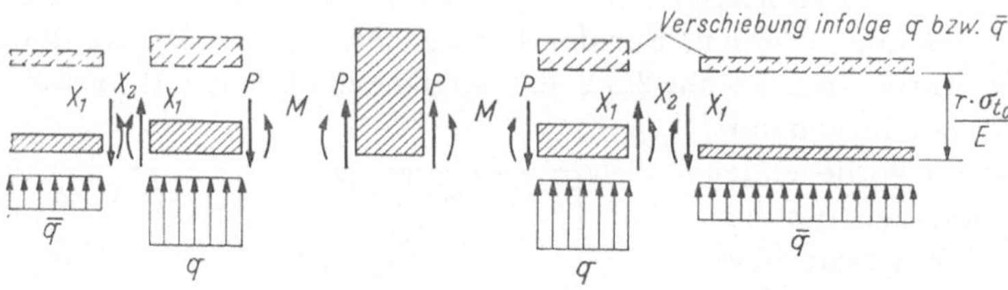

Abb. 23.

Zur Herstellung der ursprünglichen geometrischen Gegebenheiten

$$x = 0 \to w_0 + w(0) = 0; \quad w_0' = 0;$$

$$x = l \to w_l = \bar{w}_l; \qquad w_l' = \bar{w}_l' \tag{70a—d}$$

müssen bei $x = 0$ die Schnittgrößen P und M sowie in $x = l$ die Schnittgrößen X_1 und X_2 angesetzt werden. Die Randbedingungen (70 c, d) sind in den Formeln von Abb. 18 bereits verwertet. Mit den Randbedingungen (70a, b) folgt aus den Formeln der zitierten Abbildung

$$w(0) = \frac{2 \cdot r^2}{E \cdot t \cdot s} \cdot g_1 \cdot P - \frac{2 \cdot r^2}{E \cdot t \cdot s^2} \cdot g_2 \cdot M;$$

$$w_0' = - \frac{2 \cdot r^2}{E \cdot t \cdot s^2} \cdot g_3 \cdot P + \frac{4 \cdot r^2}{E \cdot t \cdot s^3} \cdot g_4 \cdot M = 0. \tag{71a, b}$$

Aus (71b) entsteht

$$M = \frac{g_3 \cdot s}{2 \cdot g_4} \cdot P. \tag{72}$$

Aus (70a) ergibt sich mit (69), (71a) und (72)

$$\frac{- r \cdot \sigma_{t_0}}{E} + \frac{2 \cdot r^2}{E \cdot t \cdot s} \cdot g_1 \cdot P - \frac{2 \cdot r^2}{E \cdot t \cdot s^2} \cdot g_2 \cdot \frac{g_3 \cdot s}{2 \cdot g_4} \cdot P = 0,$$

und nach Auflösung

$$P = \frac{t \cdot s \cdot \sigma_{t_0}}{r \cdot \left(2 \cdot g_1 - \dfrac{g_2 \cdot g_3}{g_4}\right)}. \tag{73}$$

Diese Beziehung in (67) eingesetzt, läßt eine Formel für die mittragende Breite der in ihrer Dicke gestuften Rohrschale entstehen

$$\boxed{l' = \frac{s}{2 \cdot g_1 - \dfrac{g_2 \cdot g_3}{g_4}}.} \tag{74}$$

Die bei Querschnittswertberechnungen anzusetzende ,,mittragende Fläche'' F_m ist dann $F_m = l' \cdot t$. Die Rohrschale ist aus diesem Grunde beiderseits des Ringes bis zur Koordinate

$$x = \frac{t}{E} \cdot (l' - l) + l \qquad (75)$$

voll dem Ringträgerquerschnitt zuzurechnen. Die Größe s kann dabei aus (31) und g_2, g_3, g_4 können aus (43b—d) bestimmt werden.

Nachstehende ausführlichere, speziell auf den Fall der gestuften Rohrschale abgestellte Ableitung soll obige Tatsache nochmals bestätigen. Für die mitwirkende Fläche der Rohrschale gilt gemäß (66)

$$F_m = t \cdot l' = \frac{1}{\sigma_{t_0}} \cdot \left[t \cdot \int_0^l \cdot \sigma_{tx} \cdot dx + \bar{t} \cdot \int_l^\infty \cdot \sigma_{tx} \cdot dx \right].$$

Hierin (62b) eingesetzt und mit r erweitert ergibt

$$F_m = t \cdot l' = \frac{r}{\sigma_{t_0}}$$

$$\times \left[\int_0^l \frac{t}{r} \cdot \left(\sigma_{t_0} - \frac{E}{r} \cdot \bar{w}(x) \right) \cdot dx + \int_l^\infty \frac{\bar{t}}{r} \cdot \left(\sigma_{t_0} - \frac{E}{r} \cdot \overline{w}(x) \right) \cdot dx \right].$$

Nach Einführung von (63) entsteht daraus

$$F_m = t \cdot l' = \frac{r}{\sigma_{t_0}} \cdot \left[\int_0^l q(x) \cdot dx + \int_l^\infty \bar{q}(x) \cdot dx \right].$$

Hierin bedeuten $\int_0^l q(x)\, dx$ die Querkraftdifferenz zwischen $x = 0$ und $x = l$, sowie $\int_0^l \bar{q}(x) \cdot dx$ die Querkraftdifferenz zwischen $x = l$ und $x = \infty$. Da in $x = \infty$ aber keine Querkraft wirken kann, gilt für diese Ausdrücke

$$\int_0^l q(x) \cdot dx = P - X_1; \qquad \int_l^\infty \bar{q}(x) \cdot dx = X_1.$$

Damit ergibt sich aus obiger Beziehung

$$F_m = t \cdot l' = \frac{r}{\sigma_{t_0}} \cdot [(P - X_1) + X_1] = \frac{P \cdot r}{\sigma_{t_0}}.$$

Setzt man hier Gl. (73) ein, dann entsteht für l' die gleiche Beziehung wie in (74).

Die durchgehend gleichdicke Rohrschale kann als *Sonderfall* der gestuft ausgeführten angesehen werden. Ihre mittragende Breite ist über

3*

eine Grenzbetrachtung aus Gl. (74) herzuleiten. Gemäß Gl. (58) gilt nämlich für einen unendlich langen Rohrschuß der Dicke t

$$g_1 = g_2 = g_3 = g_4 = 1\,.$$

Damit wird aus (74) und (31) mit $\mu = 0{,}3$

$$\boxed{\; l' = s = \sqrt[4]{\frac{r^2 \cdot t^2}{3 \cdot (1 - \mu^2)}} = 0{,}78 \cdot \sqrt{r \cdot t}\;} \tag{76}$$

Dieser Wert ist in der Literatur [51], [53] bereits mehrfach genannt und bei [35] durch Zugrundelegung einer dem Abstand des zweiten Biegestörungs-Nullpunktes entsprechenden Flanschbreite nach [64] berechnet worden.

3. Systematische baustatische Untersuchung der Auflagerringsysteme

3.1 Allgemeines

3.1.1 Grundlagen und Voraussetzungen für die Berechnung der Auflagerringe

Auflagerringe einer Druckrohrleitung haben die von der Rohrschale in Form von Schubkräften abgegebenen Querlasten Q in Fundamente weiterzuleiten. Sie müssen ferner den auf sie entfallenden Innendruckanteil aufnehmen und die Kreisform des Rohres erhalten. Vermöge ihrer

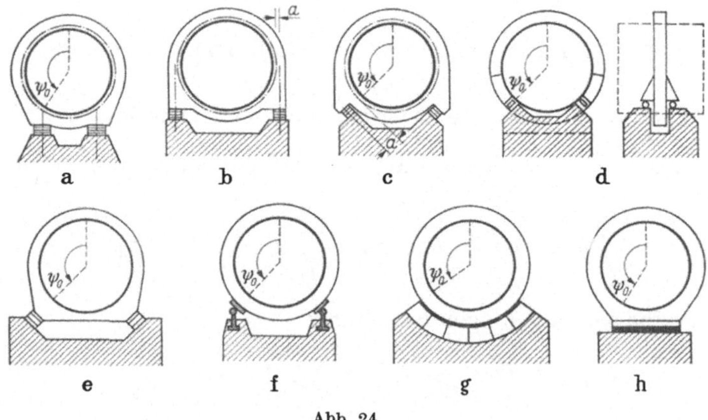

Abb. 24.

konstruktiven Gestaltung müssen sie gegebenenfalls auch planmäßige Rohrverschiebungen und ungehinderten Längskraftfluß zu Festpunkten erlauben.

In Abb. 24 sind verschiedene Auflagerkonstruktionen aufgezeigt, die diese Aufgaben erfüllen. Sie sind entweder in einzelnen Punkten gelagert — rufen also Einzelkräfte als Lagerreaktionen hervor — oder besitzen eine Gleitfläche und erzeugen flächig verteilte Auflagerpressungen. Im vorliegenden Abschnitt dieser Arbeit werden für solche Auflagerringsysteme Berechnungsgrundlagen aufgestellt. Danach kann die Schnittgrößenberechnung für Auflagerringe in der Superposition von Grundsystemen bestehen, für die Formeln zur Bestimmung der Momenten-, Normalkraft- und Querkraftverteilung über den Ringumfang unter Berücksichtigung der exzentrischen Schubwirkung abgeleitet sind. Mit den so behandelten Grundsystemen sind durch Überlagerungen sämtliche im Druckrohrleitungsbau üblichen einfach-symmetrischen Auflagerringsysteme aufzubauen und darüber hinaus auch Festpunkt- und Krümmerkonstruktionen zu erfassen, welche durch beliebig gerichtete Einzelkräfte, gleichmäßig oder nach der cos-Funktion verteilte Radialkräfte, oder parallel wirkende Streckenlasten, sowie aus der Schubwirkung resultierende Tangentialkräfte beansprucht werden.

Der Ringträger wird bei diesen Untersuchungen als aus Stegen, sowie den gemäß Abschn. 2.2.3 als „vollmittragend" anzusehenden Flansch- und Rohrschalenteilen bestehender Ring konstanter Krümmung und Steifigkeit definiert. Seine Krümmung ist dabei nach STÜSSI [61] bei Radien, die kleiner als die zehnfache Trägerhöhe sind, in der Spannungsberechnung zu berücksichtigen. Entsprechende Formeln sind z. B. in [61, 62, 66, 67, 68] mitgeteilt. Im Grenzfall unterscheiden sich die Biegerandspannungen eines gekrümmten Trägers mit Rechteckquerschnitt um 3,2% von jenen des geraden Trägers. Bei I-Querschnitten entstehen kleinere Abweichungen.

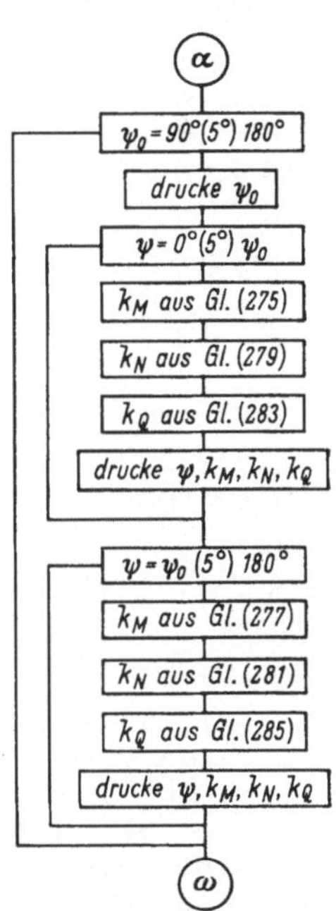

Abb. 25 a. Strukturdiagramm zum ALGOL-Programm.

Die praktische Feststellung der Schnittgrößenverteilung in den Grund- und Sondersystemen wurde durch Einführung von Hilfsfaktoren und deren Errechnung für alle möglichen Kombinationen von Auflagerwinkeln ψ_0 (s. Abb. 24) und Schnittwinkeln ψ durch einen elektronischen Rechenautomaten vereinfacht. Der äußerst umfangreiche digitale Ergebnisauswurf durch den Elektronenrechner ist in graphischen Darstellungen (s. z. B. Abb. 94, 95 oder 96) wiedergegeben.

```
'BEGIN'
'INTEGER' A, B, Z, C;
'REAL'      PI, PSIN, PSI, KM, KN, KQ;
PI: = 3 · 141592654;
'FOR' A: = 90 'STEP' 5 'UNTIL' 181 'DO'
    'BEGIN'
    Z: = A;
    WRITE("
");
WRITE("VERTK. GLEICHLAST
");
WRITE("
        PSI-NULL");
PRINT(A);
WRITE("
        PSI       KM       KN       KQ
");
PSIN: = A · PI/180;
'FOR' B: = 0 'STEP' 5 'UNTIL' A 'DO'
'BEGIN'
PSI: = B · PI/180;
KM: = 1/(4 · PI) · ((−2/3) · SIN(PSIN) · SIN(PSIN) · COS(PSI) +
        (PI − PSIN) · SIN(PSIN) − 2 − 3/2 · COS(PSIN) +
        1/(2 · SIN(PSIN)) · (PI − PSIN));
KN: = (−1)/(6 · PI) · SIN(PSIN) · SIN(PSIN) · COS(PSI);
KQ: = (−1)/(6 · PI) · SIN(PSIN) · SIN(PSIN) · SIN(PSI);
PRINT(B, KM, KN, KQ);
'END';
'FOR' C: = Z 'STEP' 5 'UNTIL' 181 'DO'
'BEGIN'
PSI: −C · PI/180;
KM: = 1/4 · ((−(SIN(PSIN) − SIN(PSI))) · (SIN(PSIN) − SIN(PSI))/
        SIN(PSIN) + 1/PI · (−2/3 · SIN(PSIN) · SIN(PSIN) · COS(PSI) +
        (PI − PSIN) · SIN(PSIN) − 2 − 3/2 · COS(PSIN) + (PI − PSIN)
        (2 · SIN(PSIN))));
KN: = 1/(2 · SIN(PSIN)) · ((SIN(PSIN) − SIN(PSI)) · SIN(PSI) −
        1/(3 · PI) · SIN(PSIN) · SIN(PSIN) · SIN(PSIN) · COS(PSI));
KQ: = (−1)/(2 · SIN(PSIN)) · ((SIN(PSIN) − SIN(PSI)) · COS(PSI) +
        1/(3 · PI) · SIN(PSIN) · SIN(PSIN) · SIN(PSIN) · SIN(PSI)):
PRINT(C, KM, KN, KQ);
'END';
'END';
'END';
```

Abb. 25b. ALGOL-Programm zum Grundsystem 1 S/6.

Die Rechenprogramme wurden in der ALGOL-Sprache abgefaßt
und durch den Rechenautomaten Z 22 der Technischen Hochschule
Karlsruhe gerechnet. Abb. 25 gibt als Beispiel für den in Abschn. 3.3.7

behandelten Auflagerring mit konstanter vertikaler Auflagerpressung infolge Gleitblechlagerung das benutzte Strukturdiagramm und das ALGOL-Programm wieder.

Zur Diskussion der verschiedenen Lagerungsweisen wurden für ausgezeichnete Querschnitte der Auflagerringe die Schnittgrößen bzw. (wegen deren direkter Proportionalität zu den Schnittgrößen) die Hilfsgrößen als Funktion vom Auflagerwinkel ψ_0 dargestellt. Außerdem wurden die Momentenmaxima mit den zugehörigen Normalkräften und die Normalkraftmaxima mit den zugehörigen Biegemomenten ermittelt sowie die Lage dieser Extremwerte genannt. Für exzentrisch gestützte Auflagerringe (s. z. B. Abb. 24b und c) werden jene Exzentrizitäten a/R als Funktion vom Auflagerwinkel ψ_0 wiedergegeben, die eine Minimalmomentenbeanspruchung erzwingen und in gleicher Abhängigkeit die zugehörigen Hilfsfaktoren gezeigt. Schließlich werden die Maximalbiegemomente charakteristischer Auflagerringsysteme in ihrer Abhängigkeit vom Auflagerwinkel ψ_0 verglichen und günstige Anwendungsfälle genannt.

Für den Auflagerring gelten naturgemäß andere Beziehungen zwischen Schnittgrößen und Belastungen als in der Biegelehre des geraden Balkens. Sie werden nachstehend an dem in Abb. 26 dargestellten Ringträgerelement für den *örtlich* durch *Einzelkräfte* gestützten Auflagerring hergeleitet. Weil am Ringträgerelement des *Bereiches I* (s. Abb. 44) bei *streckenweise gestützten Auflagerringen* die gleichen Verhältnisse herrschen, behalten die Formeln auch hierfür ihre Gültigkeit. Im *Ringträgerbereich II* wirken bei diesen Auflagerringen zusätzlich noch Auflagerstreckenlasten, die sich in den Gleichgewichtsbedingungen (77) und (80) nicht auswirken; deshalb gelten die

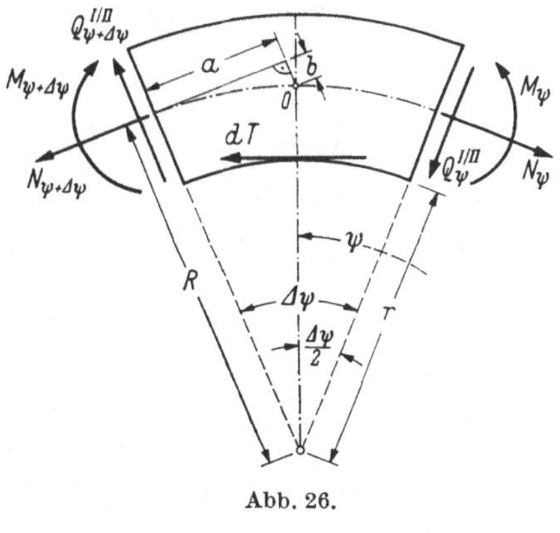

Abb. 26.

Formeln (79), (82) und (85) hier unverändert. Lediglich die Bedingung (83) verliert hier ihre Gültigkeit und damit auch Gl. (85). Für die dargestellten Größen gilt

$$a = R \cdot \sin \frac{\Delta\psi}{2}; \quad \cos \frac{\Delta\psi}{2} = \frac{R - b}{R};$$

daraus folgt

$$b = R \cdot \left(1 - \cos \frac{\Delta\psi}{2}\right) = R \cdot \left(1 - \frac{1/2 \cdot \sin \Delta\psi}{\sin \Delta\psi/2}\right).$$

Aus der Momentenbedingung um den Mittelpunkt O des Elementes ergibt sich

$$(\textstyle\sum M)_0 = 0 = M_\psi - M_{\psi + \varDelta\psi} - (Q_\psi^{I/II} + Q_{\psi+\varDelta\psi}^{I/II}) \cdot R \cdot \sin\frac{\varDelta\psi}{2}$$

$$+ (N_{\psi+\varDelta\psi} - N_\psi) \cdot R \cdot \left(1 - \frac{1/2 \cdot \sin\varDelta\psi}{\sin\varDelta\psi/2}\right). \tag{77}$$

Setzt man die bei (88) hergeleitete Bedingung

$$dT = \frac{Q}{\pi} \cdot \sin\psi \cdot \varDelta\psi$$

ein, so entsteht nach entsprechender Umformung und Einführung von $\sin\varDelta\psi \approx \varDelta\psi$

$$\frac{M_{\psi+\varDelta\psi} - M_\psi}{\varDelta\psi} = -\frac{R}{2} \cdot (Q_\psi^{I/II} + Q_{\psi+\varDelta\psi}^{I/II}) - \frac{Q}{\pi} \cdot (R - r) \cdot \sin\psi. \tag{78}$$

Nach Durchführung des Grenzüberganges von $\varDelta\psi \to 0$

$$\lim_{\varDelta\psi\to 0} \frac{M_{\psi+\varDelta\psi} - M_\psi}{\varDelta\psi} = \frac{R}{2} \cdot \lim_{\varDelta\psi\to 0} (Q_\psi^{I/II} + Q_{\psi+\varDelta\psi}^{I/II}) - \frac{Q}{\pi} \cdot (R - r) \cdot \sin\psi$$

ergibt sich

$$\frac{dM}{d\psi} = -R \cdot Q^{I/II} - \frac{Q}{\pi} \cdot (R - r) \cdot \sin\psi$$

oder

$$\boxed{Q^{I/II} = -\frac{1}{R} \cdot \frac{dM}{d\psi} - \frac{Q}{\pi} \cdot \left(1 - \frac{r}{R}\right) \cdot \sin\psi}. \tag{79}$$

Aus der Bedingung $\sum N = 0$ entsteht folgende Beziehung

$$\sum N = 0 = (N_\psi - N_{\psi+\varDelta\psi}) \cdot \cos\frac{\varDelta\psi}{2} - (Q_\psi^{I/II} + Q_{\psi+\varDelta\psi}^{I/II}) \cdot \sin\frac{\varDelta\psi}{2} - dT. \tag{80}$$

Nach Umformung dieses Ausdruckes und Einsetzen der gleichen Beziehung für dT bzw. $\sin\varDelta\psi \approx \varDelta\psi$ wie oben, erhält man

$$\frac{N_\psi - N_{\psi+\varDelta\psi}}{\varDelta\psi} \cdot \cos\frac{\varDelta\psi}{2} = \frac{1}{2} \cdot (Q_\psi^{I/II} + Q_{\psi+\varDelta\psi}^{I/II}) + \frac{Q}{\pi} \cdot \sin\psi. \tag{81}$$

Durch den Grenzübergang von $\varDelta\psi \to 0$

$$\lim_{\varDelta\psi\to 0} \frac{N_\psi - N_{\psi+\varDelta\psi}}{\varDelta\psi} \cdot \cos\frac{\varDelta\psi}{2} = \frac{1}{2} \cdot \lim_{\varDelta\psi\to 0} (Q_\psi^{I/II} + Q_{\psi+\varDelta\psi}^{I/II}) + \frac{Q}{\pi} \cdot \sin\psi$$

entsteht

$$\frac{dN}{d\psi} = -Q^{I/II} - \frac{Q}{\pi} \cdot \sin\psi$$

bzw.

$$\boxed{Q^{I/II} = -\frac{dN}{d\psi} - \frac{Q}{\pi} \cdot \sin\psi}. \tag{82}$$

Eine weitere Beziehung gewinnt man auf dem gleichen Wege aus der Bedingung $\sum Q = 0$. Sie lautet

$$\sum Q = 0 = (N_\psi + N_{\psi+\varDelta\psi}) \cdot \sin\frac{\varDelta\psi}{2} - (Q^{I/II}_{\psi+\varDelta\psi} - Q^{I/II}_\psi) \cdot \cos\frac{\varDelta\psi}{2}. \tag{83}$$

Durch Umformung und Einsetzen von $\sin\varDelta\psi \approx \varDelta\psi$ entsteht eine Schreibweise für den Grenzübergang

$$\lim_{\varDelta\psi\to 0} \frac{Q^{I/II}_{\psi+\varDelta\psi} - Q^{I/II}_\psi}{\varDelta\psi} \cdot \cos\frac{\varDelta\psi}{2} = \frac{1}{2} \cdot \lim_{\varDelta\psi\to 0} (N_\psi + N_{\psi+\varDelta\psi}). \tag{84}$$

Nach Durchführung des Grenzüberganges ergibt sich die endgültige Beziehung zu

$$\boxed{\frac{dQ^{I/II}}{d\psi} = N}. \tag{85}$$

Die gewonnenen Beziehungen zwischen den Schnittgrößen und Belastungen des Auflagerringes können zur Kontrolle der Formeln für die Biegemomente, Normal- und Querkräfte benutzt werden.

3.1.2 Überblick über die bisher erschienenen Veröffentlichungen

Die erste, speziell auf die Bedürfnisse des Druckrohrleitungsbaues ausgerichtete Veröffentlichung von Formeln zur Berechnung von Auflagerringen stammt von KARLSSON [70] aus dem Jahre 1910. Er gibt dort Beziehungen zur Bestimmung der Biegemomente in Abhängigkeit von einer Schubkraftbelastung — die sich durch das Abtragen der Querkräfte von der Rohrschale in den Ringträger einstellt — und der Lage der Auflagerpunkte des Auflagerringes an. Es wird dabei die exzentrische Einleitung der Schubkräfte aus der Rohrschale in den Auflagerring berücksichtigt. Die Formeln gelten jedoch nur für zentrisch am Ringträger angreifende Horizontal- und Vertikalkomponenten der Auflagerkräfte des Ringträgers. Außerdem bleiben die übrigen Schnittkräfte (N und Q) unbeachtet. — Die gleichen Beziehungen für die Biegemomente führt 1922 KARLSSON noch einmal in [71] an. Da dieser Aufsatz heute noch sehr häufig in der Literatur erwähnt ist und dort keine vollständigen Ableitungen angegeben werden, wird in nachfolgendem Abschn. 3.2 nochmals näher auf dieses Berechnungsverfahren eingegangen. — Die allgemeinen Grundlagen zur Ableitung der Formeln von KARLSSON sind der Veröffentlichung von FRÖHLICH [24] entnommen.

Im Zusammenhang mit der Veröffentlichung von Karlsson ist auch auf eine Notiz von Hökerberg [72] aus dem Jahre 1919 zu verweisen, in der auf die Möglichkeit, durch exzentrische Einleitung der Auflagerkräfte in den Ringträger eine Abminderung der Maximalmomente zu erreichen, aufmerksam gemacht wird.

In den folgenden 20 Jahren beschäftigen sich mehrere Veröffentlichungen mit der Berechnung von Ringträgern, wobei aber nur wenige der speziellen Problemstellung des Druckrohrleitungsbaues gewidmet sind. Besonders zu erwähnen sind die Aufsätze von Pohl [73] und [74], die sowohl in allgemeiner Form als auch für ganz spezielle Lastfälle Formeln zur Erfassung der Schnittgrößen eines biegesteifen Kreisringes unter ungleichmäßig über den Umfang verteilten Einzel- und Streckenlasten enthalten. Die Formeln sind dabei vor allem auf Lastfälle für Ringversteifungen von abgespannten Rohrmasten ausgerichtet und zum Teil als Fortführung der erstmals von Müller-Breslau [75] 1898 dargelegten Berechnung eines Kreisringes unter Windbelastung gedacht. 1931 behandelt Schorer [49] in enger Anlehnung an die Veröffentlichung von Hökerberg [72] den exzentrisch in Höhe der horizontalen Rohrachse auf Kragarmen abgestützten Kreisring einer Druckrohrleitung und gibt die gleichen Formeln für die Momentenverteilung über den Auflagerringumfang wieder. Für die Normalkraft wird nur der Maximalwert genannt und über die Querkraftverteilung werden keine Angaben gemacht.

Für einen Sonderfall des von Karlsson in [70] und [71] behandelten — mittels Horizontal- und Vertikalkräften gestützten — Auflagerringes, nämlich für den durch symmetrische vertikale Auflagerkräfte im Gleichgewicht gehaltenen und durch Schubkräfte beanspruchten Ringträger, wird 1935 von Hansen in [76] eine Formel für die Biegemomente angeführt und erstmals ein Schaubild für Hilfswerte zur einfachen Bestimmung der Biegemomente in diesem Sonderfall aufgestellt. Die gleiche Formel und dasselbe Schaubild sind 1956 nochmals bei Stradtmann [77] wiedergegeben und Baumann zugeschrieben worden. Esslinger gibt für die gleiche Lagerungsweise 1942 eine andere Schreibweise der gleichen Formel für die Biegemomente an [30] und behandelt außerdem 1959 [52], im Zusammenhang mit der Untersuchung von Aussteifungsringen unter anderem auch Probleme, die die Berechnung von Auflagerringen betreffen. Schon Rühl [78] (1948) berechnete Versteifungsringe von „rohrförmigen Tragwerken", wobei er allerdings den Einfluß des Ringes auf die Rohrschale bzw. deren Mitwirken am Tragverhalten des Ringes — wie es Esslinger später in [52] untersuchte — nicht berücksichtigt hat.

Die numerische Berechnung der Biegemomente, Normal- und Querkräfte in Auflagerringen einer Druckrohrleitung kann mittels Hilfsfaktoren, die die geometrischen Beziehungen im Ringsystem erfassen wesentlich vereinfacht werden. Ähnlich wie HANSEN [76] für einen Sonderfall der Lagerungsweise nach KARLSSON derartige Faktoren zur Biegemomentenbestimmung in Form eines Schaubildes wiedergegeben hat, werden durch BIER [51] Tabellenwerte zur Errechnung der Biegemomente und auch der Normal- und Querkräfte für den von HÖKERBERG [72] und SCHORER [49] bereits behandelten — exzentrisch in Höhe der horizontalen Rohrachse auf Kragarmen gelagerten — durch Schubkräfte belasteten Auflagerring veröffentlicht.

Für weitere, zum Teil auch für den Druckrohrleitungsbau interessante Teillastfälle von Auflagerringsystemen, werden bei FÖPPL-SONNTAG [69], ROARK [31], KANTOROWITSCH [20] und auch bei BEYER [79] und HIRSCHFELD [80] Berechnungsformeln genannt. Die speziell dem Bau von Wasserkraftanlagen oder Rohrleitungen gewidmeten Bücher von HRUSCHKA [28], SCHOKLITSCH [81] und MOSONYI [82] beschränken sich bei der Behandlung von Auflagerringen auf konstruktive Angaben bzw. beziehen sich auf einige der in vorliegendem Abschnitt angeführten Veröffentlichungen.

Für die Bestimmung der Biegemomente und Normalkräfte eines auf Sockeln oder Gleitblechen gebetteten Auflagerringes können teilweise die von MARQUARDT 1934 in [83] aufgestellten Formeln benutzt werden. Sie sind zwar zur Untersuchung kontinuierlich gelagerter Rohre gedacht und erfassen in der Hauptsache die eingeerdete, starre Rohrleitungen betreffenden Lastfälle, können in einigen Fällen aber auch für die Ringträgerberechnung bedeutsam sein. Ähnliche Lastfälle und Beziehungen sind für die gleichen vorgenannten Voraussetzungen in [84] und [85] wiedergegeben. Sie alle können aber stets nur Teillastfälle einer Auflagerringberechnung darstellen, weil bei einer mittels Auflagerringen gestützten Leitung sämtliche Lasten quer zur Rohrachse von der Rohrschale durch Schubkräfte an den Ringträger abgegeben werden und nicht jeder Querschnitt — wie beim kontinuierlich gebetteten Rohr vorausgesetzt — als selbständiger Ringträger wirkt.

Über Versuche an auf Sockeln bzw. auf Sätteln gelagerten Rohren wird in [109], [86] und [87] berichtet und die Ergebnisse mit theoretischen Untersuchungen verglichen. Es wird dabei unter anderem festgestellt, daß für ein auf Ringen gelagertes Rohr im Ringbereich die Längsbiegespannungen in der Rohrschale ausreichend genau nach [88] berechnet werden können und für das Ringbiegemoment eine dort abgeleitete Näherungsformel gültig ist. Der Spannungszustand in einer unmittelbar (ohne Ringversteifungen) aufgelagerten Rohrschale läßt sich — wie mittels dieser Versuche nachzuweisen war — annähernd genau mit den Mitteln der Stabstatik erfassen oder muß z. B. wie in [89] oder in [90] gezeigt, ermittelt werden.

3.2 Das Berechnungsverfahren nach Karlsson zur Bestimmung der Momentenverteilung an einem Auflagerring mit vertikalen und horizontalen Auflagerkräften

Wie bereits erwähnt, wurde von KARLSSON [71] im Jahre 1922 ein Berechnungsverfahren entwickelt, mit dem man die *Momentenverteilung* über einen Ringträger für den in Abb. 27 dargestellten Lastfall bestimmen kann. Da dieses Verfahren häufig in der Literatur angeführt ist — in der genannten Veröffentlichung aber nur Endergebnisse von Ableitungen mitgeteilt werden — erscheint es angebracht, die vollständige Herleitung der Formeln aufzuzeigen.

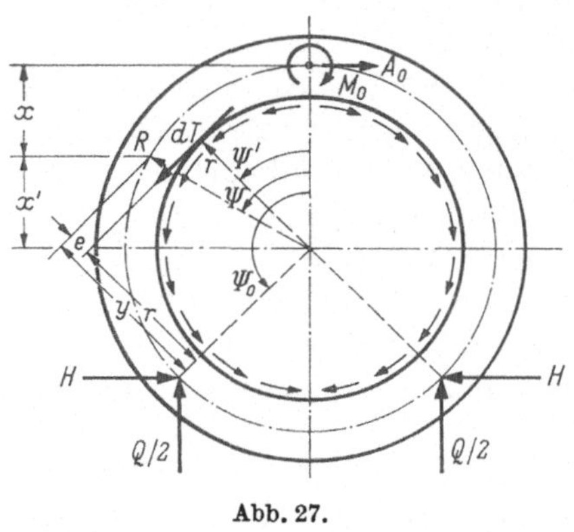

Abb. 27.

Wie bereits in Abschn. 2.1.1 bewiesen wurde, erzeugen das Wassergewicht und das Eigengewicht der Rohrschale allein keine Biegemomente in einem Kreisring, sondern wirken sich nur über die durch sie hervorgerufenen Schubkräfte aus. Diese Schubkräfte werden als Belastung des Ringträgers angesetzt, wobei die in der Balkenbiegungslehre übliche Schubkraftverteilung zugrunde gelegt ist. Die Beziehung für diese Schubkräfte wurde bereits angegeben. Sie lautet

$$T(\psi') = \frac{Q}{\pi \cdot r} \cdot \sin \psi' . \tag{86}$$

Mit den in Abb. 27 festgelegten Bezeichnungen lassen sich folgende Größen ableiten

$$y = R \cdot \cos (\psi - \psi'); \ e = y - r = R \cdot \cos (\psi - \psi') - r$$

und

$$x' = R \cdot \cos \psi; \ x = R - x' = R \cdot (1 - \cos \psi).$$

Für das Ringträgerelement gilt dann

$$dM_T = e \cdot dT(\psi). \tag{87}$$

Dabei ist

$$dT(\psi) = T(\psi') \cdot ds = T(\psi') \cdot r \cdot d\psi' = \frac{Q}{\pi} \cdot \sin \psi' \cdot d\psi' . \tag{88}$$

Damit entsteht aus obigem Ausdruck für dM_T

$$dM_T = [R \cdot \cos (\psi - \psi') - r] \cdot \frac{Q}{\pi} \cdot \sin \psi' \cdot d\psi' . \tag{89}$$

Durch Integration gewinnt man eine Beziehung für M_T:

$$M_T = \frac{Q}{\pi} \cdot \int_0^\psi [R \cdot \sin \psi' \cdot \cos (\psi - \psi') - r \cdot \sin \psi'] \cdot d\psi'$$

$$= \frac{Q}{\pi} \cdot \left[r \cdot \cos \psi' + R \cdot \int_0^\psi \sin\psi' \cdot (\cos \psi \cdot \cos \psi' + \sin \psi \cdot \sin \psi') \cdot d\psi' \right]$$

$$= \frac{Q}{\pi} \cdot \left[r \cdot \cos \psi' + \frac{1}{2} \cdot R \cdot \cos \psi \cdot \sin^2 \psi + \frac{1}{2} \right.$$

$$\left. \times R \cdot \psi' \cdot \sin \psi - \frac{1}{4} \cdot R \cdot \sin \psi \cdot \sin 2 \psi' \right]_{\psi' = 0}^{\psi' = \psi} ;$$

$$M_T = \frac{Q}{\pi} \cdot \left[\frac{R}{2} \cdot \psi \cdot \sin \psi - r \cdot (1 - \cos \psi) \right]. \tag{90}$$

Unter Berücksichtigung der in Abb. 27 angegebenen Schnittkräfte A_0 und M_0 — die Querkraft S_0 wird wegen der Symmetrie des Systems gleich Null — entsteht eine Beziehung für den Momentenverlauf oberhalb der Stützpunkte (Bereich I) durch die Momentenbedingung um den Punkt a.

$$M_I = M_0 + A_0 \cdot R \cdot (1 - \cos \psi) + \frac{Q}{\pi} \cdot \left[\frac{R}{2} \cdot \psi \cdot \sin \psi - r \cdot (1 - \cos \psi) \right].$$

$$\tag{91}$$

Für den Bereich unterhalb der Stützpunkte (Bereich II) wird auf ähnliche Weise eine Beziehung mit den in Abb. 28 angegebenen Größen gewonnen.

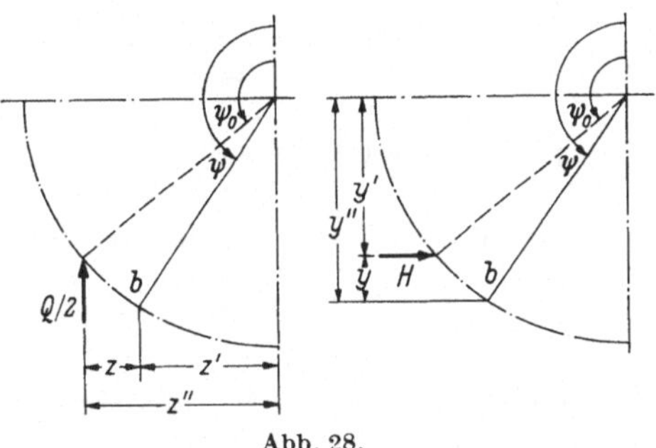

Abb. 28.

Es bedeuten

$$z'' = R \cdot \sin (180° - \psi_0) = R \cdot \sin \psi_0,$$

$$z'' = R \cdot \sin (180° - \psi) = R \cdot \sin \psi,$$

$$z = z'' - z' = R \cdot (\sin \psi_0 - \sin \psi).$$

$$y'' = R \cdot \cos (180° - \psi) = - R \cdot \cos \psi,$$

$$y' = R \cdot \cos (180° - \psi_0) = - R \cdot \cos \psi_0,$$

$$y = R \cdot (\cos \psi_0 - \cos \psi).$$

Aus der Momentenbedingung um den Punkt b entsteht

$$M_{II} = M_I + \frac{Q}{2} \cdot R \cdot (\sin \psi_0 - \sin \psi) + H \cdot R \cdot (\cos \psi_0 - \cos \psi). \quad (92)$$

Die Gleichungen M^I und M^{II} für beide Ringbereiche enthalten die zwei statisch unbestimmten Größen M_0 und A_0. Mit Hilfe des bekannten Prinzips von CASTIGLIANO — das ausführlich z. B. in [91] behandelt wird — findet man unter der üblichen Vernachlässigung von Normal- und Querkräften die bei KARLSSON angeführten Gleichungen

Gleichung I:

$$\int\limits_0^{\psi_0} M_I \cdot \frac{\delta M_I}{\delta A_0} \cdot R \cdot d\psi + \int\limits_{\psi_0}^{\pi} M_{II} \cdot \frac{\delta M_{II}}{\delta A_0} \cdot R \cdot d\psi = 0, \quad (93)$$

Gleichung II:

$$\int\limits_0^{\psi_0} M_I \cdot \frac{\delta M_I}{\delta M_0} \cdot R \cdot d\psi + \int\limits_{\psi_0}^{\pi} M_{II} \cdot \frac{\delta M_{II}}{\delta M_0} \cdot R \cdot d\psi = 0. \quad (94)$$

Aus beiden Gleichungen können die unbekannten Größen M_0 und A_0 errechnet werden.

In Gl. I (93) werden die bekannten Beziehungen eingesetzt und die Differentiationen durchgeführt:

$$\int\limits_0^{\psi_0} M_I \cdot (1 - \cos \psi) \cdot d\psi + \int\limits_{\psi_0}^{\pi} M_{II} \cdot (1 - \cos \psi) \cdot d\psi = 0,$$

$$\int\limits_0^{\psi_0} M_I \cdot d\psi - \int\limits_0^{\psi_0} M_{II} \cdot \cos \psi \cdot d\psi + \int\limits_{\psi_0}^{\pi} M_{II} \cdot d\psi \qquad (95)$$

$$- \int\limits_{\psi_0}^{\pi} M_{II} \cdot \cos \psi \cdot d\psi = 0.$$

Zur Vereinfachung kann für Gl. (92) geschrieben werden

$$M_{II} = M_I + K,$$

wobei

$$K = \frac{Q}{2} \cdot R \cdot (\sin \psi_0 - \sin \psi) + H \cdot R \cdot (\cos \psi_0 - \cos \psi)$$

ist.

Aus obiger Gl. (95) entsteht mit diesem Ausdruck

$$\int\limits_0^{\psi_0} M_I \cdot d\psi - \int\limits_0^{\psi_0} M_I \cdot \cos \psi \cdot d\psi + \int\limits_{\psi_0}^{\pi} M_I \cdot d\psi$$

$$+ \int\limits_{\psi_0}^{\pi} K \cdot d\psi - \int\limits_{\psi_0}^{\pi} M_I \cdot \cos \psi \cdot d\psi - \int\limits_{\psi_0}^{\pi} K \cdot \cos \psi \cdot d\psi = 0,$$

$$\int\limits_0^{\pi} M_I \cdot d\psi - \int\limits_0^{\pi} M_I \cdot \cos \psi \cdot d\psi + \int\limits_{\psi_0}^{\pi} K \cdot d\psi - \int\limits_{\psi_0}^{\pi} K \cdot \cos \psi \cdot d\psi = 0. \quad (96)$$

Die vereinfachte Schreibweise der Castigliano-Gleichung I lautet

$$J_1 - J_2 + J_3 - J_4 = 0. \tag{97}$$

Der gleiche Rechengang wird mit der Castigliano-Gleichung II (94) durchgeführt

$$\int\limits_0^{\psi_0} M_I \cdot \frac{\delta M^I}{\delta M_0} \cdot R \cdot d\psi + \int\limits_{\psi_0}^{\pi} M_{II} \cdot \frac{\delta M_{II}}{\delta M_0} \cdot R \cdot d\psi = 0,$$

$$\int\limits_0^{\psi_0} M_I \cdot d\psi + \int\limits_{\psi_0}^{\pi} M_{II} \cdot d\psi = 0,$$

$$\int\limits_0^{\psi_0} M_I \cdot d\psi + \int\limits_{\psi_0}^{\pi} M_I \cdot d\psi + \int\limits_{\psi_0}^{\pi} K \cdot d\psi = 0,$$

$$\int\limits_0^{\pi} M_I \cdot d\psi + \int\limits_{\psi_0}^{\pi} K \cdot d\psi = 0. \tag{98}$$

Die vereinfachte Schreibweise der Castigliano-Gleichung II lautet

$$J_1 + J_3 = 0. \tag{99}$$

Die Einzelintegrale J_1, J_2, J_3 und J_4 werden wie folgt gelöst

$$J_1 = \int\limits_0^{\pi} M_I \cdot d\psi = \int\limits_0^{\pi} (M_0 + A_0 \cdot R - A_0 \cdot R \cdot \cos\psi$$

$$+ \frac{Q \cdot R}{2 \cdot \pi} \cdot \psi \cdot \sin\psi - \frac{Q \cdot r}{\pi} + \frac{Q \cdot r}{\pi} \cdot \cos\psi) \cdot d\psi$$

$$= \int\limits_0^{\pi} \left[\left(M_0 + A_0 \cdot R - \frac{Q \cdot r}{\pi}\right) + \left(\frac{Q \cdot r}{\pi} - A_0 \cdot R\right) \right.$$

$$\left. \times \cos\psi + \frac{Q \cdot R}{2 \cdot \pi} \cdot \psi \cdot \sin\psi \right] \cdot d\psi$$

$$= \left[\psi \cdot \left(M_0 + A_0 \cdot R - \frac{Q \cdot r}{\pi}\right) + \left(\frac{Q \cdot r}{\pi} - A_0 \cdot R\right) \right.$$

$$\left. \times \sin\psi + \frac{Q \cdot R}{2 \cdot \pi} \cdot (-\psi \cdot \cos\psi + \sin\psi) \right]_0^{\pi}.$$

$$J_1 = M_0 \cdot \pi + A_0 \cdot \pi \cdot R + Q \cdot \left(\frac{R}{2} - r\right). \tag{100a}$$

$$J_2 = \int\limits_0^{\pi} M_I \cdot \cos\psi \cdot d\psi$$

$$= \int\limits_0^{\pi} \left[\cos\psi \cdot \left(M_0 + A_0 \cdot R\right) - A_0 \cdot R \cdot \cos\psi + \frac{Q \cdot R}{2 \cdot \pi} \right.$$

$$\left. \times \psi \cdot \sin\psi - \frac{Q \cdot r}{\pi} + \frac{Q \cdot r}{\pi} \cdot \cos\psi \right] \cdot d\psi,$$

$$J_2 = \left[\sin\psi \cdot \left(M_0 + A_0 \cdot R - \frac{Q \cdot r}{\pi}\right) + \left(\frac{\psi}{2} + \frac{1}{4} \cdot \sin 2\psi\right)\right.$$

$$\left. \times \left(\frac{Q \cdot r}{\pi} - A_0 \cdot R\right) + \frac{Q \cdot R}{16 \cdot \pi} \cdot (\sin 2\psi - 2\psi \cdot \cos 2\psi)\right]_0^\pi$$

$$= \left[\sin\psi \cdot \left(M_0 + A_0 \cdot R - \frac{Q \cdot r}{\pi}\right) + \psi \cdot \left(\frac{Q \cdot r}{2 \cdot \pi} - A_0 \cdot \frac{R}{2}\right)\right.$$

$$\left. + \sin 2\psi \cdot \left(\frac{Q \cdot r}{4 \cdot \pi} - A_0 \cdot \frac{R}{4} + \frac{Q \cdot R}{16 \cdot \pi}\right) - \frac{Q \cdot R}{8 \cdot \pi} \cdot \psi \cdot \cos 2\psi\right]_0^\pi.$$

$$J_2 = - A_0 \cdot \frac{R}{2} \cdot \pi + Q \cdot \left(\frac{r}{2} - \frac{R}{8}\right). \tag{100b}$$

$$J_3 = \int_{\psi_0}^{\pi} K \cdot d\psi = \int_{\psi_0}^{\pi} \left[\left(\frac{Q \cdot R}{2} \cdot \sin\psi_0 + H \cdot R \cdot \cos\psi_0\right)\right.$$

$$\left. - \frac{Q \cdot R}{2} \cdot \sin\psi + H \cdot R \cdot \cos\psi\right] \cdot d\psi$$

$$= \left[\psi \cdot \left(\frac{Q \cdot R}{2} \cdot \sin\psi_0 + H \cdot R \cdot \cos\psi_0\right)\right.$$

$$\left. - \frac{Q \cdot R}{2} \cdot \cos\psi - H \cdot R \cdot \sin\psi\right]_{\psi_0}^{\pi},$$

$$J_3 = (\pi - \psi_0) \cdot \left(\frac{Q \cdot R}{2} \cdot \sin\psi_0 + H \cdot R \cdot \cos\psi_0\right)$$

$$- \frac{Q \cdot R}{2} \cdot (1 + \cos\psi_0) + H \cdot R \cdot \sin\psi_0. \tag{100c}$$

$$J_4 = \int_{\psi_0}^{\pi} K \cdot \cos\psi \cdot d\psi = \int_{\psi_0}^{\pi} \left[\cos\psi \cdot \left(\frac{Q \cdot R}{2} \cdot \sin\psi_0 + H \cdot R \cdot \cos\psi_0\right)\right.$$

$$\left. - \frac{Q \cdot R}{2} \cdot \sin\psi \cdot \cos\psi - H \cdot R \cdot \cos^2\psi\right] \cdot d\psi$$

$$= \left[\sin\psi \cdot \left(\frac{Q \cdot R}{2} \cdot \sin\psi_0 + H \cdot R \cdot \cos\psi_0\right)\right.$$

$$\left. - \frac{Q \cdot R}{4} \cdot \sin^2\psi - H \cdot R \cdot \left(\frac{\psi}{2} + \frac{1}{2} \cdot \sin 2\psi\right)\right]_{\psi_0}^{\pi},$$

$$J_4 = - \frac{\pi}{2} \cdot H \cdot R - \sin\psi_0 \cdot \left(\frac{Q \cdot R}{2} \cdot \sin\psi_0 + H \cdot R \cdot \cos\psi_0\right)$$

$$+ \frac{Q \cdot R}{4} \cdot \sin^2\psi_0 + \frac{H \cdot R}{4} \cdot (2 \cdot \psi_0 + \sin 2\psi_0). \tag{100d}$$

Die beiden Castigliano-Gleichungen (Gl. I und II) lauten in vereinfachter Schreibweise:

$$\text{Gleichung I: } J_1 - J_2 + J_3 - J_4 = 0,$$

$$\text{Gleichung II: } J_1 \qquad + J_3 \qquad = 0,$$

$$\text{Gleichung IIa: } \qquad J_2 \quad + \quad J_4 = 0. \tag{101}$$

Durch Subtraktion entsteht eine einfacher gebaute Gleichung II a.

Setzt man in diese Gl. II a die bereits errechneten Integrale J_2 und J_4 ein, so entsteht eine Bestimmungsgleichung für A_0, wie sie bei KARLSSON bereits angegeben ist.

$$J_2 + J_4 = -A_0 \cdot \frac{R}{2} \cdot \pi + Q \cdot \left(\frac{r}{2} - \frac{R}{8}\right) - \frac{\pi}{2} \cdot H \cdot R - \sin \psi_0$$

$$\times \left(\frac{Q \cdot R}{2} \cdot \sin \psi_0 + H \cdot R \cdot \cos \psi_0\right) + \frac{Q \cdot R}{4} \cdot \sin^2 \psi_0$$

$$+ \frac{H \cdot R}{4} \cdot (2 \cdot \psi_0 + \sin 2\psi_0) = 0,$$

$$A_0 = \frac{2}{R \cdot \pi} \cdot Q \cdot \left(\frac{r}{2} - \frac{R}{8}\right) - H - \frac{2}{R \cdot \pi} \cdot \sin \psi_0$$

$$\times \left(\frac{Q \cdot R}{2} \cdot \sin \psi_0 + H \cdot R \cdot \cos \psi_0\right) + \frac{2}{R \cdot \pi} \cdot \frac{Q \cdot R}{4} \cdot \sin^2 \psi_0$$

$$+ \frac{2}{R \cdot \pi} \cdot \frac{H \cdot R}{4} \cdot (2 \cdot \psi_0 + \sin 2\psi_0),$$

$$A_0 = \frac{1}{\pi} \cdot \left\{\frac{Q}{2} \cdot \left[2 \cdot \frac{r}{R} - \frac{1}{2} - \sin^2 \psi_0\right] - H \cdot \left[\frac{1}{2} \cdot \sin 2\psi_0 + (\pi - \psi_0)\right]\right\}.$$

$$(102)$$

Durch Einsetzen der Integrale J_1 und J_3 in Gl. II — bei gleichzeitiger Verwendung des bereits bekannten Ausdruckes für A_0 — gewinnt man einen Ausdruck für M_0, der bei KARLSSON ebenfalls angeführt ist:

$$J_1 + J_3 = M_0 \cdot \pi + A_0 \cdot \pi \cdot R + Q \cdot \left(\frac{R}{2} - r\right) + (\pi - \psi_0)$$

$$\times \left(\frac{Q \cdot R}{2} \cdot \sin \psi_0 + H \cdot R \cdot \cos \psi_0\right) - \frac{Q \cdot R}{2} \cdot (1 + \cos \psi_0) + H \cdot R \cdot \sin \psi_0 = 0$$

$$= M_0 \cdot \pi + 2 \cdot Q \cdot \left(\frac{r}{2} - \frac{R}{8}\right) - \pi \cdot H \cdot R - \frac{Q \cdot R}{2} \cdot \sin^2 \psi_0 + \frac{H \cdot R}{2}$$

$$\times (2 \cdot \psi_0 + 2 \cdot \sin 2\psi_0) + Q \cdot \left(\frac{R}{2} - r\right) + (\pi - \psi_0)$$

$$\times \left(\frac{Q \cdot R}{2} \cdot \sin \psi_0 + H \cdot R \cdot \cos \psi_0\right) - \frac{Q \cdot R}{2} \cdot (1 + \cos \psi_0) + H \cdot R \cdot \sin \psi_0 = 0,$$

$$M_0 = \frac{R}{\pi} \cdot \left\{\frac{Q}{2} \cdot \left[\frac{1}{2} + \sin^2 \psi_0 + \cos \psi_0 - (\pi - \psi_0) \cdot \sin \psi_0\right]\right.$$

$$\left. + H \cdot \left[\frac{1}{2} \cdot \sin 2\psi_0 - \sin \psi_0 + (\pi - \psi_0) \cdot (1 - \cos \psi_0)\right]\right\}. \quad (103)$$

Die Formelausdrücke der Schnittkräfte A_0 und M_0 werden in die Gleichungen für den Momentenverlauf oberhalb (Bereich I) und unterhalb (Bereich II) der Stützpunkte eingesetzt, so daß die gleiche geschlossene Lösung für die Momentenverteilung entsteht, wie sie bei KARLSSON angegeben ist. Durch Einsetzen von Gl. (102) und (103) in Gl. (91) ergibt sich

$$M_I = \frac{R}{\pi} \cdot \left\{ \frac{Q}{2} \cdot \left[\frac{1}{2} + \sin^2 \psi_0 + \cos \psi_0 - (\pi - \psi_0) \cdot \sin \psi_0 \right] \right.$$

$$+ H \cdot \left[\frac{1}{2} \cdot \sin 2\psi_0 - \sin \psi_0 + (\pi - \psi_0) \cdot (1 - \cos \psi_0) \right]$$

$$+ (1 - \cos \psi) \cdot \left[\frac{Q}{2} \cdot \left(2 \cdot \frac{r}{R} - \frac{1}{2} - \sin^2 \psi_0 \right) \right.$$

$$\left. - H \cdot \left(\frac{1}{2} \cdot \sin 2\psi_0 + \pi - \psi_0 \right) \right] + Q \cdot \left[\frac{\psi}{2} \cdot \sin \psi - \frac{r}{R} \cdot (1 - \cos \psi) \right] \right\}.$$

$$\boxed{\begin{aligned} M_I = \frac{R}{\pi} \cdot & \left\{ \frac{Q}{2} \cdot \left[\cos \psi_0 - (\pi - \psi_0) \cdot \sin \psi_0 + \psi \cdot \sin \psi + \cos \psi \cdot \left(\frac{1}{2} + \sin^2 \psi_0 \right) \right] \right. \\ & \left. - H \cdot \left[\sin \psi_0 + (\pi - \psi_0) \cdot \cos \psi_0 - \cos \psi \cdot \left(\pi - \psi_0 + \frac{1}{2} \cdot \sin 2\psi_0 \right) \right] \right\} \end{aligned}}$$

$$(104)$$

Durch Einsetzen von Gl. (104) in Gl. (92) entsteht eine Gleichung für die Momentenverteilung unterhalb der Stützpunkte (Bereich II), die ebenfalls bei KARLSSON angegeben ist.

$$M_{II} = \frac{R}{\pi} \cdot \left\{ \frac{Q}{2} \cdot \left[\cos \psi_0 - (\pi - \psi_0) \cdot \sin \psi_0 + \psi \right. \right.$$

$$\left. \times \sin \psi + \cos \psi \cdot \left(\frac{1}{2} + \sin^2 \psi_0 \right) \right]$$

$$- H \cdot \left[\sin \psi_0 + (\pi - \psi_0) \cdot \cos \psi_0 - \cos \psi \cdot \left(\pi - \psi_0 + \frac{1}{2} \cdot \sin 2\psi_0 \right) \right]$$

$$+ \frac{Q}{2} \cdot \pi \cdot (\sin \psi_0 - \sin \psi) + H \cdot \pi \cdot (\cos \psi_0 - \cos \psi) \right\}.$$

$$\boxed{\begin{aligned} M_{II} = \frac{R}{\pi} \cdot & \left\{ \frac{Q}{2} \cdot \left[\cos \psi_0 + \psi_0 \cdot \sin \psi_0 - \sin \psi \cdot (\pi - \psi) \right. \right. \\ & \left. + \cos \psi \cdot \left(\frac{1}{2} + \sin^2 \psi_0 \right) \right] \\ & \left. - H \cdot \left[\sin \psi_0 - \psi_0 \cdot \cos \psi_0 + \cos \psi \cdot \left(\psi_0 - \frac{1}{2} \cdot \sin 2\psi_0 \right) \right] \right\} \end{aligned}} \quad (105)$$

Mit Hilfe dieser beiden Gleichungen kann für symmetrisch an beliebigen Stützpunkten angreifende Auflagerkräfte $Q/2$ und H die Momentenverteilung über den Ringträger berechnet werden. Als Belastung werden exzentrisch am Ringträger wirkende Schubkräfte aus der Rohrschale angesetzt.

3.3 Die Berechnung der Momenten- und Schnittkraftverteilung für verschiedene Lagerungsweisen der Auflagerringe

3.3.1 Die verallgemeinerten Lagerungsweisen und ihre Aufteilung in Grundsysteme

Die Auflagerkräfte Q eines wassergefüllten und durch Innendruck beanspruchten — unter dem Winkel α gegen die Horizontale geneigt über mehrere Felder durchlaufenden Rohrstranges — lassen sich mit Hilfe der bekannten baustatischen Methoden bestimmen.

Diese Auflagerkräfte Q — die auch als Resultierende der von der Rohrschale an den Ringträger abzugebenden Schubkräfte angesehen werden können — lassen sich auf unterschiedliche Weise in die Aufla-

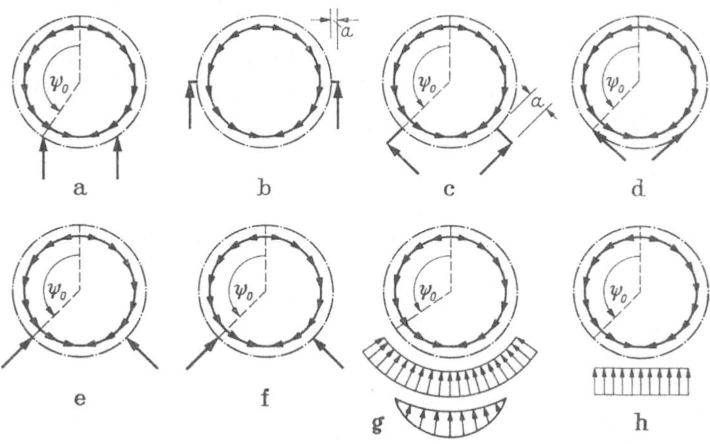

Abb. 29.

gerfundamente ableiten. Die im Druckrohrleitungsbau gegebenen Möglichkeiten sind durch die in Abb. 29 aufgezeigten statischen Systeme zu den auf S. 36, Abb. 24, wiedergegebenen Auflagerkonstruktionen verdeutlicht. Neben der bisher am häufigsten ausgeführten örtlichen Übertragung der Querkräfte in zwei Punkten (Abb. 29a), gewinnt die früher für kleine Rohrdurchmesser angewandte Lagerung entlang des Ringträgerumfanges (Abb. 29g) und auf ebenen Gleitblechen (Abb. 29h) auch für große Rohre im Hinblick auf die Weiterentwicklung entsprechender Gleitmaterialien [92] erneut an Bedeutung.

Der allgemeinste Fall einer symmetrischen *Ringträgerlagerung in zwei Punkten* — nämlich Weiterleitung der Auflagerkräfte in die Fundamente über Kragarme der Länge a an beliebiger Stelle ψ_0 — ist in Abb. 30 wiedergegeben.

4*

Wie in Abb. 31 dargestellt, kann der allgemeingültige Lagerungsfall durch Überlagerung von *drei Grundsystemen* (1 bis 3) erzeugt werden,

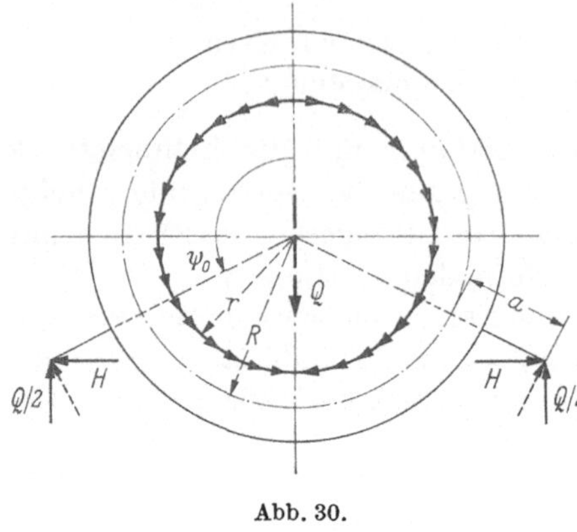

Abb. 30.

in denen jeweils nur Komponenten der Auflagerkraft symmetrisch wirksam sind — nämlich die in Ringträgerebene vertikal (bezüglich der horizontalen Ringträgerachse) angreifenden Auflagerkräfte $Q/2$ (Grundsystem 1), die Horizontalkräfte H (Grundsystem 2) und das Moment M_0 (Grundsystem 3).

In den folgenden Abschn. 3.3.2 und 3.3.3 werden Formeln für die Momente, Normalkräfte und Querkräfte der genannten drei Grundsysteme 1 bis 3 — unter Berücksichtigung der exzentrischen Schubkrafteinleitung — hergeleitet und graphische Darstellungen entwickelt,

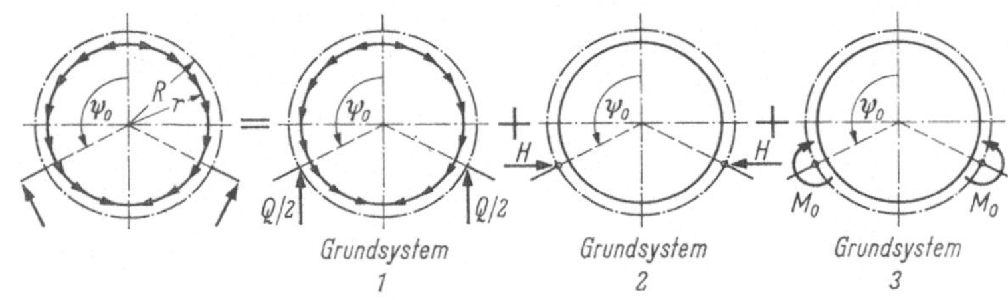

Abb. 31.

aus denen Hilfswerte zur einfachen Berechnung der Schnittgrößen für alle Auflagerwinkel $\dfrac{\pi}{2} \leq \psi_0 \leq \pi$ und Schnittstellen $0 \leq \psi \leq \pi$ zu entnehmen sind.

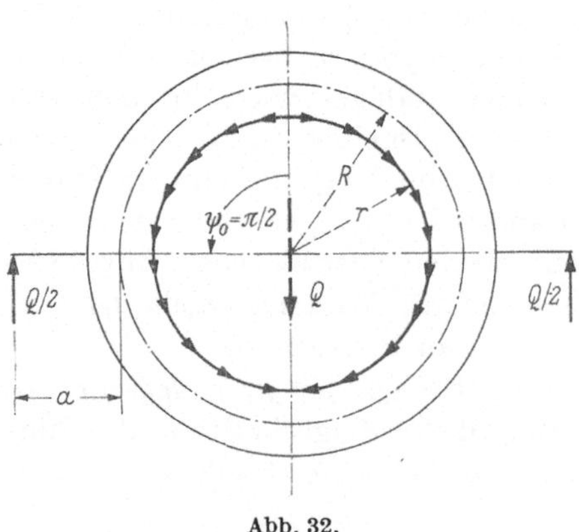

Abb. 32.

Ein häufig angewandter — und wie später nachgewiesen wird — wirtschaftlicher Sonderfall ist in Abb. 32 wiedergegeben.

Bei diesem Lagerungsfall fällt die Achse der Kragarme mit der horizontalen Ringträgerachse zusammen, so daß der Ringträger — von der Belastung abgesehen — zwei Symmetrieachsen besitzt. In Abschn. 3.3.4

sind Formeln für die Momente, Normalkräfte und Querkräfte dieses *exzentrisch gestützten Auflagerringes* abgeleitet und in Schaubildern ebenfalls Hilfswerte zur leichten Bestimmung der Zustandslinien für die üblichen Verhältnisse $\frac{a}{R}$ bzw. $\frac{r-a}{R}$ (also unter Beachtung der exzentrischen Schubkrafteinteilung) angegeben.

Neben der vorgenannten örtlichen Übertragung (punktweise Lagerung) der Auflagerkräfte eines Rohrstranges in Fundamente ist auch die *streckenweise Ringträgerlagerung* entlang des Ringträgerumfanges möglich. Diese sog. Sattellagerung erzeugt an den Kontaktflächen zwischen Ringträger und Sattel radiale Pressungen, deren Verteilung über die Kontaktfläche von der Bettung des Rohres im Sattel abhängt. Grundsätzlich kann — eine gute Paßgenauigkeit der Kontaktflächen

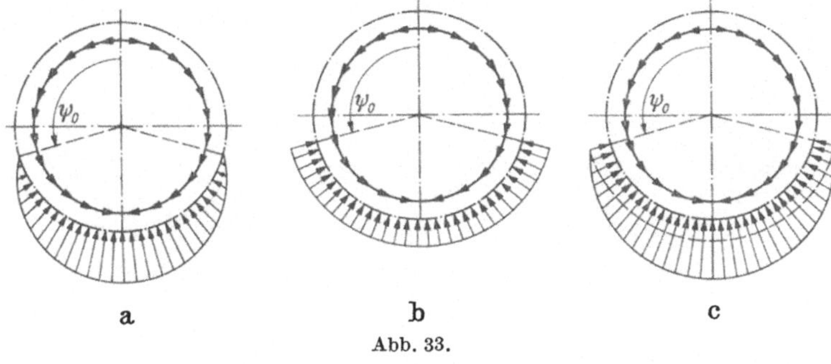

a   b   c

Abb. 33.

vorausgesetzt — entlang der Mantellinien des Rohres bzw. des Auflagerringes eine konstante Pressung angesetzt werden, während die Verteilung des Auflagerdruckes entlang des Ringträgerumfanges wesentlich von der Elastizität der Werkstoffe im Kontaktbereich abhängt. An der Auflagerfläche eines auf einem starren Sattel gelagerten starren Auflagerringes wird sich die in Abb. 33a wiedergegebene ungleichmäßige Druckverteilung einstellen, die sich durch elastische Zwischenschichten (Gummi, Gummi mit Teflon-Gleitschicht u. dgl.) bis zu dem in Abb. 33b aufgezeigten Grenzfall einer konstanten Pressung ausgleichen läßt. In Abb. 33c ist ein Zwischenstadium zwischen den Grenzfällen der Spannungsverteilung nach Abb. 33a und b angegeben, dem im Hinblick auf die in [92] angeführten und ähnliche andere Neuentwicklungen von Gleitlager- und Festpunkt-Konstruktionen besondere Bedeutung zukommt.

Im Zusammenhang mit dem vorgenannten streckenweise entlang des Umfanges gelagerten Auflagerring ist der auf *ebenen Gleitblechen aufliegende Ringträger* zu behandeln, dessen Steghöhe im Auflagerbereich vergrößert wird. Die ebene Gleitfläche dieses Auflagers verursacht eine senkrecht zur Gleitebene wirkende Auflagerpressung, die infolge der örtlichen Steifigkeit sowohl der Ringkonstruktion als auch des Gleit-lagerunterbaues (Beton) gleichmäßig verteilt wirken (Abb. 34).

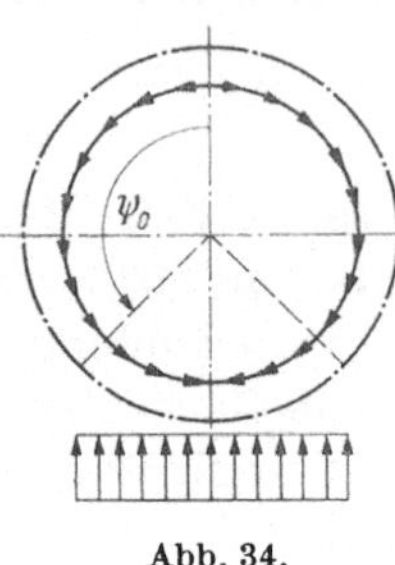

Abb. 34.

Für eine zuverlässige Auflagerringberechnung ist die Kenntnis der Pressungsverteilung in der Berührungsfuge zwischen Ringträger und Auflagersattel (und in gewissen Fällen auch zwischen ebenem Gleitblech und Fundamentplatte), die nur aus Versuchen gewonnen werden kann, von ausschlaggebender Bedeutung. Derartige Versuche wurden bisher insbesondere für Beton- und Eternitrohre durchgeführt und die Meßergebnisse z. B. in [93—96, 84, 88, 97] und in [23] — wo noch weitere Literatur angeführt ist — mitgeteilt. Es ergaben sich

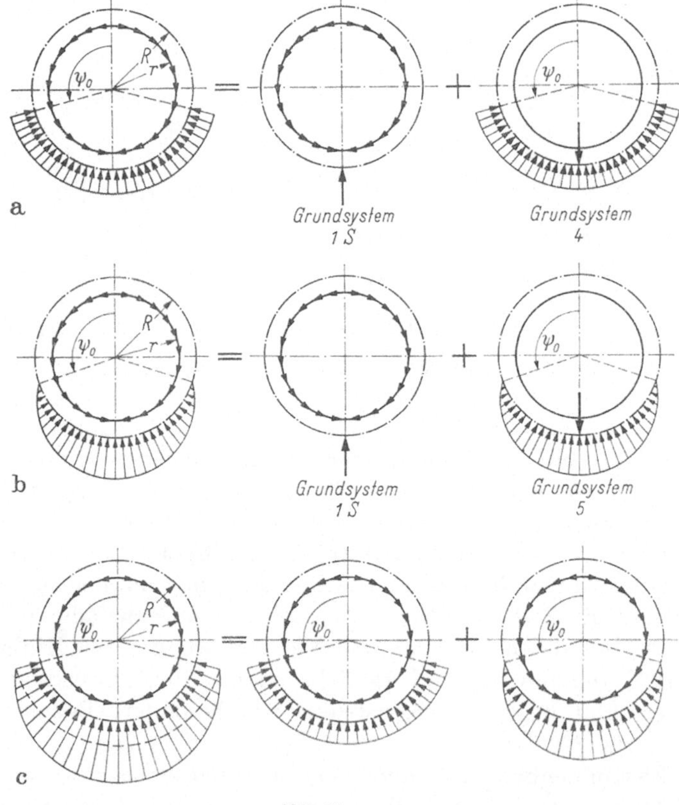

Abb. 35.

dabei die in Abb. 34 und 35a bis c wiedergegebenen Pressungsverteilungen. Diese Pressungsverteilungen unter Rohren aus sprödem

Material gleichen jenen unter den hier zu behandelnden stählernen Auflagerringen, weil das Verformungsvermögen der unversteiften Rohrschale durch die Steifheit der Auflagerringe ausgeglichen wird. Nur beim kontinuierlich gebetteten, nicht durch Ringe versteiften Stahlrohr (das in dieser Arbeit nicht behandelt werden soll) — für das die hier mit den Mitteln der Stabstatik entwickelten Formeln zur Bestimmung der Schnittgrößen nach Einführung eines Ersatz-E-Moduls

$$E^* = \frac{E}{1 - \mu^2}$$

ebenfalls gelten — können sich wegen des nun tatsächlich wirksamen größeren Verformungsvermögens etwas geänderte Pressungsverteilungen einstellen (Versuche darüber sind in der Literatur jedoch nicht bekannt).

Die Schnittgrößen in den nach Abb. 35a und b und Abb. 36 gelagerten Auflagerringen lassen sich durch Überlagerung einzelner Lastfälle erfassen, wobei ein Sonderfall des bereits behandelten Grundsystems 1 mit den Grundsystemen 4 bzw. 5 und 6 zu kombinieren ist (Abb. 35a und b und Abb. 36).

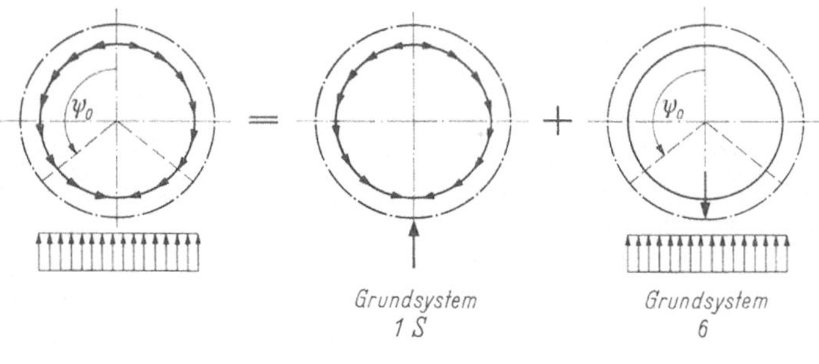

Abb. 36.

Durch Überlagerung der in Abb. 35a und b angegebenen Systeme entsteht das in Abb. 35c dargestellte. Die Formeln zur Bestimmung der Biegemomente, Normalkräfte und Querkräfte in den Grundsystemen 4 bis 6 werden in den Abschn. 3.3.5 bis 3.3.7 abgeleitet und in Schaubildern wiederum Hilfswerte zur einfachen Bestimmung der Schnittgrößen für alle Winkel $\frac{\pi}{2} \leq \psi_0 \leq \pi$ an jeder Stelle $0 \leq \psi \leq \pi$ des Auflagerringes angegeben.

Für eine *windbelastete* Rohrleitung können ähnliche Formeln zur Bestimmung der Ringträgerschnittkräfte abgeleitet werden, wie sie für die Belastungen aus Eigengewicht und Wasserlast angegeben wurden. Da diese Schnittkräfte als Zusatzkräfte zu behandeln sind, die infolge des geringen Abstandes der Rohrleitung vom Erdboden (mit dem in der DIN-Vorschrift vorgeschriebenen Windstaudruck) für die Bemessung des Ringträgers bedeutungslose Werte ergeben, wird nicht näher darauf eingegangen.

Die durch den *Innendruck* der Rohrleitung im Ringträgerbereich verursachten Beanspruchungen werden in Abschn. 3.3.8 behandelt.

3.3.2 Der Auflagerring mit vertikalen und horizontalen Auflagerkräften

In Abschn. 3.2 wurden bereits für den gleichen Lagerungsfall Formeln zur Bestimmung der Momentenverteilung über den Auflagerring nach KARLSSON hergeleitet. Durch das *Verfahren des elastischen Schwer-*

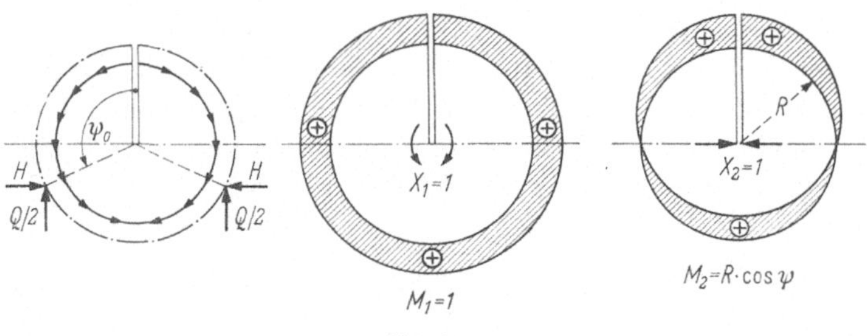

Abb. 37.

punktes — das nachstehend genannt wird — kommt man zum gleichen Ergebnis. Durch geringen Mehraufwand ist es darüber hinaus auch möglich, die Verteilung der Normal- und Querkräfte über den Auflagerring in allgemeiner Form eindeutig durch entsprechende Gleichungen zu beschreiben. — Das Ziel des Verfahrens des elastischen Schwerpunktes — das bei dreifach statisch unbestimmten Systemen benutzt werden kann — ist es, die unbekannten Schnittgrößen unabhängig voneinander aus je einer Gleichung zu gewinnen. Die statisch Unbestimmten müssen deshalb (im elastischen Schwerpunkt) so angesetzt werden, daß bei Anwendung des *Kraftgrößenverfahrens* die Überlagerung entsprechender Momentenflächen Null ergibt (s. Abb. 37).

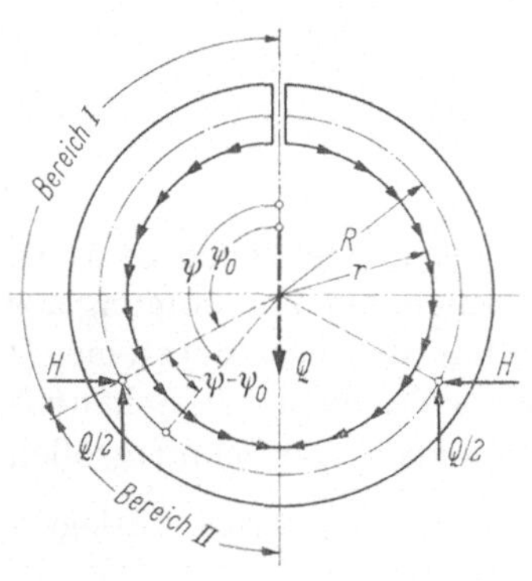

Abb. 38.

Die Normal- und Querkraftlinien bleiben üblicherweise bei der Bestimmung der Verformungen unberücksichtigt. Aus Symmetriegründen ist die Querkraft in der Schnittstelle Null.

Der Auflagerring wird in vorliegendem Falle — genau wie beim Verfahren nach KARLSSON — in einen Bereich oberhalb der Stützpunkte (Bereich I) und einen Bereich unterhalb (Bereich II) unterteilt. (Abb. 38.)

Aus den im Bereich I wirkenden äußeren Kräften, nämlich den Schubkräften, und den in Bereich II zusätzlichen wirkenden Auflagerkräften $Q/2$ und H werden am statisch bestimmten Grundsystem die Momente M_0^I und M_0^{II} bestimmt. Für den Bereich I gilt die in Abschn. 3.2 bereits abgeleitete Formel (für M_T) (90) unter Beachtung des Vorzeichens

$$M_0^I = - \frac{Q}{\pi} \cdot \left[\frac{R}{2} \cdot \psi \cdot \sin \psi - r \cdot (1 - \cos \psi) \right].$$

Formel (92) aus Abschn. 3.2 behält für Bereich II bei entsprechender Berücksichtigung des Vorzeichens ebenfalls ihre Gültigkeit.

$$M_0^{II} = M_0^I - \frac{Q}{2} \cdot R \cdot (\sin \psi_0 - \sin \psi) - H \cdot R \cdot (\cos \psi_0 - \cos \psi)$$

$$= - \frac{Q}{\pi} \cdot \left[\frac{R}{2} \cdot \psi \cdot \sin \psi - r \cdot (1 - \cos \psi) \right]$$

$$- \frac{Q}{2} \cdot R \cdot (\sin \psi_0 - \sin \psi) - H \cdot R \cdot (\cos \psi_0 - \cos \psi). \qquad (106)$$

Die einzelnen Verschiebungsgrößen des zu untersuchenden Ringträgersystems unter den in Abb. 37 angegebenen Momentenlinien und der Momente M_0^I und M_0^{II} werden wie folgt bestimmt:

$$EJ \cdot \underline{\delta_{11}} = \int_0^{2\pi} M_1^2 \cdot ds = \int_0^{2\pi} R \cdot d\psi = \underline{2 \cdot \pi \cdot R}, \qquad (107\,\text{a})$$

$$\underline{EJ \cdot \delta_{12} = 0}, \qquad (107\,\text{b})$$

$$EJ \cdot \underline{\delta_{22}} = \int_0^{2\pi} M_2^2 \cdot ds = \int_0^{2\pi} R^2 \cdot \cos^2 \psi \cdot R \cdot d\psi$$

$$= R^3 \cdot \left[\frac{\psi}{2} + \frac{1}{4} \cdot \sin 2\psi \right]_0^{2\pi} = \underline{\pi \cdot R^3}, \qquad (107\,\text{c})$$

$$EJ \cdot \delta_{10} = - 2 \cdot \int_0^{\psi_0} \frac{Q}{\pi} \cdot \left[\frac{R}{2} \cdot \psi \cdot \sin \psi - r \cdot (1 - \cos \psi) \right] \cdot R \cdot d\psi$$

$$- 2 \cdot \int_{\psi_0}^{\pi} \left\{ \frac{Q}{\pi} \cdot \left[\frac{R}{2} \cdot \psi \cdot \sin \psi - r \cdot (1 - \cos \psi) \right] \right.$$

$$+ \frac{Q}{2} \cdot R \cdot (\sin \psi_0 - \sin \psi) + H \cdot R \cdot (\cos \psi_0 - \cos \psi) \bigg\} \cdot R \cdot d\psi$$

$$= - 2 \cdot \frac{Q \cdot R}{\pi} \cdot \int_0^{\pi} \left[\frac{R}{2} \cdot \psi \cdot \sin \psi - r \cdot (1 - \cos \psi) \right]$$

$$\times\, d\psi - Q \cdot R^2 \cdot \int\limits_{\psi_0}^{\pi} (\sin \psi_0 - \sin \psi) \cdot d\psi$$

$$- 2 \cdot H \cdot R^2 \cdot \int\limits_{\psi_0}^{\pi} (\cos \psi_0 - \cos \psi) \cdot d\psi$$

$$= - 2 \cdot \frac{Q \cdot R}{\pi} \cdot \left[\frac{R}{2} \cdot (\sin \psi + \psi \cdot \cos \psi) - r \cdot \psi + r \cdot \sin \psi \right]_0^{\pi}$$

$$- Q \cdot R^2 \cdot [\psi \cdot \sin \psi_0 + \cos \psi]_{\psi_0}^{\pi}$$

$$- 2 \cdot H \cdot R^2 \cdot [\psi \cdot \cos \psi_0 - \sin \psi]_{\psi_0}^{\pi},$$

$$EJ \cdot \delta_{10} = + Q \cdot R^2 \cdot (\psi_0 \cdot \sin \psi_0 + \cos \psi_0) + 2 \cdot H \cdot R^2$$

$$\times\, (\psi_0 \cdot \cos \psi_0 - \sin \psi_0) - 2 \cdot \frac{Q \cdot R}{\pi} \cdot \left(\frac{R}{2} - r \cdot \pi \right)$$

$$- Q \cdot R^2 \cdot (\pi \cdot \sin \psi_0 - 1) - 2 \cdot H \cdot R^2 \cdot \pi \cdot \cos \psi_0,$$

$$\underline{EJ \cdot \delta_{10} = - Q \cdot R \cdot \{ R \cdot [(\pi - \psi_0) \cdot \sin \psi_0 - \cos \psi_0] - 2 \cdot r \}}$$

$$\underline{- 2 \cdot H \cdot R^2 \cdot [(\pi - \psi_0) \cdot \cos \psi_0 + \sin \psi_0].} \qquad (107\mathrm{d})$$

$$EJ \cdot \delta_{20} = - 2 \cdot \frac{Q}{\pi} \cdot R^2 \cdot \int\limits_0^{\pi} \left[\frac{R}{2} \cdot \psi \cdot \sin \psi - r \cdot (1 - \cos \psi) \right]$$

$$\times\, \cos \psi \cdot d\psi - Q \cdot R^3 \cdot \int\limits_{\psi_0}^{\pi} (\sin \psi_0 - \sin \psi) \cdot \cos \psi \cdot d\psi$$

$$- 2 \cdot H \cdot R^3 \cdot \int\limits_{\psi_0}^{\pi} (\cos \psi_0 - \cos \psi) \cdot \cos \psi \cdot d\psi$$

$$= 2 \cdot \frac{Q}{\pi} \cdot R^2 \cdot \left[\frac{R}{16} \cdot (- 2 \cdot \psi \cdot \cos 2\psi + \sin 2\psi) \right.$$

$$\left. - r \cdot \sin \psi + r \cdot \left(\frac{\psi}{2} + \frac{1}{4} \cdot \sin 2\psi \right) \right]_0^{\pi}$$

$$- Q \cdot R^3 \cdot \left[\sin \psi_0 \cdot \sin \psi - \frac{1}{2} \cdot \sin^2 \psi \right]_{\psi_0}^{\pi}$$

$$- 2 \cdot H \cdot R^3 \cdot \left[\cos \psi_0 \cdot \sin \psi - \frac{\psi}{2} - \frac{1}{4} \cdot \sin 2\psi \right]_{\psi_0}^{\pi}$$

$$= - 2 \cdot \frac{Q}{\pi} \cdot R^2 \cdot \left[- \frac{R}{16} \cdot 2 \cdot \pi + r \cdot \frac{\pi}{2} \right]$$

$$- 2 \cdot H \cdot R^3 \cdot \left(- \frac{\pi}{2} \right) - Q \cdot R^3 \cdot \left[\frac{1}{2} \cdot \sin^2 \psi_0 \right]$$

$$+ 2 \cdot H \cdot R^3 \cdot \left[\cos \psi_0 \cdot \sin \psi_0 - \frac{\psi_0}{2} - \frac{1}{4} \cdot \sin 2\psi_0 \right],$$

$$EJ \cdot \delta_{20} = - Q \cdot R^2 \cdot \left(r - \frac{R}{4} - \frac{R}{2} \cdot \sin^2 \psi_0\right)$$
$$+ H \cdot R^3 \cdot \left(\pi - \psi_0 + \frac{1}{2} \cdot \sin 2\psi_0\right). \tag{107e}$$

Die Elastizitätsgleichungen für das in Abb. 37 aufgezeichnete Ringträgersystem lauten

$$X_1 \cdot \delta_{11} + X_2 \cdot \delta_{12} + \delta_{10} = 0,$$
$$X_1 \cdot \delta_{12} + X_2 \cdot \delta_{22} + \delta_{20} = 0. \tag{108a, b}$$

Da $\delta_{12} = 0$ ist, wird

$$X_1 = - \frac{\delta_{10}}{\delta_{11}} \quad \text{und} \quad X_2 = - \frac{\delta_{20}}{\delta_{22}}. \tag{109a, b}$$

Durch Einsetzen der bereits ermittelten Verschiebungsgrößen entsteht

$$X_1 = - \frac{\delta_{10}}{\delta_{11}} =$$
$$\frac{Q \cdot R \cdot \{R \cdot [(\pi - \psi_0) \cdot \sin \psi_0 - \cos \psi_0] - 2 \cdot r\} + 2 \cdot H \cdot R^2 \cdot [(\pi - \psi_0) \cdot \cos \psi_0 + \sin \psi_0]}{2 \cdot \pi \cdot R}$$

$$= \frac{Q}{2 \cdot \pi} \cdot \{R \cdot [(\pi - \psi_0) \cdot \sin \psi_0 - \cos \psi_0] - 2 \cdot r\}$$
$$+ \frac{H \cdot R}{\pi} \cdot [\sin \psi_0 + (\pi - \psi_0) \cdot \cos \psi_0], \tag{110a}$$

$$X_2 = - \frac{\delta_{20}}{\delta_{22}} = \frac{Q \cdot R \cdot \left(r - \frac{R}{4} - \frac{R}{2} \cdot \sin^2 \psi_0\right) - H \cdot R^3 \cdot \left(\pi - \psi_0 + \frac{1}{2} \cdot \sin 2\psi_0\right)}{\pi \cdot R^3}$$

$$= \frac{Q}{\pi} \cdot \left(\frac{r}{R} - \frac{1}{4} - \frac{1}{2} \cdot \sin^2 \psi_0\right) - \frac{H}{\pi} \cdot \left(\pi - \psi_0 + \frac{1}{2} \cdot \sin 2\psi_0\right). \tag{110b}$$

Die endgültigen Momente werden bekanntlich aus folgender Gleichung errechnet

$$M = M_0 + X_1 \cdot M_1 + X_2 \cdot M_2. \tag{111}$$

Für den *Bereich I* $(0 \leq \psi \leq \psi_0)$ gilt also

$$M_I = - \frac{Q \cdot R}{2 \cdot \pi} \cdot \left[\psi \cdot \sin \psi - 2 \cdot \frac{r}{R} \cdot (1 - \cos \psi)\right]$$

$$+ \frac{Q \cdot R}{2 \cdot \pi} \cdot \left[(\pi - \psi_0) \cdot \sin \psi_0 - \cos \psi_0 - 2 \cdot \frac{r}{R}\right]$$

$$+ \frac{H \cdot R}{\pi} \cdot [\sin \psi_0 + (\pi - \psi_0) \cdot \cos \psi_0]$$

$$+ \frac{Q \cdot R}{2 \cdot \pi} \cdot \left(2 \cdot \frac{r}{R} - \frac{1}{2} - \sin^2 \psi_0\right) \cdot \cos \psi$$

$$- \frac{H \cdot R}{\pi} \cdot \left(\pi - \psi_0 + \frac{1}{2} \cdot \sin 2\psi_0\right) \cdot \cos \psi$$

$$= - \frac{Q \cdot R}{2 \cdot \pi} \cdot \left[\psi \cdot \sin \psi - 2 \cdot \frac{r}{R} + 2 \cdot \frac{r}{R} \cdot \cos \psi + 2 \cdot \frac{r}{R} - (\pi - \psi_0) \right.$$

$$\times \sin \psi_0 + \cos \psi_0 + \cos \psi \cdot \sin^2 \psi_0 + \frac{1}{2} \cdot \cos \psi - 2 \cdot \frac{r}{R} \cdot \cos \psi \Bigg]$$

$$+ \frac{H \cdot R}{\pi} \cdot \left[\sin \psi_0 + (\pi - \psi_0) \cdot \cos \psi_0 \right.$$

$$- (\pi - \psi_0) \cdot \cos \psi - \frac{1}{2} \cdot \sin 2\psi_0 \cdot \cos \psi \Bigg].$$

$$\boxed{\begin{aligned} M_I = \frac{R}{\pi} \cdot \Bigg\{ &\frac{Q}{2} \cdot \left[(\pi - \psi_0) \cdot \sin \psi_0 - \cos \psi_0 - \psi \cdot \sin \psi \right. \\ &\left. - \cos \psi \cdot \left(\frac{1}{2} + \sin^2 \psi_0 \right) \right] \\ + &H \cdot \left[\sin \psi_0 + (\pi - \psi_0) \cdot \cos \psi_0 - \cos \psi \cdot \left(\pi - \psi_0 + \frac{1}{2} \cdot \sin 2\psi_0 \right) \right] \Bigg\} \end{aligned}} \cdot$$

$$\tag{112}$$

Für den *Bereich* II $(\psi_0 \leq \psi \leq \pi)$ ergibt sich aus Gl. (111) unter Verwendung der Gln. (106), (110a) und (110b)

$$M_{II} = M_0^I - \frac{Q}{2} \cdot R \cdot (\sin \psi_0 - \sin \psi) - H \cdot R \cdot (\cos \psi_0 - \cos \psi)$$

$$= \frac{R}{\pi} \cdot \Bigg\{ \frac{Q}{2} \cdot \left[(\pi - \psi_0) \cdot \sin \psi_0 - \cos \psi_0 - \psi \cdot \sin \psi - \cos \psi \cdot \left(\frac{1}{2} + \sin^2 \psi_0 \right) \right]$$

$$+ H \cdot \left[\sin \psi_0 + (\pi - \psi_0) \cdot \cos \psi_0 - \cos \psi \cdot \left(\pi - \psi_0 + \frac{1}{2} \cdot \sin 2\psi_0 \right) \right] \Bigg\}$$

$$- \frac{Q}{2} \cdot R \cdot (\sin \psi_0 - \sin \psi) - H \cdot R \cdot (\cos \psi_0 - \cos \psi).$$

$$\boxed{\begin{aligned} M_{II} = \frac{R}{\pi} \cdot \Bigg\{ &\frac{Q}{2} \cdot \left[(\pi - \psi) \cdot \sin \psi - \cos \psi_0 - \psi_0 \cdot \sin \psi_0 \right. \\ &\left. - \cos \psi \cdot \left(\frac{1}{2} + \sin^2 \psi_0 \right) \right] \\ + &H \cdot \left[\sin \psi_0 - \psi_0 \cdot \cos \psi_0 + \cos \psi \cdot \left(\psi_0 - \frac{1}{2} \cdot \sin 2\psi_0 \right) \right] \Bigg\} \end{aligned}} \cdot$$

$$\tag{113}$$

Es entstehen die gleichen Formeln für die Momente M_I und M_{II} wie aus der Theorie von KARLSSON. Die Vorzeichenunterschiede resultieren aus der unterschiedlichen Vorzeichendefinition der Schnittkräfte.

Durch eine Betrachtung an Abb. 39 können Beziehungen für die *Normalkräfte* gewonnen werden. Es gilt die gleiche Bereicheinteilung wie für die Momente.

In *Bereich I* ($0 \leq \psi \leq \psi_0$) werden die Normalkräfte durch Schubkräfte und die Schnittkraft X_2 hervorgerufen. Für die Schubkraft gilt Gl. (88) aus Abschn. 3.2

$$dT(\psi) = \frac{Q}{\pi} \cdot \sin \psi' \cdot d\psi'.$$

Die Normalkraftkomponente aus dieser Schubkraft wird — wie aus Abb. 39 abgelesen werden kann — bestimmt zu

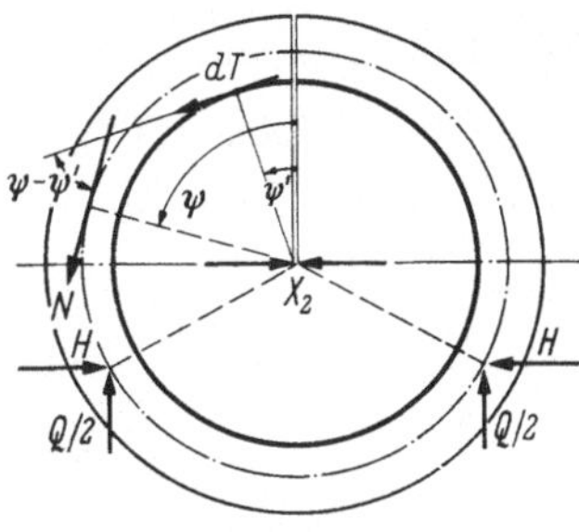

Abb. 39.

$$dN_T = \frac{Q}{\pi} \cdot \sin \psi' \cdot \cos(\psi - \psi') \cdot d\psi'. \tag{114}$$

Der Normalkraftanteil der Schnittkraft X_2 lautet

$$N_{X_2} = X_2 \cdot \cos \psi. \tag{115}$$

Für die gesamte Normalkraft im *Bereich I* gilt dann

$$N_I = X_2 \cdot \cos \psi - \frac{Q}{\pi} \cdot \int_0^\psi \sin \psi' \cdot \cos(\psi - \psi') \cdot d\psi'$$

$$= X_2 \cdot \cos \psi - \frac{Q}{\pi} \cdot \int_0^\psi \sin \psi' \cdot (\cos \psi \cdot \cos \psi' + \sin \psi \cdot \sin \psi') \cdot d\psi'$$

$$= X_2 \cdot \cos \psi - \frac{Q}{\pi} \cdot \left[\cos \psi \cdot \frac{1}{2} \cdot \sin^2 \cdot \psi' + \sin \psi \cdot \left(\frac{\psi'}{2} - \frac{1}{4} \cdot \sin 2\psi' \right) \right]_0^\psi$$

$$= X_2 \cdot \cos \psi - \frac{Q}{\pi} \cdot \left[\frac{1}{2} \cdot \cos \psi \cdot \sin^2 \psi + \sin \psi \cdot \left(\frac{\psi}{2} - \frac{1}{2} \cdot \sin \psi \cdot \cos \psi \right) \right]$$

$$= X_2 \cdot \cos \psi - \frac{Q}{\pi} \cdot \frac{\psi}{2} \cdot \sin \psi. \tag{116}$$

Für X_2 wird Gl. (110b) eingesetzt, so daß der gesuchte Ausdruck für die *Normalkräfte* in *Bereich I* ($0 \leq \psi \leq \psi_0$) des Ringträgers entsteht

$$\boxed{\begin{aligned} N_I = &\left[\frac{Q}{\pi} \cdot \left(\frac{r}{R} - \frac{1}{4} - \frac{1}{2} \cdot \sin^2 \psi_0 \right) \right. \\ &\left. - \frac{H}{\pi} \cdot \left(\pi - \psi_0 + \frac{1}{2} \cdot \sin 2\psi_0 \right) \right] \cdot \cos \psi - \frac{Q}{\pi} \cdot \frac{\psi}{2} \cdot \sin \psi \end{aligned}} \tag{117}$$

In *Bereich II* ($\psi_0 \leq \psi \leq \pi$) wirken außer den in Bereich I vorhandenen Komponenten aus der Schubkraft und der Schnittkraft X_2 die Anteile der Auflagerkräfte $Q/2$ und H. Aus Abb. 40 lassen sich die folgenden Komponenten der Normalkraft ableiten:

Für die vertikale Auflagerkraft $Q/2$ gilt

$$N_{Q/2} = \frac{Q}{2} \cdot \sin(180° - \psi) = \frac{Q}{2} \cdot \sin\psi. \tag{118}$$

Für die Horizontalkraft H gilt

$$N_H = -H \cdot \cos(180° - \psi) = -H \cdot (-\cos\psi) = H \cdot \cos\psi. \tag{119}$$

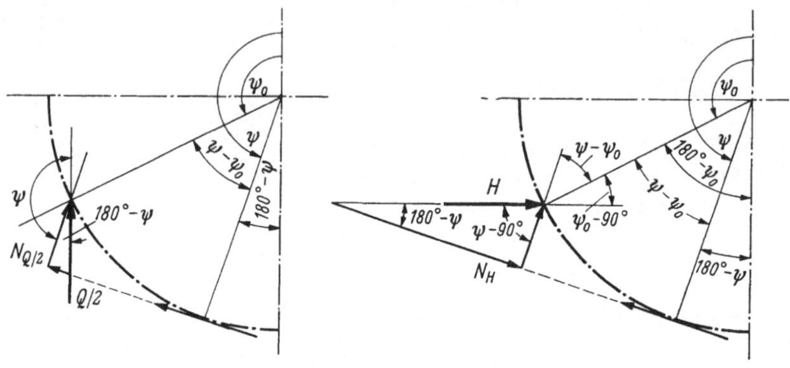

Abb. 40.

Die *Normalkräfte im Bereich II* ($\psi_0 \leq \psi \leq \pi$) des Ringträgers werden durch folgende Gleichung beschrieben:

$$N_{II} = N_I + N_{Q/2} + N_H$$

$$= \left[\frac{Q}{\pi} \cdot \left(\frac{r}{R} - \frac{1}{4} - \frac{1}{2} \cdot \sin^2\psi_0\right) - \frac{H}{\pi} \cdot \left(\pi - \psi_0 + \frac{1}{2} \cdot \sin 2\psi_0\right)\right]$$

$$\times \cos\psi - \frac{Q}{\pi} \cdot \frac{\psi}{2} \cdot \sin\psi + \frac{Q}{2} \cdot \sin\psi + H \cdot \cos\psi,$$

$$\boxed{\begin{aligned} N_{II} &= \left[\frac{Q}{\pi} \cdot \left(\frac{r}{R} - \frac{1}{4} - \frac{1}{2} \cdot \sin^2\psi_0\right) - \frac{H}{\pi} \cdot \left(\frac{1}{2} \cdot \sin 2\psi_0 - \psi_0\right)\right] \\ &\quad \times \cos\psi + \frac{Q}{2} \cdot \left(1 - \frac{\psi}{\pi}\right) \cdot \sin\psi \end{aligned}}$$

$$\tag{120}$$

Die *Querkräfte* werden nach dem gleichen Schema wie die Normalkräfte bestimmt. In Bereich I ($0 \leq \psi \leq \psi_0$) des Ringträgers wirken sich wiederum nur die Schubkraft und die Schnittkraft X_2 aus. Gemäß Abb. 39 und Gl. (88) gilt für die Schubkraftkomponente

$$dQ_T = \frac{Q}{\pi} \cdot \sin\psi' \cdot \sin(\psi - \psi') \cdot d\psi'. \tag{121}$$

Der Schnittkraftanteil von X_2 lautet

$$Q_{X_2} = X_2 \cdot \sin\psi. \tag{122}$$

Für die gesamte Querkraft in *Bereich I* gilt

$$Q_I = X_2 \cdot \sin \psi - \frac{Q}{\pi} \cdot \int_0^\psi \sin \psi' \cdot \sin (\psi - \psi') \cdot d\psi'$$

$$= X_2 \cdot \sin \psi - \frac{Q}{\pi} \cdot \int_0^\psi \sin \psi' \cdot (\sin \psi \cdot \cos \psi' - \cos \psi \cdot \sin \psi') \cdot d\psi'$$

$$= X_2 \cdot \sin \psi - \frac{Q}{\pi} \cdot \left[\sin \psi \cdot \frac{1}{2} \cdot \sin^2 \psi' - \cos \psi \cdot \left(\frac{\psi'}{2} - \frac{1}{4} \cdot \sin 2\psi' \right) \right]_0^\psi$$

$$= X_2 \cdot \sin \psi - \frac{Q}{\pi} \cdot \left[\frac{1}{2} \cdot \sin^3 \psi - \frac{\psi}{2} \cdot \cos \psi + \frac{1}{4} \cdot \cos \psi \cdot \sin 2\psi \right]$$

$$= X_2 \cdot \sin \psi - \frac{Q}{\pi} \cdot \left[\frac{1}{2} \cdot \sin^3 \psi - \frac{\psi}{2} \cdot \cos \psi + \frac{1}{2} \cdot \sin \psi \cdot (1 - \sin^2 \psi) \right]$$

$$= X_2 \cdot \sin \psi - \frac{Q}{2 \cdot \pi} \cdot (\sin \psi - \psi \cdot \cos \psi). \tag{123}$$

Für X_2 wird Gl. (110 b) eingeführt. Es entsteht ein Ausdruck für die *Querkräfte* Q_I in *Bereich I* $(0 \le \psi \le \psi_0)$ des Ringträgers:

$$\boxed{\begin{aligned} Q_I = &\left[\frac{Q}{\pi} \cdot \left(\frac{r}{R} - \frac{3}{4} - \frac{1}{2} \cdot \sin^2 \psi_0 \right) - \frac{H}{\pi} \cdot \left(\pi - \psi_0 + \frac{1}{2} \cdot \sin 2\psi_0 \right) \right] \\ &\times \sin \psi + \frac{Q}{2 \cdot \pi} \cdot \psi \cdot \cos \psi \end{aligned}} \tag{124}$$

In *Bereich II* $(\psi_0 \le \psi \le \pi)$ wirken zusätzlich zur Querkraft Q_I die Querkraftkomponenten der Auflagerkräfte $Q/2$ und H. Diese Komponenten können aus Abb. 40 abgelesen werden.

Für die vertikale Auflagerkraft $Q/2$ gilt

$$Q_{Q/2} = \frac{Q}{2} \cdot \cos (180° - \psi) = - \frac{Q}{2} \cdot \cos \psi. \tag{125}$$

Für die Horizontalkraft H gilt

$$Q_H = H \cdot \sin (180° - \psi) = H \cdot \sin \psi. \tag{126}$$

Die Querkräfte Q_{II} im Bereich *II* $(\psi_0 \le \psi \le \pi)$ des Ringträgers werden durch folgende Gleichung beschrieben

$$Q_{II} = Q_I + Q_{Q/2} + Q_H,$$

$$\begin{aligned} Q_{II} = &\left[\frac{Q}{\pi} \cdot \left(\frac{r}{R} - \frac{1}{4} - \frac{1}{2} \cdot \sin^2 \psi_0 \right) - \frac{H}{\pi} \cdot \left(\pi - \psi_0 + \frac{1}{2} \cdot \sin 2\psi_0 \right) \right] \\ &\times \sin \psi - \frac{Q}{2 \cdot \pi} \cdot (\sin \psi - \psi \cdot \cos \psi) - \frac{Q}{2} \cdot \cos \psi + H \cdot \sin \psi. \end{aligned}$$

$$\boxed{\begin{aligned} Q_{II} = &\left[\frac{Q}{\pi} \cdot \left(\frac{r}{R} - \frac{3}{4} - \frac{1}{2} \cdot \sin^2 \psi_0 \right) - \frac{H}{\pi} \cdot \left(\frac{1}{2} \cdot \sin 2\psi_0 - \psi_0 \right) \right] \\ &\times \sin \psi + \frac{Q}{2} \cdot \cos \psi \cdot \left(\frac{\psi}{\pi} - 1 \right) \end{aligned}} \tag{127}$$

Bei Anwendung der bisher abgeleiteten Formeln für Biegemomente, Normal- und Querkräfte auf die in Abschn. 3.3.1 definierten Grundsysteme 1 und 2 muß jeweils eine Komponente der Auflagerkraft — nämlich H (bei Anwendung auf Grundsystem 1) oder Q (bei Anwendung auf Grundsystem 2) — Null gesetzt werden. Die Schnittgrößen werden dann durch folgende Gleichungen beschrieben:

Grundsystem 1

Momente [aus Gl. (112) bzw. (113)]:
$$Bereich\ I: (0 \leq \psi \leq \psi_0)$$

$$M_1^I = Q \cdot R \cdot \frac{1}{2 \cdot \pi} \cdot \Big[(\pi - \psi_0) \cdot \sin \psi_0 - \cos \psi_0 - \psi \cdot \sin \psi$$
$$- \cos \psi \cdot \Big(\frac{1}{2} + \sin^2 \psi_0 \Big) \Big],$$

$$\boxed{M_1^I = Q \cdot R \cdot k_{M_1}^I}, \tag{128}$$

$$\boxed{\begin{aligned} k_{M_1}^I = \frac{1}{2 \cdot \pi} \cdot \Big[(\pi - \psi_0) \cdot \sin \psi_0 - \cos \psi_0 - \psi \cdot \sin \psi \\ - \cos \psi \cdot \Big(\frac{1}{2} + \sin^2 \psi_0 \Big) \Big] \end{aligned}} \tag{129}$$

$$Bereich\ II: (\psi_0 \leq \psi \leq \pi)$$

$$M_1^{II} = Q \cdot R \cdot \frac{1}{2 \cdot \pi} \cdot \Big[(\pi - \psi) \cdot \sin \psi - \cos \psi_0 - \psi_0 \cdot \sin \psi_0$$
$$- \cos \psi \cdot \Big(\frac{1}{2} + \sin^2 \psi_0 \Big) \Big],$$

$$\boxed{M_1^{II} = Q \cdot R \cdot k_{M_1}^{II}}, \tag{130}$$

$$\boxed{\begin{aligned} k_{M_1}^{II} = \frac{1}{2 \cdot \pi} \cdot \Big[(\pi - \psi) \cdot \sin \psi - \cos \psi_0 - \psi_0 \cdot \sin \psi_0 \\ - \cos \psi \cdot \Big(\frac{1}{2} + \sin^2 \psi_0 \Big) \Big] \end{aligned}} \tag{131}$$

Normalkräfte [aus Gl. (117) bzw. (120)]:
$$Bereich\ I: (0 \leq \psi \leq \psi_0)$$

$$N_1^I = Q \cdot \frac{1}{2 \cdot \pi} \cdot \Big[\Big(2 \cdot \frac{r}{R} - \frac{1}{2} - \sin^2 \psi_0 \Big) \cdot \cos \psi - \psi \cdot \sin \psi \Big],$$

$$\boxed{N_1^I = Q \cdot k_{N_1}^I}, \tag{132}$$

$$\boxed{k_{N_1}^I = \frac{1}{2 \cdot \pi} \cdot \Big[\Big(2 \cdot \frac{r}{R} - \frac{1}{2} - \sin^2 \psi_0 \Big) \cdot \cos \psi - \psi \cdot \sin \psi \Big]}. \tag{133}$$

$$\text{Bereich } II: (\psi_0 \leq \psi \leq \pi)$$

$$N_1^{II} = Q \cdot \frac{1}{2 \cdot \pi} \cdot \left[\left(2 \cdot \frac{r}{R} - \frac{1}{2} - \sin^2 \psi_0 \right) \cdot \cos \psi + (\pi - \psi) \cdot \sin \psi \right],$$

$$\boxed{N_1^{II} = Q \cdot k_{N_1}^{II}}, \tag{134}$$

$$\boxed{k_{N_1}^{II} = \frac{1}{2 \cdot \pi} \cdot \left[\left(2 \cdot \frac{r}{R} - \frac{1}{2} - \sin^2 \psi_0 \right) \cdot \cos \psi + (\pi - \psi) \cdot \sin \psi \right]}. \tag{135}$$

Querkräfte [aus Gl. (124) bzw. (127)]:

$$\text{Bereich } I: (0 \leq \psi \leq \psi_0)$$

$$Q_1^{I} = Q \cdot \frac{1}{2 \cdot \pi} \cdot \left[\left(2 \cdot \frac{r}{R} - \frac{3}{2} - \sin^2 \psi_0 \right) \cdot \sin \psi + \psi \cdot \cos \psi \right],$$

$$\boxed{Q_1^{I} = Q \cdot k_{Q_1}^{I}}, \tag{136}$$

$$\boxed{k_{Q_1}^{I} = \frac{1}{2 \cdot \pi} \cdot \left[\left(2 \cdot \frac{r}{R} - \frac{3}{2} - \sin^2 \psi_0 \right) \cdot \sin \psi + \psi \cdot \cos \psi \right]}. \tag{137}$$

$$\text{Bereich } II: (\psi_0 \leq \psi \leq \pi)$$

$$Q_1^{II} = Q \cdot \frac{1}{2 \cdot \pi} \cdot \left[\left(2 \cdot \frac{r}{R} - \frac{3}{2} - \sin^2 \psi_0 \right) \cdot \sin \psi - (\pi - \psi) \cdot \cos \psi \right],$$

$$\boxed{Q_1^{II} = Q \cdot k_{Q_1}^{II}}, \tag{138}$$

$$\boxed{k_{Q_1}^{II} = \frac{1}{2 \cdot \pi} \cdot \left[\left(2 \cdot \frac{r}{R} - \frac{3}{2} - \sin^2 \psi_0 \right) \cdot \sin \psi - (\pi - \psi) \cdot \cos \psi \right]}. \tag{139}$$

Grundsystem 2

Momente [aus Gl. (112) bzw. (113)]:

$$\text{Bereich } I: (0 \leq \psi \leq \psi_0)$$

$$M_2^{I} = H \cdot R \cdot \frac{1}{\pi} \cdot \left[\sin \psi_0 + (\pi - \psi_0) \cdot \cos \psi_0 - \cos \psi \cdot \left(\pi - \psi_0 + \frac{1}{2} \cdot \sin 2\psi_0 \right) \right],$$

$$\boxed{M_2^{I} = H \cdot R \cdot k_{M_2}^{I}}, \tag{140}$$

$$\boxed{k_{M_2}^{I} = \frac{1}{\pi} \cdot \left[\sin \psi_0 + (\pi - \psi_0) \cdot \cos \psi - \cos \psi \cdot \left(\pi - \psi_0 + \frac{1}{2} \cdot \sin 2\psi_0 \right) \right]}$$

$$\tag{141}$$

$$\textit{Bereich II}:\ (\psi_0 \leq \psi \leq \pi)$$

$$M_2^{II} = H \cdot R \cdot \frac{1}{\pi} \cdot \left[\sin\psi_0 - \psi_0 \cdot \cos\psi_0 + \cos\psi \cdot \left(\psi_0 - \frac{1}{2} \cdot \sin 2\psi_0\right)\right],$$

$$\boxed{M_2^{II} = H \cdot R \cdot k_{M_2}^{II}}, \tag{142}$$

$$\boxed{k_{M_2}^{II} = \frac{1}{\pi} \cdot \left[\sin\psi_0 - \psi_0 \cdot \cos\psi_0 + \cos\psi \cdot \left(\psi_0 - \frac{1}{2} \cdot \sin 2\psi_0\right)\right]}. \tag{143}$$

Normalkräfte [aus Gl. (117) bzw. (120)]:
$$\textit{Bereich I}:\ (0 \leq \psi \leq \psi_0)$$

$$N_2^I = - H \cdot \frac{1}{\pi} \cdot \left(\pi - \psi_0 + \frac{1}{2} \cdot \sin 2\psi_0\right) \cdot \cos\psi,$$

$$\boxed{N_2^I = H \cdot k_{N_2}^I}, \tag{144}$$

$$\boxed{k_{N_2}^I = - \frac{1}{\pi} \cdot \left(\pi - \psi_0 + \frac{1}{2} \cdot \sin 2\psi_0\right) \cdot \cos\psi}. \tag{145}$$

$$\textit{Bereich II}:\ (\psi_0 \leq \psi \leq \pi)$$

$$N_2^{II} = - H \cdot \frac{1}{\pi} \cdot \left(\frac{1}{2} \cdot \sin 2\psi_0 - \psi_0\right) \cdot \cos\psi,$$

$$\boxed{N_2^{II} = H \cdot k_{N_2}^{II}}, \tag{146}$$

$$\boxed{k_{N_2}^{II} = - \frac{1}{\pi} \cdot \left(\frac{1}{2} \cdot \sin 2\psi_0 - \psi_0\right) \cdot \cos\psi}. \tag{147}$$

Querkräfte [aus Gl. (124) bzw. (127)]:
$$\textit{Bereich I}:\ (0 \leq \psi \leq \psi_0)$$

$$Q_2^I = - H \cdot \frac{1}{\pi} \cdot \left(\pi - \psi_0 + \frac{1}{2} \cdot \sin 2\psi_0\right) \cdot \sin\psi,$$

$$\boxed{Q_2^I = H \cdot k_{Q_2}^I}, \tag{148}$$

$$\boxed{k_{Q_2}^I = - \frac{1}{\pi} \cdot \left(\pi - \psi_0 + \frac{1}{2} \cdot \sin 2\psi_0\right) \cdot \sin\psi}. \tag{149}$$

$$\textit{Bereich II}:\ (\psi_0 \leq \psi \leq \pi)$$

$$Q_2^{II} = - H \cdot \frac{1}{\pi} \cdot \left(\frac{1}{2} \cdot \sin 2\psi_0 - \psi_0\right) \cdot \sin\psi,$$

$$\boxed{Q_2^{II} = H \cdot k_{Q_2}^{II}}, \tag{150}$$

$$\boxed{k_{Q_2}^{II} = - \frac{1}{\pi} \cdot \left(\frac{1}{2} \cdot \sin 2\psi_0 - \psi_0\right) \cdot \sin\psi}. \tag{151}$$

Aus vorstehenden Gleichungen ist ersichtlich, daß die *Momente* in beiden Ringträgerbereichen sowohl im Grundsystem 1 als auch im Grundsystem 2 von der Auflagerkraftkomponente Q bzw. H, vom Radius R der Ringträgerschwerlinie und vom Faktor $k_{M_1}^{I/II}$ bzw. $k_{M_2}^{I/II}$ abhängen. Die Faktoren $k_{M_1}^{I/II}$ und $k_{M_2}^{I/II}$ berücksichtigen die Angriffsstelle der Auflagerkräfte (Winkel ψ_0) und die Bestimmungsstelle der Momente (Winkel ψ). Sie können einfach aus den Abb. 94, S 144 bzw. 97, S 147, für jeden Ringträger mit Auflagerpunkten (Winkel ψ_0) zwischen $\frac{\pi}{2}$ und π — für jede beliebige Bestimmungsstelle (Winkel ψ) — abgelesen werden, so daß eine rasche und exakte Ermittlung der Momentenlinie möglich ist. In Abb. 54/55 und Tab. 3 sind außerdem die für die Bemessung des Ringträgers maßgebenden Extremwerte für oben beschriebene Lagerungsfälle angegeben.

Die *Normal-* und *Querkraftlinie* des Ringträgers können durch Multiplikation der Auflagerkraft-Komponente Q bzw. H mit dem der Auflagerstelle (Winkel ψ_0) und der jeweiligen Bestimmungsstelle (Winkel ψ) zugeordneten Faktor $k_{N_{1/2}}^{I/II}$ bzw. $k_{Q_{1/2}}^{I/II}$ ermittelt werden, der den Abb. 95, S. 145 und 96, S. 146 bzw. 98, S. 148 und 99, S. 149, zu entnehmen ist. Im Grundsystem 1 hängt dieser Faktor vom Verhältnis der Radien r/R ab, das bei Berechnung der Kurven in Abb. 95, S 145 und 96, S. 146, mit 1 angesetzt wurde, um eine übersichtliche Darstellung zu ermöglichen. Für einen Sonderfall (Abb. 107/108, S. 157/158), sind in Tab. 1 und 2 die Faktoren für Verhältnisse $\frac{r}{R} = 0{,}84 - 1{,}00$ zusammengestellt. Bei den in letzter Zeit erstellten Druckrohrleitungen mit zweistegigen, oben offenen Auflagerringen liegen die Verhältnisse r/R zwischen 0,956 und 0,962 — bei einstegigen, mit Gurtplatte versehenen Ringträgern zwischen 0,92 und 0,96. Die gemachte Annahme bleibt also ohne großen Einfluß und verliert mit zunehmendem Rohrleitungsradius immer mehr an Bedeutung. In Grundsystem 2 besteht keine Abhängigkeit der Faktoren $k_{N_2}^{I/II}$ und $k_{Q_2}^{I/II}$ von diesem Verhältnis, so daß sie aus Abb. 98, S. 148 und 99, S. 149, exakt abgelesen werden können.

3.3.3 Der Auflagerring unter zwei äußeren Momenten

Die Verteilung der Momente, Normalkräfte und Querkräfte über die beiden Bereiche I und II des Auflagerringes wird ähnlich wie in Abschnitt 3.3.2 ermittelt. Es gilt die gleiche Bereicheinteilung und — wie aus Abb. 41 ersichtlich — das gleiche statisch bestimmte Grundsystem. Die Berechnung erfolgt nach dem Kraftgrößenverfahren.

Die Momentenverteilung im statisch bestimmten Grundsystem infolge der Belastungen M_{ψ_0}, $X_1 = 1$ und $X_2 = 1$ ist in Abb. 41 angege-

5*

ben. Die zur Bestimmung der statisch unbestimmten Schnittgrößen erforderlichen Verschiebungsgrößen lauten:

$$EJ \cdot \delta_{11} = \int_0^{2\pi} M_1^2 \cdot ds = \int_0^{2\pi} R \cdot d\psi = 2 \cdot R \cdot \pi, \tag{152a}$$

$$EJ \cdot \delta_{12} = 0, \tag{152b}$$

$$EJ \cdot \delta_{22} = \int_0^{2\pi} M_2^2 \cdot ds = \int_0^{2\pi} (R \cdot \cos \psi)^2 \cdot R \cdot d\psi = \pi \cdot R^3, \tag{152c}$$

$$EJ \cdot \delta_{10} = 2 \cdot \int_{\psi_0}^{\pi} M_0 \cdot M_1 \cdot ds = 2 \cdot \int_{\psi_0}^{\pi} - M_{\psi_0} \cdot R \cdot d\psi$$

$$= - 2 \cdot R \cdot M_{\psi_0} \cdot (\pi - \psi_0), \tag{152d}$$

$$EJ \cdot \delta_{20} = 2 \cdot \int_{\psi_0}^{\pi} M_0 \cdot M_2 \cdot ds = 2 \cdot \int_{\psi_0}^{\pi} - M_{\psi_0} \cdot R \cdot \cos \psi \cdot R \cdot d\psi$$

$$= + 2 \cdot R^2 \cdot M_{\psi_0} \cdot \sin \psi_0. \tag{152e}$$

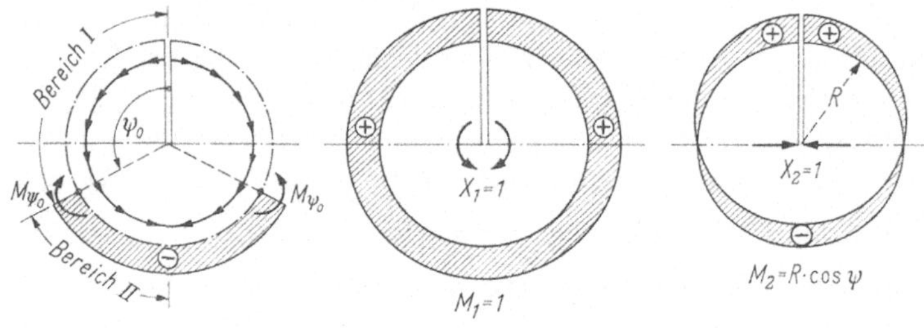

Abb. 41.

Aus den Elastizitätsgleichungen

$$X_1 \cdot \delta_{11} + X_2 \cdot \delta_{12} + \delta_{10} = 0,$$

$$X_1 \cdot \delta_{12} + X_2 \cdot \delta_{22} + \delta_{20} = 0$$

und den zuvor ermittelten Verschiebungsgrößen lassen sich die Unbekannten X_1 und X_2 bestimmen

$$X_1 = - \frac{\delta_{10}}{\delta_{11}} = \frac{2 \cdot R \cdot M_{\psi_0} \cdot (\pi - \psi_0)}{2 \cdot R \cdot \pi} = \frac{M_{\psi_0}}{\pi} \cdot (\pi - \psi_0),$$

$$X_2 = - \frac{\delta_{20}}{\delta_{22}} = - \frac{2 \cdot R^2 \cdot M_{\psi_0} \cdot \sin \psi_0}{\pi \cdot R^3} = - \frac{2 \cdot M_{\psi_0}}{R \cdot \pi} \cdot \sin \psi_0.$$

$$\tag{153a, b}$$

Die endgültige *Momentenverteilung* ergibt sich aus

$$M = M_0 + X_1 \cdot M_1 + X_2 \cdot M_2. \tag{154}$$

Für den *Bereich I* $(0 \leq \psi_0 \leq \psi)$ des Ringträgers entsteht

$$M_3^I = 0 + \frac{M_{\psi_0}}{\pi} \cdot (\pi - \psi_0) - \frac{2 \cdot M_{\psi_0}}{R \cdot \pi} \cdot \sin \psi_0 \cdot R \cdot \cos \psi,$$

$$\boxed{M_3^I = M_{\psi_0} \cdot \frac{1}{\pi} \cdot [\pi - \psi_0 - 2 \cdot \sin \psi_0 \cdot \cos \psi].} \tag{155}$$

Für den *Bereich II* $(\psi_0 \leq \psi \leq \pi)$ des Ringträgers erhält man

$$M_3^{II} = -M_{\psi_0} + \frac{M_{\psi_0}}{\pi} \cdot (\pi - \psi_0) - \frac{2 \cdot M_{\psi_0} \cdot \sin \psi_0}{R \cdot \pi} \cdot \cos \psi,$$

$$\boxed{M_3^{II} = - \frac{M_{\psi_0}}{\pi} \cdot (\psi_0 + 2 \cdot \sin \psi_0 \cdot \cos \psi).} \tag{156}$$

Die *Normalkräfte* können aus

$$N = N_0 + X_1 \cdot N_1 + X_2 \cdot N_2 \tag{157}$$

bestimmt werden. Die Formeln lauten für beide *Bereiche I* und *II* gleich:

$$N_3^{I/II} = X_2 \cdot \cos \psi,$$

$$\boxed{N_3^{I/II} = - \frac{2 \cdot M_{\psi_0}}{R \cdot \pi} \cdot \sin \psi_0 \cdot \cos \psi.} \tag{158}$$

Die *Querkräfte* werden auf dem gleichen Wege bestimmt. Sie werden in beiden *Bereichen I* und *II* durch die gleiche Formel beschrieben

$$Q_3^{I/II} = X_2 \cdot \sin \psi,$$

$$\boxed{Q_3^{I/II} = - \frac{2 \cdot M_{\psi_0}}{R \cdot \pi} \cdot \sin \psi_0 \cdot \sin \psi.} \tag{159}$$

Durch eine abgewandelte Schreibweise ist es wieder möglich, die Momente, Normalkräfte und Querkräfte unter Verwendung der in den Abb. 100, S. 150, Abb. 101, S. 151 und 102, S. 152, wiedergegebenen Faktoren einfach zu berechnen. Diese Faktoren werden durch eine Funktion in Abhängigkeit vom Angriffspunkt des Momentes M_{ψ_0} (Winkel ψ_0) und der Bestimmungsstelle der Schnittgrößen (Winkel ψ) beschrieben. Für die einzelnen Schnittgrößen gilt:

Momente [aus Gl. (155) bzw. (156)]:

$$\text{Bereich } I: (0 \leq \psi \leq \psi_0)$$

$$\boxed{M_3^I = M_{\psi_0} \cdot k_{M_3}^I,} \tag{160}$$

$$\boxed{k_{M_3}^I = \frac{1}{\pi} \cdot (\pi - \psi_0 - 2 \cdot \sin \psi_0 \cdot \cos \psi).} \tag{161}$$

$$\textit{Bereich II}: (\psi_0 \leq \psi \leq \pi)$$

$$\boxed{M_3^{II} = M_{\psi_0} \cdot k_{M_3}^{II}}\,, \tag{162}$$

$$\boxed{k_{M_3}^{II} = -\frac{1}{\pi} \cdot (\psi_0 + 2 \cdot \sin\psi_0 \cdot \cos\psi)}\,. \tag{163}$$

Normalkräfte [aus Gl. (158)]:
  (gilt für Bereich I und II)

$$\boxed{N_3^{I/II} = \frac{M_{\psi_0}}{R} \cdot k_{N_3}^{I/II}}\,, \tag{164}$$

$$\boxed{k_{N_3}^{I/II} = -\frac{2}{\pi} \cdot \sin\psi_0 \cdot \cos\psi}\,. \tag{165}$$

Querkräfte [aus Gl. (159)]:
  (gilt für Bereich I und II)

$$\boxed{Q_3^{I/II} = \frac{M_{\psi_0}}{R} \cdot k_{Q_3}^{I/II}}\,, \tag{166}$$

$$\boxed{k_{Q_3}^{I/II} = -\frac{2}{\pi} \cdot \sin\psi_0 \cdot \sin\psi}\,. \tag{167}$$

Die Faktoren $k_{M_3}^{I/II}$, $k_{N_3}^{I/II}$ und $k_{Q_3}^{I/II}$ können aus den Abb. 100, S. 150, Abb. 101, S. 151 und Abb. 102, S. 152, abgelesen werden.

3.3.4 Der exzentrisch gelagerte Auflagerring

Bei dem in Abb. 42 wiedergegebenen Ringträger handelt es sich um den in Abschn. 3.3.1 besprochenen Sonderfall. Da diesem Sonderfall große Bedeutung zukommt, wird er hier näher untersucht.

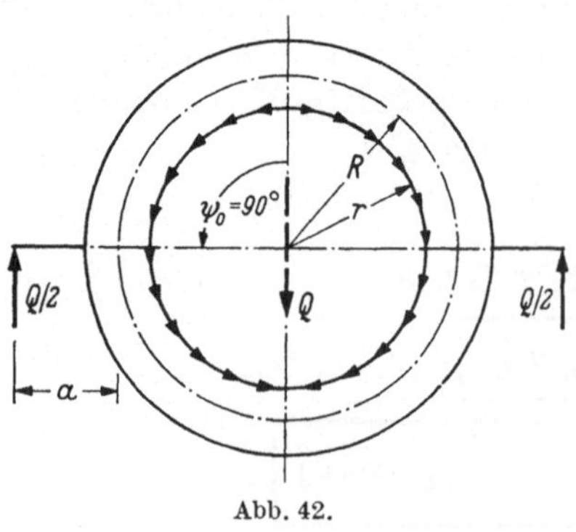

Abb. 42.

Die Verteilung der Momente, Normal- und Querkräfte über den Ringträger kann durch Überlagerung der in Abschn. 3.3.2 und 3.3.3 behandelten Grundsysteme 1 bis 3 für den Auflagerwinkel $\psi_0 = \pi/2$ — unter Berücksichtigung der entsprechenden Ringträgerbereiche I und II — bestimmt werden.

Eine Gleichung für die *Momentenverteilung* über den *Bereich I*

$\left(0 \leq \psi \leq \dfrac{\pi}{2}\right)$ des Ringträgers wird durch Addition der Gln. (112) und (155) gewonnen:

$$M_a^I = \frac{Q \cdot R}{2 \cdot \pi} \cdot \Big[(\pi - \psi_0) \cdot \sin \psi_0 - \cos \psi_0 - \psi \cdot \sin \psi$$

$$- \cos \psi \cdot \Big(\frac{1}{2} + \sin^2 \psi_0 \Big) \Big]$$

$$+ M_{\psi_0} \cdot \frac{1}{\pi} \cdot [\pi - \psi_0 - 2 \cdot \sin \psi_0 \cdot \cos \psi]. \tag{168}$$

Setzt man

$$\psi_0 = \frac{\pi}{2} \quad \text{und} \quad M_{\psi_0} = \frac{Q}{2} \cdot a \tag{169a, b}$$

in diese Gleichung ein, so entsteht die Abb. 42 zugeordnete *Momentenverteilung* im *Bereich I* des Ringträgers:

$$\boxed{M_a^I = \frac{Q \cdot R}{2 \cdot \pi} \cdot \Big[\frac{\pi}{2} - \psi \cdot \sin \psi - \frac{3}{2} \cdot \cos \psi + \frac{a}{R} \cdot \Big(\frac{\pi}{2} - 2 \cdot \cos \psi \Big) \Big]}.$$

$$\tag{170}$$

Für *Bereich II* $\left(\dfrac{\pi}{2} \leq \psi \leq \pi\right)$ entsteht eine Beziehung durch Addition der Gln. (113) und (156)

$$M_a^{II} = \frac{R \cdot Q}{2 \cdot \pi} \cdot \Big[(\pi - \psi) \cdot \sin \psi - \cos \psi_0 - \psi_0 \cdot \sin \psi_0$$

$$- \cos \psi \cdot \Big(\frac{1}{2} + \sin^2 \psi_0 \Big) \Big] - \frac{M_{\psi_0}}{\pi} \cdot [\psi_0 + 2 \cdot \sin \psi_0 \cdot \cos \psi].$$

Setzt man wie oben $\psi_0 = \pi/2$ und $M_{\psi_0} = \dfrac{Q}{2} \cdot a$ in diese Gleichung ein, so ergibt sich eine Gleichung für die *Momentenverteilung* im *Bereich II* des Ringträgers:

$$\boxed{\begin{aligned} M_a^{II} = \frac{Q \cdot R}{2 \cdot \pi} \cdot \Big[(\pi - \psi) \cdot \sin \psi - \frac{\pi}{2} - \frac{3}{2} \cdot \cos \psi \\ - \frac{a}{R} \cdot \Big(\frac{\pi}{2} + 2 \cdot \cos \psi \Big) \Big] \end{aligned}}. \tag{171}$$

Die Beziehung für die *Normalkräfte* in *Bereich I* wird durch Summieren von Gl. (117) und (158) gewonnen:

$$N_a^I = \frac{Q}{\pi} \cdot \Big[\Big(\frac{r}{R} - \frac{1}{2} - \frac{1}{2} \cdot \sin^2 \psi_0 \Big) \cdot \cos \psi - \frac{\psi}{2} \cdot \sin \psi \Big]$$

$$- \frac{2 \cdot M_{\psi_0}}{R \cdot \pi} \cdot \sin \psi_0 \cdot \cos \psi.$$

In diese Gleichung wird für $\psi_0 = \pi/2$ und $M_{\psi_0} = \dfrac{Q}{2} \cdot a$ eingesetzt. Es entsteht

$$N_a^I = \frac{Q}{2 \cdot \pi} \cdot \left[\left(2 \cdot \frac{r}{R} - \frac{3}{2} - 2 \cdot \frac{a}{R} \right) \cdot \cos \psi - \psi \cdot \sin \psi \right],$$

$$\boxed{N_a^I = \frac{Q}{2 \cdot \pi} \cdot \left[2 \cdot \left(\frac{r-a}{R} - \frac{3}{4} \right) \cdot \cos \psi - \psi \cdot \sin \psi \right]}. \qquad (172)$$

Für den *Bereich II* wird eine Beziehung für die Normalkräfte durch Addition der Gln. (120) und (158) gewonnen. Es entsteht

$$N_a^{II} = \frac{Q}{\pi} \cdot \left[\left(\frac{r}{R} - \frac{1}{4} - \frac{1}{2} \cdot \sin^2 \psi_0 \right) \cdot \cos \psi + \left(\frac{\pi}{2} - \psi \right) \cdot \sin \psi \right]$$

$$- \frac{2 \cdot M_{\psi_0}}{R \cdot \pi} \cdot \sin \psi_0 \cdot \cos \psi.$$

Durch Einsetzen von $\psi_0 = \pi/2$ und $M_{\psi_0} = \dfrac{Q \cdot a}{2}$ ergibt sich

$$N_a^{II} = \frac{Q}{2 \cdot \pi} \cdot \left[\left(2 \cdot \frac{r}{R} - \frac{3}{2} \right) \cdot \cos \psi + \left(\frac{\pi}{2} - \psi \right) \cdot \sin \psi - 2 \cdot \frac{a}{R} \cdot \cos \psi \right].$$

$$\boxed{N_a^{II} = \frac{Q}{2 \cdot \pi} \cdot \left[2 \cdot \left(\frac{r-a}{R} - \frac{3}{4} \right) \cdot \cos \psi + \left(\frac{\pi}{2} - \psi \right) \cdot \sin \psi \right]}. \qquad (173)$$

Gleichungen für die *Querkraftverteilung* werden durch Superposition der in Abschn. 3.3.2 und 3.3.3 behandelten Lastfälle gewonnen. Durch Addition von Gl. (124) und (159) entsteht eine Beziehung für den *Bereich I*:

$$Q_a^I = \frac{Q}{\pi} \cdot \left(\frac{r}{R} - \frac{1}{4} - \frac{1}{2} \cdot \sin^2 \psi_0 \right) \cdot \sin \psi - \frac{Q}{2 \cdot \pi} \cdot (\sin \psi - \psi \cdot \cos \psi)$$

$$- \frac{2 \cdot M_{\psi_0}}{R \cdot \pi} \cdot \sin \psi_0 \cdot \sin \psi.$$

Nach Einsetzen von $\psi_0 = \pi/2$ und $M_{\psi_0} = \dfrac{Q}{2} \cdot a$ ergibt sich

$$Q_a^I = \frac{Q}{2 \cdot \pi} \cdot \left[\left(2 \cdot \frac{r}{R} - \frac{1}{2} - 1 - 1 \right) \cdot \sin \psi + \psi \cdot \cos \psi - 2 \cdot \frac{a}{R} \cdot \sin \psi \right],$$

$$\boxed{Q_a^I = \frac{Q}{2 \cdot \pi} \cdot \left[2 \cdot \left(\frac{r-a}{R} - \frac{5}{4} \right) \cdot \sin \psi + \psi \cdot \cos \psi \right]}. \qquad (174)$$

Eine im *Bereich II* gültige Beziehung wird durch Addition der Gln. (127) und (159) gewonnen:

$$Q_a^{II} = \frac{Q}{\pi} \cdot \left(\frac{r}{R} - \frac{3}{4} - \frac{1}{2} \cdot \sin^2 \psi_0 \right) \cdot \sin \psi + \frac{Q}{2} \cdot \cos \psi \cdot \left(\frac{\psi}{\pi} - 1 \right)$$

$$- \frac{2 \cdot M_{\psi_0}}{R \cdot \pi} \cdot \sin \psi_0 \cdot \sin \psi.$$

In diese Gleichung wird $\psi_0 = \pi/2$ und $M_{\psi_0} = \dfrac{Q}{2} \cdot a$ eingesetzt. Es entsteht

$$Q_a^{II} = \frac{Q}{2 \cdot \pi} \cdot \left[\left(2 \cdot \frac{r}{R} - \frac{3}{2} - 1 - 2 \cdot \frac{a}{R}\right) \cdot \sin \psi + (\psi - \pi) \cdot \cos \psi\right].$$

$$\boxed{Q_a^{II} = \frac{Q}{2 \cdot \pi} \cdot \left[2 \cdot \left(\frac{r - a}{R} - \frac{5}{4}\right) \cdot \sin \psi + (\psi - \pi) \cdot \cos \psi\right]}. \tag{175}$$

Zur Anwendung der in Abb. 103, S. 153, Abb. 104, S. 154 und Abb. 105, S. 155, aufgezeichneten Faktoren $k_{M_a}^{I/II}$, $k_{N_a}^{I/II}$ und $k_{Q_a}^{I/II}$ wird nachstehende Schreibweise der bereits früher abgeleiteten Gleichungen erforderlich:

Momente [aus Gl. (170) bzw. (171)]:

Bereich I: $\left(0 \leq \psi \leq \dfrac{\pi}{2}\right)$

$$\boxed{M_a^I = Q \cdot R \cdot k_{M_a}^I}, \tag{176}$$

$$\boxed{k_{M_a}^I = \frac{1}{2 \cdot \pi} \cdot \left[\frac{\pi}{2} - \psi \cdot \sin \psi - \frac{3}{2} \cdot \cos \psi + \frac{a}{R} \cdot \left(\frac{\pi}{2} - 2 \cdot \cos \psi\right)\right]}. \tag{177}$$

Bereich II: $\left(\dfrac{\pi}{2} \leq \psi \leq \pi\right)$

$$\boxed{M_a^{II} = Q \cdot R \cdot k_{M_a}^{II}}, \tag{178}$$

$$\boxed{k_{M_a}^{II} = \frac{1}{2 \cdot \pi} \cdot \left[(\pi - \psi) \cdot \sin \psi - \frac{\pi}{2} - \frac{3}{2} \cdot \cos \psi - \frac{a}{R} \cdot \left(\frac{\pi}{2} + 2 \cdot \cos \psi\right)\right]}. \tag{179}$$

Normalräfte [aus Gl. (172) bzw. (173)]:

Bereich I: $\left(0 \leq \psi \leq \dfrac{\pi}{2}\right)$

$$\boxed{N_a^I = Q \cdot k_{N_a}^I}, \tag{180}$$

$$\boxed{k_{N_a}^I = \frac{1}{2 \cdot \pi} \cdot \left[2 \cdot \left(\frac{r - a}{R} - \frac{3}{4}\right) \cdot \cos \psi + \sin \psi\right]}. \tag{181}$$

Bereich II: $\left(\dfrac{\pi}{2} \leq \psi \leq \pi\right)$

$$\boxed{N_a^{II} = Q \cdot k_{N_a}^{II}}, \tag{182}$$

$$\boxed{k_{N_a}^{II} = \frac{1}{2 \cdot \pi} \cdot \left[2 \cdot \left(\frac{r - a}{R} - \frac{3}{4}\right) \cdot \cos \psi + \left(\frac{\pi}{2} - \psi\right) \cdot \sin \psi\right]}. \tag{183}$$

Querkräfte [aus Gl. (174) bzw. (175)]:

Bereich I: $\left(0 \leq \psi \leq \dfrac{\pi}{2}\right)$

$$\boxed{Q_a^I = Q \cdot k_{Q_a}^I}\,, \tag{184}$$

$$\boxed{k_{Q_a}^I = \frac{1}{2 \cdot \pi} \cdot \left[2 \cdot \left(\frac{r-a}{R} - \frac{5}{4}\right) \cdot \sin\psi + \psi \cdot \cos\psi\right]}\,. \tag{185}$$

Bereich II: $\left(\dfrac{\pi}{2} \leq \psi \leq \pi\right)$

$$\boxed{Q_a^{II} = Q \cdot k_{Q_a}^{II}}\,, \tag{186}$$

$$\boxed{k_{Q_a}^{II} = \frac{1}{2 \cdot \pi} \cdot \left[2 \cdot \left(\frac{r-a}{R} - \frac{5}{4}\right) \cdot \sin\psi + (\psi - \pi) \cdot \cos\psi\right]}\,. \tag{187}$$

Die Faktoren $k_{M_a}^{I/II}$ sind in Abb. 103, S. 153, in Abhängigkeit vom Verhältnis a/R für alle Punkte des Ringträgers angegeben, wobei für a/R alle Werte zwischen 0 und 0,10 eingeführt werden können. Die im Druckrohrleitungsbau bisher üblichen Werte für a/R lagen zwischen 0,040 und 0,063.

In Abb. 104, S. 154 und 105, S. 155, sind die Faktoren $k_{N_a}^{I/II}$ in Abhängigkeit vom Verhältnis $\dfrac{r-a}{R}$ — wobei dieses Verhältnis Werte zwischen 0,70 bis 1,00 erreichen kann — dargestellt, so daß sie für alle Ringträgerpunkte abgelesen werden können. In Abschn. 3.4 wird später das wirtschaftlichste Maß für die Exzentrizität a abgeleitet.

3.3.5 Der Auflagerring mit konstanter radialer Auflagerpressung infolge Sattellagerung

Der Rechengang zur Bestimmung der Schnittgrößen an jeder beliebigen Stelle eines auf Rohrsätteln gelagerten Auflagerringes wurde bereits auf S. 55 und in Abb. 35a und b angedeutet. Die Biegemomente sowie Normal- und Querkräfte dieses entlang einer gewissen Umfangstrecke abgestützten Auflagerringes werden durch Überlagerung von zwei Systemen errechnet, wobei das eine — *Grundsystem 1S* — einen Sonderfall des in Abschn. 3.3.2 bereits behandelten darstellt. Das zweite — *Grundsystem 4 bzw. 5* — berücksichtigt die jeweilige Pressungsverteilung in der Kontaktfläche zwischen Ringträger und Auflagersattel.

Das Kräftespiel im *Grundsystem 1S* kann durch die für den Bereich I maßgebenden Formeln (112), (117) und (124) erfaßt werden.

Die *Biegemomente* werden nach Gl. (112) bestimmt

$$M_1^I = Q \cdot R \cdot \frac{1}{2 \cdot \pi} \cdot \left[(\pi - \psi_0) \cdot \sin \psi_0 - \cos \psi_0 - \psi \cdot \sin \psi \right.$$

$$\left. - \cos \psi \cdot \left(\frac{1}{2} + \sin^2 \psi_0 \right) \right];$$

Q ist dabei als Resultierende der von der Rohrschale an den Ringträger abzugebenden Schubkräfte bzw. als Auflagerkraft in einem Auflager des Rohrstranges (vgl. Abb. 43) aufzufassen. Mit dem für Grundsystem 1S maßgebenden Winkel $\psi_0 = \pi$ entsteht die Formel zur Bestimmung der Biegemomente:

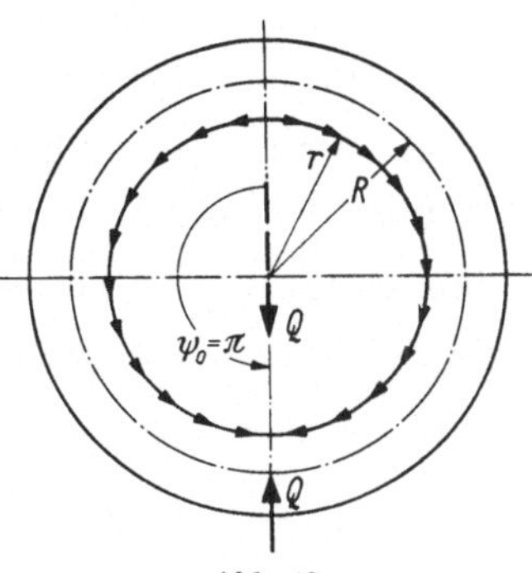

Abb. 43.

$$M_1^\pi = Q \cdot R \cdot \frac{1}{2 \cdot \pi} \cdot \left(1 - \psi \cdot \sin \psi - \frac{1}{2} \cdot \cos \psi \right) \qquad (188)$$

bzw.

$$\boxed{M_1^\pi = Q \cdot R \cdot k_{M_1}^\pi}, \qquad (189)$$

wobei gilt

$$\boxed{k_{M_1}^\pi = \frac{1}{2 \cdot \pi} \cdot \left(1 - \psi \cdot \sin \psi - \frac{1}{2} \cdot \cos \psi \right)}. \qquad (190)$$

Für mehrere Stellen des Ringträgers sind Werte des Faktors $k_{M_1}^\pi$ in der Tabelle zu Abb. 106, S. 156, angegeben. Für Zwischenstellen können die Werte Abb. 106, S. 156, entnommen werden, aus der auch die Verteilung der Werte über den gesamten Ringträgerumfang zu ersehen ist.

Die *Normalkräfte* in Grundsystem 1 werden durch Gl. (117) beschrieben.

$$N_1^I = Q \cdot \frac{1}{2 \cdot \pi} \cdot \left[\left(2 \cdot \frac{r}{R} - \frac{1}{2} - \sin^2 \psi_0 \right) \cdot \cos \psi - \psi \cdot \sin \psi \right].$$

Für den im Grundsystem 1S gültigen Winkel $\psi_0 = \pi$ gilt nachstehende Beziehung für die Normalkräfte

$$N_1^\pi = Q \cdot \frac{1}{2 \cdot \pi} \cdot \left[\left(2 \cdot \frac{r}{R} - \frac{1}{2} \right) \cdot \cos \psi - \psi \cdot \sin \psi \right] \qquad (191)$$

bzw.

$$\boxed{N_1^\pi = Q \cdot k_{N_1}^\pi}, \qquad (192)$$

wobei gilt

$$\boxed{k_{N_1}^\pi = \frac{1}{2 \cdot \pi} \cdot \left[\left(2 \cdot \frac{r}{R} - \frac{1}{2} \right) \cdot \cos \psi - \psi \cdot \sin \psi \right]}. \qquad (193)$$

In der Tabelle zu Abb. 107, S. 157, sind für den Sonderfall $\frac{r}{R} = 1$ für mehrere Stellen des Auflagerringes Werte des Faktors $k_{N_1}^{\pi}$ wiedergegeben und zur leichten Interpolation in Abb. 107, S. 157, aufgetragen. An den gleichen Ringträgerstellen gibt Tab. 1 Werte dieses Faktors für den Bereich zwischen $\frac{r}{R} = 0{,}84$ bis $\frac{r}{R} = 1{,}00$ wieder, so daß auch über die bisher im Druckrohrleitungsbau üblichen Verhältnisse $\frac{r}{R}$ hinaus $\left(\frac{r}{R} = 0{,}92 \text{ bis } \frac{r}{R} = 0{,}96\right)$ die genaue Bestimmung der Normalkraftverteilung im Ringträger möglich ist.

Für die *Querkräfte* im Grundsystem 1 gilt Gl. (124)

$$Q_1^{I} = Q \cdot \frac{1}{2 \cdot \pi} \cdot \left[\left(2 \cdot \frac{r}{R} - \frac{3}{2} - \sin^2 \psi_0\right) \cdot \sin \psi + \psi \cdot \cos \psi\right].$$

Mit $\psi_0 = \pi$ erhält man einen Ausdruck für die Querkräfte im Grundsystem 1 S

$$Q_1^{\pi} = Q \cdot \frac{1}{2 \cdot \pi} \cdot \left[\left(2 \cdot \frac{r}{R} - \frac{3}{2}\right) \cdot \sin \psi + \psi \cdot \cos \psi\right] \qquad (194)$$

bzw.

$$\boxed{Q_1^{\pi} = Q \cdot k_{Q_1}^{\pi}}, \qquad (195)$$

wobei gilt

$$\boxed{k_{Q_1}^{\pi} = \frac{1}{2 \cdot \pi} \cdot \left[\left(2 \cdot \frac{r}{R} - \frac{3}{2}\right) \cdot \sin \psi + \psi \cdot \cos \psi\right]}. \qquad (196)$$

Für den Sonderfall $\frac{r}{R} = 1$ können die Faktoren $k_{Q_1}^{\pi}$ für mehrere Ringträgerstellen direkt der Tabelle zu Abb. 108, S. 158, und für Zwischenstellen aus Abb. 108, S. 158, entnommen werden. Tab. 2 gibt für den gleichen Bereich wie bei $k_{N_1}^{\pi}$ — nämlich zwischen $\frac{r}{R} = 0{,}84$ und $\frac{r}{R} = 1{,}00$ — Werte für $k_{Q_1}^{\pi}$ an und erfaßt damit wiederum einen über den im Druckrohrleitungsbau hinausgehenden Bereich.

Unter *Grundsystem 4* wird der in Abb. 44 dargestellte Auflagerring verstanden, dessen Belastung Q auf einem gewissen Teil des Ringträgerumfanges, der durch den Winkel ψ_0 festgelegt ist, mittels radialer gleichbleibender Pressungen der Höhe p_0 abgetragen wird (p_0 in kg bzw. t pro Längeneinheit des Ringträgerumfanges).

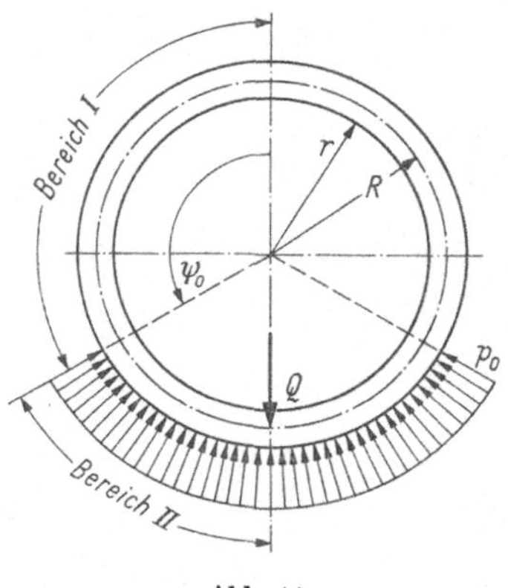

Abb. 44.

Für die Größe dieser Pressung p_0 wird mit Hilfe der Abb. 45 zu entnehmenden geometrischen Beziehung und der Bedingung $\sum V = 0$ ein Zusammenhang mit der Last Q gefunden.

Gemäß Abb. 45 ist

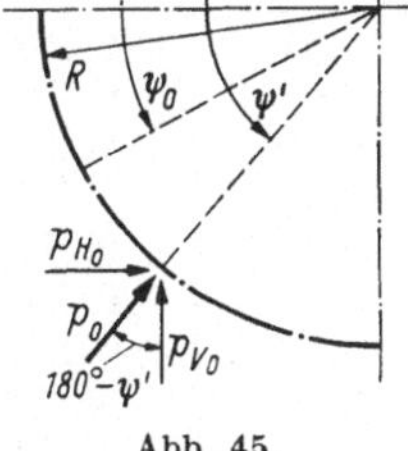

$$p_{V_0} = p_0 \cdot \cos (180° - \psi') = - p_0 \cdot \cos \psi'. \qquad (197)$$

Aus der Bedingung $\sum V = 0$ entsteht

$$Q = 2 \cdot \int_{\psi_0}^{\pi} p_{V_0} \cdot R \cdot d\psi'. \qquad (198\,a)$$

Abb. 45.

Nach Einsetzen obiger Beziehung für p_{V_0} und anschließender Integration erhält man

$$Q = - 2 \cdot p_0 \cdot R \cdot \int_{\psi_0}^{\pi} \cos \psi' \cdot d\psi'$$

$$= - 2 \cdot p_0 \cdot R \cdot \sin \psi' \big|_{\psi_0}^{\pi} = 2 \cdot p_0 \cdot R \cdot \sin \psi_0. \qquad (198\,b)$$

Durch Umformen entsteht

$$\boxed{p_0 = \frac{Q}{2 \cdot R \cdot \sin \psi_0}}. \qquad (199)$$

Unter p_0 wird, wie bereits zuvor erwähnt, die Pressung in kg bzw. t pro Längeneinheit des Ringträgerumfanges verstanden.

Die Schnittgrößen in Grundsystem 4 werden, wie auch in den Abschn. 3.3.2, 3.3.3 und 3.3.4, nach dem Kraftgrößenverfahren — un-

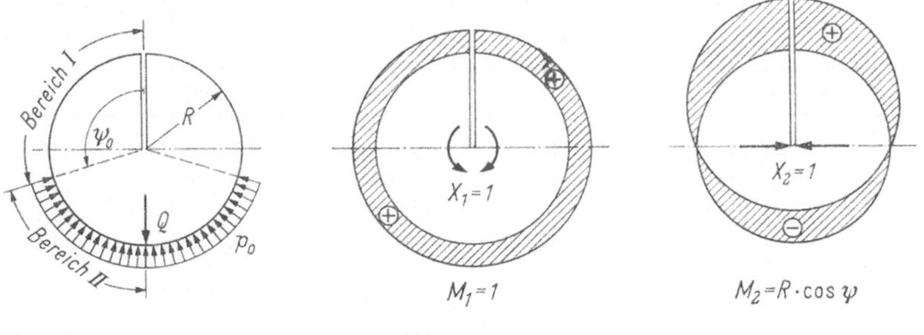

Abb. 46.

ter Verwendung des gleichen statisch bestimmten Grundsystems — gefunden (Abb. 46). Es gilt ferner die gleiche Bereicheinteilung (s. auch Abb. 38). Die Momente infolge äußerer Kräfte sind im Bereich I des statisch bestimmten Grundsystems Null ($M_0^I = 0$). Zur Bestimmung

Tabelle 1. *Faktoren $k_{N_1}^{\pi}$ für die Verhältnisse*

r/R	$\psi = 0°$	$\psi = 5°$	$\psi = 10°$	$\psi = 15°$	$\psi = 20°$
0,84	0,187803	0,185878	0,180126	0,170620	0,157476
0,86	0,194170	0,192220	0,186396	0,176769	0,163458
0,88	0,200535	0,198562	0,192665	0,182918	0,169441
0,90	0,206902	0,204904	0,198935	0,189067	0,175423
0,92	0,213268	0,211246	0,205204	0,195217	0,181405
0,94	0,219634	0,217588	0,211474	0,201366	0,187387
0,96	0,226000	0,223930	0,217743	0,207515	0,193370
0,98	0,232366	0,230272	0,224013	0,213665	0,199352
1,00	0,238733	0,236614	0,230282	0,219814	0,205334

r/R	$\psi = 50°$	$\psi = 55°$	$\psi = 60°$	$\psi = 65°$	$\psi = 70°$
0,84	0,014323	−0,017429	−0,050436	−0,084270	−0,118485
0,86	0,018415	−0,013777	−0,047253	−0,081579	−0,116308
0,88	0,022507	−0,010126	−0,044070	−0,078889	−0,114131
0,90	0,026599	−0,006474	−0,040887	−0,076198	−0,111953
0,92	0,030691	−0,002823	−0,037703	−0,073508	−0,109776
0,94	0,034783	0,000829	−0,034520	−0,070817	−0,107598
0,96	0,038875	0,004480	−0,031337	−0,068127	−0,105421
0,98	0,042967	0,008132	−0,028154	−0,065436	−0,103243
1,00	0,047060	0,011783	−0,024971	−0,062746	−0,101066

r/R	$\psi = 95°$	$\psi = 100°$	$\psi = 105°$	$\psi = 110°$	$\psi = 115°$
0,84	−0,279252	−0,306169	−0,303335	−0,351361	−0,368884
0,86	−0,279807	−0,307275	−0,331983	−0,353538	−0,371574
0,88	−0,280362	−0,308380	−0,333631	−0,355715	−0,374265
0,90	−0,280917	−0,309486	−0,335278	−0,357893	−0,376955
0,92	−0,281472	−0,310591	−0,336926	−0,360070	−0,379646
0,94	−0,282027	−0,311697	−0,338574	−0,362247	−0,382336
0,96	−0,282582	−0,312802	−0,340221	−0,364425	−0,385027
0,98	−0,283136	−0,313907	−0,341869	−0,366702	−0,387717
1,00	−0,283691	−0,315013	−0,343517	−0,368778	−0,390408

r/R	$\psi = 140°$	$\psi = 145°$	$\psi = 150°$	$\psi = 155°$	$\psi = 160°$
0,84	−0,393839	−0,384864	−0,370976	−0,352169	−0,328487
0,86	−0,398716	−0,390078	−0,376489	−0,357938	−0,334469
0,88	−0,403592	−0,395293	−0,382003	−0,363708	−0,340451
0,90	−0,408469	−0,400508	−0,387516	−0,369478	−0,346434
0,92	−0,413346	−0,405723	−0,393029	−0,375248	−0,352416
0,94	−0,418223	−0,410938	−0,398543	−0,381017	−0,358398
0,96	−0,423099	−0,416153	−0,404056	−0,386787	−0,364380
0,98	−0,427976	−0,421368	−0,409569	−0,392557	−0,370363
1,00	−0,432853	−0,426583	−0,415082	−0,398327	−0,376345

$r/R = 0{,}84$ *bis* $r/R = 1{,}00$

$\psi = 25°$	$\psi = 30°$	$\varphi = 35°$	$\psi = 40°$	$\psi = 45°$
0,140859	0,120976	0,098075	0,072445	0,044409
0,146629	0,126489	0,103290	0,077322	0,048910
0,152398	0,132002	0,108505	0,082198	0,053412
0,158168	0,137515	0,113720	0,087075	0,057913
0,163938	0,143029	0,118934	0,091952	0,062415
0,169708	0,148542	0,124149	0,096829	0,066917
0,175477	0,154055	0,129364	0,101705	0,071418
0,181247	0,159569	0,134579	0,106582	0,075920
0,187017	0,165082	0,139794	0,111459	0,080421

$\psi = 75°$	$\psi = 80°$	$\psi = 85°$	$\psi = 90°$	
−0,152627	−0,186234	−0,218844	−0,250000	
−0,150980	−0,185129	−0,218289	−0,250000	
−0,149332	−0,184023	−0,217735	−0,250000	
−0,147684	−0,182918	−0,217180	−0,250000	
−0,146036	−0,181812	−0,216625	−0,250000	
−0,144389	−0,180707	−0,216070	−0,250000	
−0,142741	−0,179601	−0,215515	−0,250000	
−0,141093	−0,178496	−0,214960	−0,250000	
−0,139446	−0,177390	−0,214405	−0,250000	

$\psi = 120°$	$\psi = 125°$	$\psi = 130°$	$\psi = 135°$	
−0,382577	−0,392147	−0,397345	−0,397962	
−0,385760	−0,395799	−0,401437	−0,402464	
−0,388943	−0,399450	−0,405529	−0,406965	
−0,392126	−0,403102	−0,409621	−0,411467	
−0,395309	−0,406753	−0,413713	−0,415968	
−0,398492	−0,410405	−0,417805	−0,420470	
−0,401675	−0,414056	−0,421897	−0,424972	
−0,404858	−0,417708	−0,425990	−0,429473	
−0,408041	−0,421359	−0,430082	−0,433975	

$\psi = 165°$	$\psi = 170°$	$\psi = 175°$	$\psi = 180°$	
−0,300030	−0,266951	−0,229457	−0,187804	
−0,306179	−0,273221	−0,235799	−0,194170	
−0,312329	−0,279490	−0,242141	−0,200537	
−0,318478	−0,285760	−0,248483	−0,206903	
−0,324627	−0,292029	−0,254825	−0,213269	
−0,330776	−0,298299	−0,261167	−0,219635	
−0,336926	−0,304568	−0,267509	−0,226002	
−0,343075	−0,310838	−0,237851	−0,232368	
−0,349224	−0,317107	−0,280191	−0,238734	−

Tabelle 2. *Faktoren $k_{Q_1}^{\pi}$ für die Verhältnisse*

r/R	$\psi = 0°$	$\psi = 5°$	$\psi = 10°$	$\psi = 15°$	$\psi = 20°$
0,84	0,000000	0,016333	0,032333	0,047662	0,062003
0,86	0,000000	0,016888	0,033436	0,049309	0,064181
0,88	0,000000	0,017443	0,034541	0,050957	0,066358
0,90	0,000000	0,017997	0,035647	0,052605	0,068535
0,92	0,000000	0,018552	0,036752	0,054252	0,070713
0,94	0,000000	0,019107	0,037858	0,055999	0,072890
0,96	0,000000	0,019662	0,038963	0,057548	0,075068
0,98	0,000000	0,020217	0,040069	0,059195	0,077245
1,00	0,000000	0,020772	0,041174	0,060843	0,079422

r/R	$\psi = 50°$	$\psi = 55°$	$\psi = 60°$	$\psi = 65°$	$\psi = 70°$
0,84	0,111222	0,111097	0,108143	0,102270	0,093243
0,86	0,116098	0,116312	0,113657	0,108040	0,099407
0,88	0,120975	0,121527	0,119170	0,113810	0,105389
0,90	0,125852	0,126741	0,124683	0,119570	0,111371
0,92	0,130729	0,131956	0,130196	0,125349	0,117353
0,94	0,135606	0,137171	0,135710	0,131119	0,123336
0,96	0,140482	0,142386	0,141223	0,136888	0,129318
0,98	0,145359	0,147601	0,146736	0,142658	0,135300
1,00	0,150236	0,152816	0,152250	0,148428	0,141283

r/R	$\psi = 95°$	$\psi = 100°$	$\psi = 105°$	$\psi = 110°$	$\psi = 115°$
0,84	0,005540	—0,020023	—0,047817	—0,077585	—0,109039
0,86	0,011882	—0,013753	—0,041667	—0,071603	—0,103269
0,88	0,018224	—0,007484	—0,035518	—0,065621	—0,097499
0,90	0,024566	—0,001214	—0,029369	—0,059639	—0,091729
0,92	0,030908	0,005055	—0,023220	—0,053656	—0,085960
0,94	0,037250	0,011325	—0,017070	—0,047674	—0,080190
0,96	0,043592	0,017594	—0,010921	—0,041692	—0,074420
0,98	0,049934	0,023864	—0,004772	—0,035709	—0,068651
1,00	0,056276	0,030133	—0,001377	—0,029727	—0,062881

r/R	$\psi = 140°$	$\psi = 145°$	$\psi = 150°$	$\psi = 155°$	$\psi = 160°$
0,84	—0,279491	—0,313504	—0,346519	—0,378108	—0,407843
0,86	—0,275399	—0,309852	—0,343336	—0,375418	—0,405665
0,88	—0,271307	—0,306201	—0,340153	—0,372727	—0,403488
0,90	—0,267215	—0,302549	—0,336970	—0,370037	—0,401310
0,92	—0,263123	—0,298898	—0,333787	—0,367346	—0,399133
0,94	—0,259030	—0,295246	—0,330604	—0,364656	—0,396956
0,96	—0,254938	—0,291595	—0,327421	—0,361965	—0,394778
0,98	—0,250846	—0,287943	—0,324238	—0,359275	—0,392601
1,00	—0,246754	—0,284292	—0,321054	—0,356584	—0,390424

$r/R = 0{,}84$ *bis* $r/R = 1{,}00$

$\psi = 25°$	$\psi = 30°$	$\psi = 35°$	$\psi = 40°$	$\psi = 45°$
0,075045	0,086493	0,096072	0,103531	0,108646
0,077736	0,089676	0,099723	0,107623	0,113147
0,080426	0,092859	0,103375	0,111715	0,117649
0,083117	0,096042	0,107026	0,115807	0,122150
0,085807	0,099225	0,110678	0,119899	0,126652
0,088497	0,102408	0,114329	0,123991	0,131153
0,091188	0,105591	0,117981	0,128083	0,135655
0,093878	0,108774	0,121632	0,132175	0,140157
0,096569	0,111958	0,125284	0,136268	0,144658

$\psi = 75°$	$\psi = 80°$	$\psi = 85°$	$\psi = 90°$	
0,081593	0,066801	0,049118	0,028648	
0,087742	0,073071	0,055460	0,035014	
0,093891	0,079340	0,061802	0,041381	
0,100040	0,085610	0,068144	0,047747	
0,106190	0,091880	0,074486	0,054113	
0,112339	0,098149	0,080828	0,060479	
0,118488	0,104418	0,087169	0,066845	
0,124638	0,110688	0,093511	0,073212	
0,130787	0,116957	0,099853	0,079578	

$\psi = 120°$	$\psi = 125°$	$\psi = 130°$	$\psi = 135°$	
−0,141856	−0,175691	−0,210172	−0,244907	
−0,136343	−0,170760	−0,205295	−0,240406	
−0,130830	−0,165261	−0,200418	−0,235904	
−0,125316	−0,160046	−0,195541	−0,231403	
−0,119803	−0,154331	−0,190664	−0,226901	
−0,114290	−0,149616	−0,185788	−0,222399	
−0,108777	−0,144401	−0,180911	−0,217898	
−0,103263	−0,139187	−0,176034	−0,213396	
−0,097750	−0,133972	−0,171157	−0,208894	

$\psi = 165°$	$\psi = 170°$	$\psi = 175°$	$\psi = 180°$	
−0,435301	−0,460073	−0,481764	−0,500000	
−0,433653	−0,458968	−0,481209	−0,500000	
−0,432006	−0,457862	−0,480655	−0,500000	
−0,430358	−0,456757	−0,480100	−0,500000	
−0,428710	−0,455651	−0,479545	−0,500000	
−0,427062	−0,454546	−0,478990	−0,500000	
−0,425415	−0,453440	−0,478435	−0,500000	
−0,423767	−0,452335	−0,477880	−0,500000	
−0,422119	−0,451229	−0,477325	−0,500000	

der Momente in Bereich II wird p_0 in Analogie zu Abb. 45 in Horizontal- und Vertikalkomponenten zerlegt. Es gilt dann

$$p_{H_0} = p_0 \cdot \sin\,(180° - \psi') = p_0 \cdot \sin \psi',$$

$$p_{V_0} = p_0 \cdot \cos\,(180° - \psi') = - p_0 \cdot \cos \psi'. \qquad (200\,\text{a, b})$$

Für das Biegemoment an der Stelle ψ des Ringträgers aus den am Ringträgerelement der Stelle ψ' angreifenden Kräften p_{H_0} und p_{V_0} ergibt sich unter Verwendung der in Abb. 28 und auf S. 45 angegebenen Hebelarme sowie durch Einsetzen von Gl. (200a) und (200b)

$$
\begin{aligned}
dM_0^{II} = {}& - p_{H_0} \cdot R \cdot d\psi' \cdot y - p_{V_0} \cdot R \cdot d\psi' \cdot z \\
= {}& - p_0 \cdot \sin \psi' \cdot R^2 \cdot (\cos \psi' - \cos \psi) \cdot d\psi' \\
& + p_0 \cdot \cos \psi' \cdot R^2 \cdot (\sin \psi' - \sin \psi) \cdot d\psi' \\
= {}& - p_0 \cdot R^2 \cdot [\sin \psi' \cdot (\cos \psi' - \cos \psi) \\
& - \cos \psi' \cdot (\sin \psi' - \sin \psi)] \cdot d\psi'.
\end{aligned}
\qquad (201)
$$

Für das gesamte Biegemoment an der Stelle ψ gilt dann

$$
\begin{aligned}
\underline{M_0^{II}} = \int_{\psi_0}^{\psi} dM_0 \cdot d\psi' = {}& - p_0 \cdot R^2 \cdot \int_{\psi_0}^{\psi} (- \sin \psi' \cdot \cos \psi + \cos \psi' \cdot \sin \psi) \cdot d\psi \\
= {}& - p_0 \cdot R^2 \cdot [\cos \psi' \cdot \cos \psi + \sin \psi' \cdot \sin \psi]_{\psi_0}^{\psi} \\
= {}& - p_0 \cdot R^2 \cdot [\cos^2 \psi + \sin^2 \psi - \cos \psi_0 \cdot \cos \psi - \sin \psi_0 \cdot \sin \psi] \\
= {}& - p_0 \cdot R^2 \cdot [1 - \cos \psi_0 \cdot \cos \psi - \sin \psi_0 \cdot \sin \psi] \\
= {}& \underline{- p_0 \cdot R^2 \cdot [1 - \cos\,(\psi - \psi_0)]}.
\end{aligned}
\qquad (202)
$$

Die einzelnen Verschiebungsgrößen aus den in Abb. 46 angegebenen Momenten und dem Biegemoment M_0^{II} lauten:

$$\underline{EJ \cdot \delta_{11}} = \int_0^{2\pi} M_1^2 \cdot ds = \int_0^{2\pi} R \cdot d\psi = \underline{2 \cdot \pi \cdot R}, \qquad (203\,\text{a})$$

$$\underline{EJ \cdot \delta_{12}} = 0, \qquad (203\,\text{b})$$

$$
\begin{aligned}
\underline{EJ \cdot \delta_{22}} = \int_{\psi_0}^{2\pi} M_2^2 \cdot ds = {}& \int_0^{2\pi} R^2 \cdot \cos^2 \psi \cdot R \cdot d\psi \\
= {}& R^3 \cdot \left[\frac{\psi}{2} + \frac{1}{4} \cdot \sin 2\psi\right]_0^{2\pi} = \underline{\pi \cdot R^3},
\end{aligned}
\qquad (203\,\text{c})
$$

$$
\begin{aligned}
\underline{EJ \cdot \delta_{10}} = 2 \cdot {}& \int_{\psi_0}^{\pi} - p_0 \cdot R^2 \cdot [1 - \cos\,(\psi - \psi_0)] \cdot R \cdot d\psi \\
= {}& - 2 \cdot p_0 \cdot R^3 \cdot [\psi - \cos \psi_0 \cdot \sin \psi + \sin \psi_0 \cdot \cos \psi]_{\psi_0}^{\pi} \\
= {}& \underline{- 2 \cdot p_0 \cdot R^3 \cdot (\pi - \psi_0 - \sin \psi_0)},
\end{aligned}
\qquad (203\,\text{d})
$$

$$EJ \cdot \delta_{20} = -2 \cdot \int_{\psi_0}^{\pi} p_0 \cdot R^2 \cdot [1 - \cos(\psi - \psi_0)] \cdot R \cdot \cos\psi \cdot R \cdot d\psi$$

$$= 2 \cdot p_0 \cdot R^4 \cdot \int_{\psi_0}^{\pi} (\cos\psi - \cos\psi_0 \cdot \cos^2\psi - \sin\psi_0 \cdot \sin\psi \cdot \cos\psi) \cdot d\psi$$

$$= -2 \cdot p_0 \cdot R^4 \cdot \left[\sin\psi - \cos\psi_0 \cdot \left(\frac{\psi}{2} + \frac{1}{4} \cdot \sin 2\psi\right)\right.$$

$$\left. - \sin\psi_0 \cdot \frac{1}{2} \cdot \sin^2\psi\right]_{\psi_0}^{\pi}$$

$$= -p_0 \cdot R^4 \cdot [(\psi_0 - \pi) \cdot \cos\psi_0 - \sin\psi_0]. \tag{203e}$$

Mit Hilfe der Elastizitätsgleichungen

$$X_1 \cdot \delta_{11} + X_2 \cdot \delta_{12} + \delta_{10} = 0,$$

$$X_1 \cdot \delta_{12} + X_2 \cdot \delta_{22} + \delta_{20} = 0$$

und den Verschiebungsgrößen werden die Unbekannten X_1 und X_2 errechnet:

$$X_1 = -\frac{\delta_{10}}{\delta_{11}} = +2 \cdot p_0 \cdot R^3 \cdot (\pi - \psi_0 - \sin\psi_0) \cdot \frac{1}{2 \cdot \pi \cdot R}$$

$$= \frac{p_0 \cdot R^2}{\pi} \cdot (\pi - \psi_0 - \sin\psi_0), \tag{204a, b}$$

$$X_2 = -\frac{\delta_{20}}{\delta_{22}} = +p_0 \cdot R^4 \cdot [(\psi_0 - \pi) \cdot \cos\psi_0 - \sin\psi_0] \cdot \frac{1}{\pi \cdot R^3}$$

$$= \frac{p_0 \cdot R}{\pi} \cdot [(\psi_0 - \pi) \cdot \cos\psi_0 - \sin\psi_0].$$

Aus der Gleichung

$$M = M_0 + X_1 \cdot M_1 + X_2 \cdot M_2$$

kann für Grundsystem 4 ein Ausdruck für die *Momentenverteilung* über den Ringträgerumfang gefunden werden.

Für den *Bereich I* $(0 \leq \psi \leq \psi_0)$ entsteht

$$M_4^I = 0 + \frac{p_0 \cdot R^2}{\pi} \cdot (\pi - \psi_0 - \sin\psi_0) + \frac{p_0 \cdot R}{\pi}$$

$$\times [(\psi_0 - \pi) \cdot \cos\psi_0 - \sin\psi_0] \cdot R \cdot \cos\psi \tag{205a}$$

$$= \frac{p_0 \cdot R^2}{\pi} \cdot \{[(\psi_0 - \pi) \cdot \cos\psi_0 - \sin\psi_0] \cdot \cos\psi + \pi - \psi_0 - \sin\psi_0\}.$$

Mit Gl. (199) ergibt sich daraus

$$\boxed{M_4^I = \frac{Q \cdot R}{2 \cdot \pi} \cdot \left\{[(\psi_0 - \pi) \cdot \cot\psi_0 - 1] \cdot \cos\psi + \frac{\pi - \psi_0}{\sin\psi_0} - 1\right\}}. \tag{205b}$$

Für den *Bereich II* ($\psi_0 \leq \psi \leq \pi$) erhält man unter Verwendung von Gl. (202) und (205a)

$$M_4^{II} = - p_0 \cdot R^2 \cdot [1 - \cos (\psi - \psi_0)] + \frac{p_0 \cdot R^2}{\pi}$$

$$\times \{[(\psi_0 - \pi) \cdot \cos \psi_0 - \sin \psi_0] \cdot \cos \psi + \pi - \psi_0 - \sin \psi_0\}$$

$$= - p_0 \cdot R^2 \cdot \left\{1 - \cos \psi_0 \cdot \cos \psi - \sin \psi_0 \cdot \sin \psi - \left[\frac{\psi_0}{\pi} \cdot \cos \psi_0 \right.\right.$$

$$\left.\left. - \cos \psi_0 - \frac{1}{\pi} \cdot \sin \psi_0\right] \cdot \cos \psi - 1 + \frac{\psi_0}{\pi} + \frac{1}{\pi} \cdot \sin \psi_0\right\} \qquad (206\,\text{a})$$

$$= \frac{p_0 \cdot R^2}{\pi} \cdot [(\psi_0 \cdot \cos \psi_0 - \sin \psi_0) \cdot \cos \psi + \pi \cdot \sin \psi_0 \cdot \sin \psi - \psi_0 - \sin \psi_0].$$

Mit Gl. (199) entsteht daraus

$$\boxed{M_4^{II} = \frac{Q \cdot R}{2 \cdot \pi} \cdot \left[(\psi_0 \cdot \cot \psi_0 - 1) \cdot \cos \psi + \pi \cdot \sin \psi - \frac{\psi_0}{\sin \psi_0} - 1\right]}. \quad (206\,\text{b})$$

Die *Normalkräfte* gewinnt man aus der Bedingung

$$N = N_0 + X_1 \cdot N_1 + X_2 \cdot N_2.$$

Für Grundsystem 4 entsteht im *Bereich I* ($0 \leq \psi \leq \psi_0$) unter Berücksichtigung von Gl. (204b)

$$N_4^I = X_2 \cdot \cos \psi = \frac{p_0 \cdot R}{\pi} \cdot [(\psi_0 - \pi) \cdot \cos \psi_0 - \sin \psi_0] \cdot \cos \psi. \quad (207\,\text{a})$$

Daraus ergibt sich mit Gl. (199)

$$\boxed{N_4^I = \frac{Q}{2 \cdot \pi} \cdot [(\psi_0 - \pi) \cdot \cot \psi_0 - 1] \cdot \cos \psi}. \qquad (207\,\text{b})$$

In *Bereich II* ($\psi_0 \leq \psi \leq \pi$) ist die Normalkraft N_4^I um den Anteil N_0^{II} des statisch bestimmten Grundsystems zu erhöhen. N_0^{II} wird aus den in Abb. 45 dargestellten und in Gl. (200a) und (200b) formulierten Elementkomponenten zusammengesetzt. Für sie gilt

$$p_{H_0} = p_0 \cdot \sin \psi' \qquad \text{und} \qquad p_{V_0} = - p_0 \cdot \cos \psi'.$$

Diese Elementkomponenten erzeugen an beliebiger Stelle ψ des Ringträgers die Normalkräfte

$$\Delta N_{p_{H_0}} = - p_0 \cdot \sin \psi' \cdot \cos (180° - \psi) = + p_0 \cdot \sin \psi' \cdot \cos \psi,$$
$$\Delta N_{p_{V_0}} = - p_0 \cdot \cos \psi' \cdot \sin (180° - \psi) = - p_0 \cdot \cos \psi' \cdot \sin \psi. \qquad (208\,\text{a, b})$$

Durch eine Integration über den Bereich zwischen ψ_0 und der Bestimmungsstelle errechnen sich die Gesamtanteile an der Normalkraft N_0^{II}

$$N_{p_{H_0}} = \int_{\psi_0}^{\psi} p_0 \cdot \sin \psi' \cdot \cos \psi \cdot R \cdot d\psi' = - p_0 \cdot R \cdot \cos \psi \cdot \cos \psi' \Big|_{\psi_0}^{\psi}$$

$$= - p_0 \cdot R \cdot \cos \psi \cdot (\cos \psi - \cos \psi_0),$$

$$N_{p_{V_0}} = - \int_{\psi_0}^{\psi} p_0 \cdot \cos \psi' \cdot \sin \psi \cdot R \cdot d\psi' = - p_0 \cdot R \cdot \sin \psi \cdot \sin \psi' \Big|_{\psi_0}^{\psi}$$

$$= - p_0 \cdot R \cdot \sin \psi \cdot (\sin \psi - \sin \psi_0). \tag{208c, d}$$

Damit wird

$$N_0^{II} = N_{p_{H_0}} + N_{p_{V_0}} = p_0 \cdot R \cdot (- \cos^2 \psi - \sin^2 \psi + \cos \psi \cdot \cos \psi_0$$

$$+ \sin \psi \cdot \sin \psi_0) \tag{209}$$

$$= p_0 \cdot R \cdot [\cos \psi \cdot \cos \psi_0 + \sin \psi \cdot \sin \psi_0 - 1].$$

Für die Normalkraft in Bereich II ergibt sich mit diesem Resultat und aus

$$N_4^{II} = N_0^{II} + N_4^{I}$$

unter Verwendung von Gl. (207a)

$$N_4^{II} = p_0 \cdot R \cdot (\cos \psi \cdot \cos \psi_0 + \sin \psi \cdot \sin \psi_0 - 1) + \frac{p_0 \cdot R}{\pi}$$

$$\times [(\psi_0 - \pi) \cdot \cos \psi_0 - \sin \psi_0] \cdot \cos \psi \tag{210a}$$

$$= p_0 \cdot R \cdot \left[\frac{1}{\pi} \cdot (\psi_0 \cdot \cos \psi_0 - \sin \psi_0 \cdot \cos \psi + \sin \psi_0 \cdot \sin \psi - 1 \right].$$

Mit Gl. (199) erhält man daraus

$$\boxed{N_4^{II} = \frac{Q}{2} \cdot \left[\frac{1}{\pi} \cdot (\psi_0 \cdot \cot \psi_0 - 1) \cdot \cos \psi + \sin \psi - \frac{1}{\sin \psi_0} \right]}. \tag{210b}$$

Die *Querkräfte* werden auf dem gleichen Wege wie die Normalkräfte gewonnen. Aus der allgemeingültigen Beziehung

$$Q = Q_0 + X_1 \cdot Q_1 + X_2 \cdot Q_2$$

entsteht für *Bereich I* ($0 \leq \psi \leq \psi_0$) unter Verwendung von Gl. (204b)

$$Q_4^{I} = X_2 \cdot \sin \psi = \frac{p_0 \cdot R}{\pi} \cdot [(\psi_0 - \pi) \cdot \cos \psi_0 - \sin \psi_0] \cdot \sin \psi. \tag{211a}$$

Mit Gl. (199) ergibt sich daraus

$$\boxed{Q_4^{I} = \frac{Q}{2 \cdot \pi} \cdot [(\psi_0 - \pi) \cdot \cot \psi_0 - 1] \cdot \sin \psi}. \tag{211b}$$

In *Bereich II* ($\psi_0 \leq \psi \leq \pi$) gilt in Analogie zu der bei Bestimmung der Normalkräfte angewandten Beziehung

$$Q_4^{II} = Q_4^{I} + Q_0^{II}.$$

Der dabei benötigte Anteil der Querkräfte im statisch bestimmten Grundsystem wird wiederum — wie auf S. 82 — über die Element-Komponenten nach Abb. 45 gewonnen. Diese erzeugen an beliebiger Stelle ψ des Ringträgers die Querkräfte.

$$\Delta Q_{p_{H_0}} = p_0 \cdot \sin \psi' \cdot \sin (180° - \psi) = p_0 \cdot \sin \psi' \cdot \sin \psi,$$
$$\Delta Q_{p_{V_0}} = - p_0 \cdot \cos \psi' \cdot \cos (180° - \psi) = p_0 \cdot \cos \psi' \cdot \cos \psi. \qquad (212\,\text{a, b})$$

Die Gesamtanteile an der Querkraft Q_0^{II} können durch Integration dieser Ausdrücke über den Bereich zwischen ψ_0 und der Bestimmungsstelle erhalten werden.

$$Q_{p_{H_0}} = \int_{\psi_0}^{\psi} p_0 \cdot \sin \psi' \cdot \sin \psi \cdot R \cdot d\psi' = p_0 \cdot R \cdot \sin \psi \cdot \cos \psi' \Big|_{\psi}^{\psi_0}$$

$$= - p_0 \cdot R \cdot \sin \psi \cdot (\cos \psi - \cos \psi_0),$$

$$Q_{p_{V_0}} = \int_{\psi_0}^{\psi} p_0 \cdot \cos \psi' \cdot \cos \psi \cdot R \cdot d\psi' = p_0 \cdot R \cdot \cos \psi \cdot \sin \psi' \Big|_{\psi_0}^{\psi}$$

$$= p_0 \cdot R \cdot \cos \psi \cdot (\sin \psi - \sin \psi_0). \qquad (212\,\text{c, d})$$

Damit wird

$$Q_0^{II} = Q_{p_{H_0}} + Q_{p_{V_0}} = p_0 \cdot R \cdot (\sin \psi \cdot \cos \psi_0 - \cos \psi \cdot \sin \psi_0). \qquad (213)$$

Mit diesem Resultat und Gl. (211a) entsteht

$$Q_4^{II} = p_0 \cdot R \cdot (\sin \psi \cdot \cos \psi_0 - \cos \psi \cdot \sin \psi_0) + \frac{p_0 \cdot R}{\pi}$$

$$\times \; [(\psi_0 - \pi) \cdot \cos \psi_0 - \sin \psi_0] \cdot \sin \psi \qquad (214\,\text{a})$$

$$= p_0 \cdot R \cdot \left[\frac{1}{\pi} \cdot (\psi_0 \cdot \cos \psi_0 - \sin \psi_0) \cdot \sin \psi - \sin \psi_0 \cdot \cos \psi \right].$$

Unter Verwendung von Gl. (199) erhält man daraus

$$\boxed{Q_4^{II} = \frac{Q}{2} \cdot \left[\frac{1}{\pi} \cdot (\psi_0 \cdot \cot \psi_0 - 1) \cdot \sin \psi - \cos \psi \right]}. \qquad (214\,\text{b})$$

Zur einfacheren Bestimmung der Schnittgrößen des Grundsystems werden wiederum Faktoren, die die geometrischen Verhältnisse am Auflagerringsystem erfassen, in einer elektronischen Rechenanlage errechnet. Zur Anwendung dieser Faktoren ist nachstehende Schreibweise erforderlich:

Momente [aus Gl. (205b) bzw. (206b)]:

$$\text{Bereich } I:\ (0 \leq \psi \leq \psi_0)$$

$$\boxed{M_4^I = Q \cdot R \cdot k_{M_4}^I}\,, \tag{215}$$

$$\boxed{k_{M_4}^I = \frac{1}{2 \cdot \pi} \cdot \left\{ [(\psi_0 - \pi) \cdot \cot \psi_0 - 1] \cdot \cos \psi + \frac{\pi - \psi_0}{\sin \psi_0} - 1 \right\}}\,. \tag{216}$$

$$\text{Bereich } II:\ (\psi_0 \leq \psi \leq \pi)$$

$$\boxed{M_4^{II} = Q \cdot R \cdot k_{M_4}^{II}}\,, \tag{217}$$

$$\boxed{k_{M_4}^{II} = \frac{1}{2 \cdot \pi} \cdot \left[(\psi_0 \cdot \cot \psi_0 - 1) \cdot \cos \psi + \pi \cdot \sin \psi - \frac{\psi_0}{\sin \psi_0} - 1 \right]}\,. \tag{218}$$

Normalkräfte [aus Gl. (207b) und (210b)]:

$$\text{Bereich } I:\ (0 \leq \psi \leq \psi_0)$$

$$\boxed{N_4^I = Q \cdot k_{N_4}^I}\,, \tag{219}$$

$$\boxed{k_{N_4}^I = \frac{1}{2 \cdot \pi} \cdot [(\psi_0 - \pi) \cdot \cot \psi_0 - 1] \cdot \cos \psi}\,. \tag{220}$$

$$\text{Bereich } II:\ (\psi_0 \leq \psi \leq \pi)$$

$$\boxed{N_4^{II} = Q \cdot k_{N_4}^{II}}\,, \tag{221}$$

$$\boxed{k_{N_4}^{II} = \frac{1}{2} \cdot \left[\frac{1}{\pi} \cdot (\psi_0 \cdot \cot \psi_0 - 1) \cdot \cos \psi + \sin \psi - \frac{1}{\sin \psi_0} \right]}\,. \tag{222}$$

Querkräfte [aus Gl. (211b) und (214b)]:

$$\text{Bereich } I:\ (0 \leq \psi \leq \psi_0)$$

$$\boxed{Q_4^I = Q \cdot k_{Q_4}^I}\,, \tag{223}$$

$$\boxed{k_{Q_4}^I = \frac{1}{2 \cdot \pi} \cdot [(\psi_0 - \pi) \cdot \cot \psi_0 - 1] \cdot \sin \psi}\,. \tag{224}$$

$$\text{Bereich } II:\ (\psi_0 \leq \psi \leq \pi)$$

$$\boxed{Q_4^{II} = Q \cdot k_{Q_4}^{II}}\,, \tag{225}$$

$$\boxed{k_{Q_4}^{II} = \frac{1}{2} \cdot \left[\frac{1}{\pi} \cdot (\psi_0 \cdot \cot \psi_0 - 1) \cdot \sin \psi - \cos \psi \right]}\,. \tag{226}$$

Die Faktoren $k_{M_4}^{I/II}$, $k_{N_4}^{I/II}$ und $k_{Q_4}^{I/II}$ sind den Abb. 109, S. 159, Abb. 110, S. 160 und Abb. 111, S. 161, zu entnehmen.

3.3.6 Der Auflagerring mit veränderlicher radialer Auflagerpressung infolge Sattellagerung

Die Lagerung eines Auflagerringes in einem Rohrsattel kann, wie schon in Abschn. 3.3.1 gezeigt, je nach Gestaltung der Kontaktfuge unterschiedliche Pressungsverteilungen verursachen. Mit einer prinzipiellen Änderung der Pressungsverteilung ändert sich aber auch die Verteilung der Schnittgrößen über den Ringträger. In Abb. 35 ist der Rechengang zur Erfassung dieser Schnittgrößen aufgezeigt und auf S. 55 nochmals näher erläutert. Durch Aufspaltung des durch eine veränderliche radiale Auflagerpressung und durch die Resultierenden Q — die aus den von der Rohrschale an den Ringträger abzugebenden Schubkräften entsteht — belasteten Systems in zwei Untersysteme (*Grundsystem 1S* und *Grundsystem 5*) wird eine Vereinfachung der Berechnung erreicht. In Abschn. 3.3.5 wurden bereits Formeln zur Erfassung der Schnittgrößen in Grundsystem 1S abgeleitet und in drei Schaubildern und zwei Tabellen Hilfswerte zu deren einfacheren Bestimmung angegeben. Nachstehend werden für das in Abb. 47 dargestellte *Grundsystem 5*, auf ähnliche Weise wie in Abschn. 3.3.5 für das Grundsystem 4, Formeln für die Schnittgrößen errechnet.

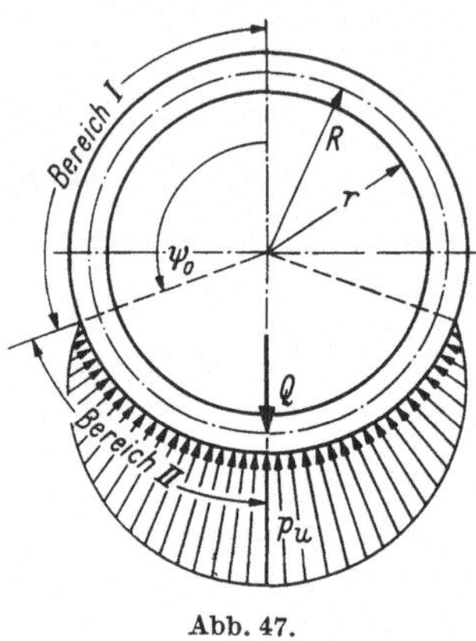

Abb. 47.

Die Pressungsverteilung nach Abb. 47 wird durch folgende Funktion dargestellt

$$p = p_u \cdot \cos\left[\frac{\pi \cdot (\pi - \psi)}{2 \cdot (\pi - \psi_0)}\right]. \tag{227}$$

Es wird darunter die Pressung in kg bzw. t pro Längeneinheit des Ringträgerumfanges verstanden. Aus Abb. 48 und mit Hilfe der Bedingung $\sum V = 0$ findet man einen Zusammenhang zwischen der Pressung und der Belastung Q.

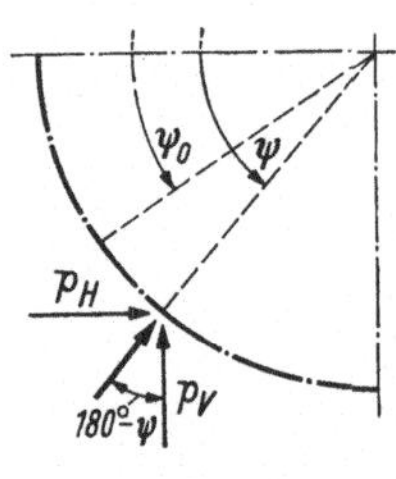

Abb. 48.

Aus Abb. 48 ist abzulesen

$$p_V = p \cdot \cos(180° - \psi) = -p \cdot \cos\psi. \tag{228}$$

Gemäß oben Gesagtem gilt ferner

$$Q = 2 \cdot \int_{\psi_0}^{\pi} p_V \cdot R \cdot d\psi = -2 \cdot R \cdot \int_{\psi_0}^{\pi} p \cdot \cos\psi \cdot d\psi. \tag{229a}$$

Nach Einsetzen von Gl. (227) wird daraus

$$Q = -2 \cdot R \cdot p_u \cdot \int\limits_{\psi_0}^{\pi} \cos \psi \cdot \cos \left[\frac{\pi \cdot (\pi - \psi)}{2 \cdot (\pi - \psi_0)} \right] \cdot d\psi. \qquad (229\,\text{b})$$

Durch Anwendung der partiellen Integration entsteht

$$Q = -2 \cdot R \cdot p_u \cdot \left\{ \sin \psi \cdot \cos \left[\frac{\pi \cdot (\pi - \psi)}{2 \cdot (\pi - \psi_0)} \right] - \int\limits_{\psi_0}^{\pi} \sin \psi \cdot \frac{\pi}{2 \cdot (\pi - \psi_0)} \right.$$

$$\left. \times \sin \left[\frac{\pi \cdot (\pi - \psi)}{2 \cdot (\pi - \psi_0)} \right] \cdot d\psi \right\}_{\psi_0}^{\pi}. \qquad (229\,\text{c})$$

Eine erneute Anwendung der Methode der teilweisen Integration ergibt

$$Q = -2 \cdot R \cdot p_u \cdot \left\{ \sin \psi \cdot \cos \left[\frac{\pi \cdot (\pi - \psi)}{2 \cdot (\pi - \psi_0)} \right] \right.$$

$$+ \frac{\pi}{2 \cdot (\pi - \psi_0)} \cdot \sin \left[\frac{\pi \cdot (\pi - \psi)}{2 \cdot (\pi - \psi_0)} \right] \cdot \cos \psi \qquad (229\,\text{d})$$

$$\left. + \int\limits_{\psi_0}^{\pi} \cos \psi \cdot \left[\frac{\pi^2}{4 \cdot (\pi - \psi_0)^2} \right] \cdot \cos \left[\frac{\pi \cdot (\pi - \psi)}{2 \cdot (\pi - \psi_0)} \right] \cdot d\psi \right\}_{\psi_0}^{\pi}.$$

Unter Verwendung der obigen Beziehung (229b) erhält man schließlich

$$Q = -2 \cdot R \cdot p_u \cdot \frac{4 \cdot (\pi - \psi_0)^2}{4 \cdot (\pi - \psi_0)^2 - \pi^2} \cdot \left\{ \sin \psi \cdot \cos \left[\frac{\pi \cdot (\pi - \psi)}{2 \cdot (\pi - \psi_0)} \right] \right.$$

$$\left. + \frac{\pi}{2 \cdot (\pi - \psi_0)} \cdot \sin \left[\frac{\pi \cdot (\pi - \psi)}{2 \cdot (\pi - \psi_0)} \right] \cdot \cos \psi \right\}_{\psi_0}^{\pi}. \qquad (229\,\text{e})$$

Nach Einsetzen der maßgebenden Grenzen wird daraus

$$Q = -4 \cdot p_u \cdot R \cdot \frac{\pi \cdot (\pi - \psi_0) \cdot \cos \psi_0}{\pi^2 - 4 \cdot (\pi - \psi_0)^2}. \qquad (229\,\text{f})$$

Nach einer Umformung entsteht für den Scheitelwert p_u folgende Beziehung

$$\boxed{\; p_u = -Q \cdot \frac{\pi^2 - 4 \cdot (\pi - \psi_0)^2}{4 \cdot R \cdot \pi \cdot (\pi - \psi_0) \cdot \cos \psi_0} \;} \qquad (230)$$

Für die Durchführung des Kraftgrößenverfahrens zur Bestimmung der Schnittgrößen gilt das gleiche statisch bestimmte Grundsystem wie in den vorangegangenen Abschnitten. Die einzelnen Teilpläne sind in Abb. 49 aufgezeichnet.

Im Bereich I des statisch bestimmten Grundsystems sind die Biegemomente infolge äußerer Kräfte Null ($M_0^{I} = 0$). Die Biegemomente im Bereich II (M_0^{II}) werden über Teilmomente aus den Horizontal- und

Vertikalkomponenten der radialen Pressung gewonnen. Für diese Komponenten gilt in Analogie zu Abb. 48

$$p_H = p \cdot \sin (180° - \psi') = p \cdot \sin \psi',$$
$$p_V = p \cdot \cos (180° - \psi') = - p \cdot \cos \psi'.$$

(231 a,b)

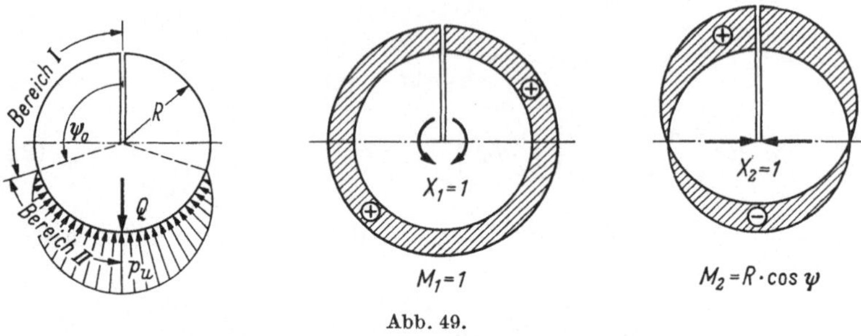

Abb. 49.

Mit Hilfe der Hebelarme aus der gleichen Abb. 28 errechnet sich an der Stelle ψ des Auflagerringes infolge der am Ringträgerelement der Stelle ψ' angreifenden Kräfte p_H und p_V das Biegemoment

$$dM_0^{II} = - p_H \cdot R \cdot d\psi' \cdot y - p_V \cdot R \cdot d\psi' \cdot z. \qquad (232a)$$

Nach Einsetzen der Gln. (231a), (231b) und (v. S. 45) entsteht daraus

$$\begin{aligned}
dM_0^{II} = &- p \cdot \sin \psi' \cdot R^2 \cdot (\cos \psi' - \cos \psi) \cdot d\psi' \\
&+ p \cdot \cos \psi' \cdot R^2 \cdot (\sin \psi' - \sin \psi) \\
= &- p \cdot R^2 \cdot [\sin \psi' \cdot (\cos \psi' - \cos \psi) \\
&- \cos \psi' \cdot (\sin \psi' - \sin \psi)] \cdot d\psi'.
\end{aligned} \qquad (232b)$$

Setzt man für p Gl. (227) ein, dann ergibt sich

$$dM_0^{II} = - p_u \cdot R^2 \cdot \left\{ \cos \left[\frac{\pi \cdot (\pi - \psi)}{2 \cdot (\pi - \psi_0)} \right] \cdot (\cos \psi' \cdot \sin \psi - \sin \psi' \cdot \cos \psi) \right\} \cdot d\psi'.$$

(232c)

Für das gesamte Biegemoment an der Stelle ψ gilt dann

$$M_0^{II} = \int\limits_{\psi_0}^{\psi} dM_0^{II} \cdot d\psi'$$

$$= - p_u \cdot R^2 \cdot \left\{ \sin \psi \cdot \int\limits_{\psi_0}^{\psi} \cos \psi' \cdot \cos \left[\frac{\pi \cdot (\pi - \psi')}{2 \cdot (\pi - \psi_0)} \right] \cdot d\psi' \qquad (233a) \right.$$

$$\left. - \cos \psi \cdot \int\limits_{\psi_0}^{\psi} \sin \psi' \cdot \cos \left[\frac{\pi \cdot (\pi - \psi')}{2 \cdot (\pi - \psi_0)} \right] \cdot d\psi' \right\}.$$

Die einzelnen Integralausdrücke lassen sich nach zweimaliger partieller Integration, wie sie ähnlich auf S. 82 durchgeführt wurde, errechnen.

Es entsteht nach Einsetzen der Integrationsgrenzen

$$M_0^{II} = - p_u \cdot R^2 \cdot \left\{ \sin \psi \cdot \frac{4 \cdot (\pi - \psi_0)^2}{4 \cdot (\pi - \psi_0)^2 - \pi^2} \cdot \left[\cos \left[\frac{\pi \cdot (\pi - \psi)}{2 \cdot (\pi - \psi_0)} \right] \cdot \sin \psi \right. \right.$$

$$\left. + \frac{\pi}{2 \cdot (\pi - \psi_0)} \cdot \cos \psi \cdot \sin \left[\frac{\pi \cdot (\pi - \psi)}{2 \cdot (\pi - \psi_0)} \right] - \frac{\pi \cdot \cos \psi_0}{2 \cdot (\pi - \psi_0)} \right]$$

$$- \cos \psi \cdot \frac{4 \cdot (\pi - \psi_0)^2}{4 \cdot (\pi - \psi_0)^2 - \pi^2} \cdot \left[- \cos \psi \cdot \cos \left[\frac{\pi \cdot (\pi - \psi)}{2 \cdot (\pi - \psi_0)} \right] \right. \qquad (233\,\text{b})$$

$$\left. \left. + \frac{\pi}{2 \cdot (\pi - \psi_0)} \cdot \sin \psi \cdot \sin \left[\frac{\pi \cdot (\pi - \psi)}{2 \cdot (\pi - \psi_0)} \right] - \frac{\pi}{2 \cdot (\pi - \psi_0)} \cdot \sin \psi_0 \right] \right\}$$

$$= - p_u \cdot R^2 \cdot \frac{4 \cdot (\pi - \psi_0)^2}{4 \cdot (\pi - \psi_0)^2 - \pi^2} \cdot \left[\cos \left[\frac{\pi \cdot (\pi - \psi)}{2 \cdot (\pi - \psi_0)} \right] \right.$$

$$\left. + \frac{\pi}{2 \cdot (\pi - \psi_0)} \cdot \sin (\psi_0 - \psi) \right].$$

Mit Gl. (230) entsteht daraus

$$\underline{M_0^{II} = - Q \cdot \frac{R \cdot (\pi - \psi_0)}{\pi \cdot \cos \psi_0} \cdot \left[\cos \left[\frac{\pi \cdot (\pi - \psi)}{2 \cdot (\pi - \psi_0)} \right] + \frac{\pi}{2 \cdot (\pi - \psi_0)} \right.}$$

$$\qquad (233\ \text{c})$$

$$\underline{\left. \times \sin (\psi_0 - \psi) \right].}$$

Die Verschiebungen infolge der in Abb. 49 angegebenen Momente und M_0^{II} betragen

$$\underline{EJ \cdot \delta_{11}} = \int_0^{2\pi} M_1^2 \cdot ds = \int_0^{2\pi} R \cdot d\psi = \underline{2 \cdot \pi \cdot R}, \qquad (234\text{a})$$

$$\underline{EJ \cdot \delta_{12} = 0}, \qquad (234\text{b})$$

$$\underline{EJ \cdot \delta_{22}} = \int_0^{2\pi} M_2^2 \cdot ds = \int_0^{2\pi} R^2 \cdot \cos^2 \psi \cdot R \cdot d\psi$$

$$\qquad (234\text{c})$$

$$= R^3 \cdot \left[\frac{\psi}{2} + \frac{1}{4} \cdot \sin 2\psi \right]_0^{2\pi} = \underline{\pi \cdot R^3},$$

$$\underline{EJ \cdot \delta_{10}} = 2 \cdot \int_{\psi_0}^{\pi} - Q \cdot \frac{R \cdot (\pi - \psi_0)}{\pi \cdot \cos \psi_0} \cdot \left[\cos \left[\frac{\pi \cdot (\pi - \psi)}{2 \cdot (\pi - \psi_0)} \right] \right.$$

$$\left. + \frac{\pi}{2 \cdot (\pi - \psi_0)} \cdot \sin (\psi_0 - \psi) \right] \cdot R \cdot d\psi$$

$$= - 2 \cdot Q \cdot \frac{R^2 \cdot (\pi - \psi_0)}{\pi \cdot \cos \psi_0} \cdot \left[- \frac{2 \cdot (\pi - \psi_0)}{\pi} \cdot \sin \left[\frac{\pi \cdot (\pi - \psi)}{2 \cdot (\pi - \psi_0)} \right] \right.$$

$$\left. + \frac{\pi}{2 \cdot (\pi - \psi_0)} \cdot \cos (\psi_0 - \psi) \right]_{\psi_0}^{\pi} \qquad (234\text{d})$$

$$= + 2 \cdot Q \cdot \frac{R^2 \cdot (\pi - \psi_0)}{\pi \cdot \cos \psi_0} \cdot \left[\frac{\pi}{2 \cdot (\pi - \psi_0)} \cdot (1 + \cos \psi_0) \right.$$

$$\left. - \frac{2 \cdot (\pi - \psi_0)}{\pi} \right]$$

$$= \underline{Q \cdot \frac{R^2}{\cos \psi_0} \cdot \left[1 + \cos \psi_0 - \frac{4 \cdot (\pi - \psi_0)}{\pi^2} \right]},$$

$$EJ \cdot \delta_{20} = -2 \cdot \int\limits_{\psi_0} \frac{Q \cdot R \cdot (\pi - \psi_0)}{\pi \cdot \cos \psi_0} \cdot \left[\cos \left[\frac{\pi \cdot (\pi - \psi)}{2 \cdot (\pi - \psi_0)} \right] \right.$$

$$\left. + \frac{\pi}{2 \cdot (\pi - \psi_0)} \cdot \sin (\psi_0 - \psi) \right] \cdot R \cdot \cos \psi \cdot R \cdot d\psi$$

$$= -\frac{2 \cdot Q \cdot R^3 \cdot (\pi - \psi_0)}{\pi \cdot \cos \psi_0} \cdot \left\{ \int\limits_{\psi_0}^{\pi} \cos \psi \cdot \cos \left[\frac{\pi \cdot (\pi - \psi)}{2 \cdot (\pi - \psi_0)} \right] \cdot d\psi \right.$$

$$- \int\limits_{\psi_0}^{\pi} \frac{\pi \cdot \cos \psi_0}{2 \cdot (\pi - \psi_0)} \cdot \sin \psi \cdot \cos \psi \cdot d\psi$$

$$\left. + \int\limits_{\psi_0}^{\pi} \frac{\pi \cdot \sin \psi_0}{2 \cdot (\pi - \psi_0)} \cdot \cos^2 \psi \cdot d\psi \right\}.$$

Die einzelnen Integralausdrücke lassen sich direkt oder durch zweimalige Anwendung einer partiellen Integration lösen. Man erhält dann

$$EJ \cdot \delta_{20} = -\frac{2 \cdot Q \cdot R^3 \cdot (\pi - \psi_0)}{\pi \cdot \cos \psi_0} \cdot \left[\frac{2 \cdot \pi \cdot (\pi - \psi_0) \cdot \cos \psi_0}{\pi^2 - 4 \cdot (\pi - \psi_0)^2} \right.$$

$$+ \frac{\pi \cdot \cos \psi_0}{2 \cdot (\pi - \psi_0)} \cdot \frac{1}{2} \cdot \sin^2 \psi_0 + \left. \frac{\pi \cdot \sin \psi_0}{2 \cdot (\pi - \psi_0)} \cdot \left(\frac{\psi}{2} + \frac{1}{4} \cdot \sin 2\psi \right) \right]_{\psi_0}^{\pi}$$

$$= Q \cdot R^3 \cdot \left[\frac{4 \cdot (\pi - \psi_0)^2}{\pi^2 - 4 \cdot (\pi - \psi_0)^2} + \frac{1}{2} \cdot \sin^2 \psi_0 \right. \tag{234e}$$

$$+ \tan \psi_0 \cdot \left. \left(\frac{\pi}{2} - \frac{\psi_0}{2} - \frac{1}{4} \cdot \sin 2\psi_0 \right) \right]$$

$$= -\frac{Q \cdot R^3}{2} \cdot \left[\frac{8 \cdot (\pi - \psi_0)^2}{\pi^2 - 4 \cdot (\pi - \psi_0)^2} + (\pi - \psi_0) \cdot \tan \psi_0 \right].$$

Diese Verschiebungsgrößen werden in die Elastizitätsgleichungen

$$X_1 \cdot \delta_{11} + X_2 \cdot \delta_{12} + \delta_{10} = 0,$$

$$X_1 \cdot \delta_{12} + X_2 \cdot \delta_{22} + \delta_{20} = 0$$

eingesetzt. Die Auflösung ergibt

$$X_1 = -\frac{\delta_{10}}{\delta_{11}} = -\frac{Q \cdot R^2}{\cos \psi_0} \cdot \left[1 + \cos \psi_0 - \frac{4 \cdot (\pi - \psi_0)^2}{\pi^2} \right] \cdot \frac{1}{2 \cdot \pi \cdot R}$$

$$= -\frac{Q \cdot R}{2 \cdot \pi \cdot \cos \psi_0} \cdot \left[1 + \cos \psi_0 - \frac{4 \cdot (\pi - \psi_0)^2}{\pi^2} \right], \tag{235a, b}$$

$$X_2 = -\frac{\delta_{20}}{\delta_{22}} = \frac{Q \cdot R^3}{2} \cdot \left[\frac{8 \cdot (\pi - \psi_0)^2}{\pi^2 - 4 \cdot (\pi - \psi_0)^2} + (\pi - \psi_0) \cdot \tan \psi_0 \right] \cdot \frac{1}{\pi \cdot R^3}$$

$$= \frac{Q}{2 \cdot \pi} \cdot \left[\frac{8 \cdot (\pi - \psi_0)^2}{\pi^2 - 4 \cdot (\pi - \psi_0)^2} + (\pi - \psi_0) \cdot \tan \psi_0 \right].$$

Für die *Momentenverteilung* über den Auflagerring werden mit Hilfe
der Gleichung

$$M = M_0 + X_1 \cdot M_1 + X_2 \cdot M_2$$

nachstehende Formeln abgeleitet. Für den *Bereich I* $(0 \leq \psi \leq \psi_0)$ gilt

$$M_5^I = \frac{-Q \cdot R}{2 \cdot \pi \cdot \cos \psi_0} \cdot \left[1 + \cos \psi_0 - \frac{4 \cdot (\pi - \psi_0)^2}{\pi^2} \right]$$

$$+ \frac{Q}{2 \cdot \pi} \cdot \left[\frac{8 \cdot (\pi - \psi_0)^2}{\pi^2 - 4 \cdot (\pi - \psi_0)^2} + (\pi - \psi_0) \cdot \tan \psi_0 \right] \cdot R \cdot \cos \psi$$

$$= - \frac{Q \cdot R}{2 \cdot \pi} \cdot \left\{ - (\pi - \psi_0) \cdot \left[\frac{8 \cdot (\pi - \psi_0)}{\pi^2 - 4 \cdot (\pi - \psi_0)^2} + \tan \psi_0 \right] \cdot \cos \psi \right.$$

$$\left. + 1 + \frac{1}{\cos \psi_0} \cdot \left(1 - \frac{4 \cdot (\pi - \psi_0)^2}{\pi^2} \right) \right\},$$

$$\boxed{\begin{aligned} M_5^I = {}& + Q \cdot R \cdot \left\{ \frac{(\pi - \psi_0)}{\pi} \cdot \left[\frac{1}{2} \cdot \tan \psi_0 + \frac{4 \cdot (\pi - \psi_0)}{\pi^2 - 4 \cdot (\pi - \psi_0)^2} \right] \right. \\ & \left. \times \cos \psi - \frac{1}{2 \cdot \pi} - \frac{1}{\pi \cdot \cos \psi_0} \cdot \left[\frac{1}{2} - \frac{2 \cdot (\pi - \psi_0)^2}{\pi^2} \right] \right\} \end{aligned}} \qquad (236)$$

Für den *Bereich II* $(\psi_0 \leq \psi \leq \pi)$ erhält man mit Hilfe obiger Gleichung, unter Verwendung der Ausdrücke (233c) und (236), folgende
Formel

$$M_5^{II} = - Q \cdot \frac{R \cdot (\pi - \psi_0)}{\pi \cdot \cos \psi_0} \cdot \left[\cos \left[\frac{\pi \cdot (\pi - \psi)}{2 \cdot (\pi - \psi_0)} \right] + \frac{\pi}{2 \cdot (\pi - \psi_0)} \cdot \sin (\psi_0 - \psi) \right]$$

$$+ Q \cdot R \cdot \left\{ \frac{(\pi - \psi_0)}{\pi} \cdot \left[\frac{1}{2} \cdot \tan \psi_0 + \frac{4 \cdot (\pi - \psi_0)}{\pi^2 - 4 \cdot (\pi - \psi_0)^2} \right] \cdot \cos \psi \right.$$

$$\left. - \frac{1}{2 \cdot \pi} - \frac{1}{\pi \cdot \cos \psi_0} \cdot \left[\frac{1}{2} - \frac{2 \cdot (\pi - \psi_0)^2}{\pi^2} \right] \right\}$$

$$= - Q \cdot R \cdot \left\{ \frac{\pi - \psi_0}{\pi \cdot \cos \psi_0} \cdot \cos \left[\frac{\pi \cdot (\pi - \psi)}{2 \cdot (\pi - \psi_0)} \right] + \frac{1}{2} \cdot \tan \psi_0 \cdot \cos \psi - \frac{1}{2} \right.$$

$$\times \sin \psi - \frac{\pi - \psi_0}{2 \cdot \pi} \cdot \tan \psi_0 \cdot \cos \psi - \frac{4 \cdot (\pi - \psi_0)^2 \cdot \cos \psi}{\pi \cdot [\pi^2 - 4 \cdot (\pi - \psi_0)^2}$$

$$\left. + \frac{1}{2 \cdot \pi} + \frac{1}{\pi \cdot \cos \psi_0} \cdot \left[\frac{1}{2} - \frac{2 \cdot (\pi - \psi_0)^2}{\pi^2} \right] \right\}.$$

$$\boxed{\begin{aligned} M_5^{II} = {}& - Q \cdot R \cdot \left\{ \frac{\pi - \psi_0}{\pi \cdot \cos \psi_0} \cdot \cos \left[\frac{\pi \cdot (\pi - \psi)}{2 \cdot (\pi - \psi_0)} \right] \right. \\ & + \left[\frac{\psi_0}{2 \cdot \pi} \cdot \tan \psi_0 - \frac{4 \cdot (\pi - \psi_0)^2}{\pi \cdot [\pi^2 - 4 \cdot (\pi - \psi_0)^2]} \right] \cdot \cos \psi \\ & \left. + \frac{1}{2 \cdot \pi} - \frac{1}{2} \cdot \sin \psi + \frac{1}{\pi \cdot \cos \psi_0} \cdot \left[\frac{1}{2} - \frac{2 \cdot (\pi - \psi_0)^2}{\pi^2} \right] \right\} \end{aligned}} \qquad (237)$$

Die *Normalkräfte* lassen sich analog zu den Momenten aus der Gleichung

$$N = N_0 + X_1 \cdot N_1 + X_2 \cdot N_2$$

errechnen. Für *Bereich I* ($0 \leq \psi \leq \psi_0$) entsteht daraus

$$N_5^I = X_2 \cdot \cos \psi, \qquad (238\,\text{a})$$

$$\boxed{N_5^I = \frac{Q}{2 \cdot \pi} \cdot \left[\frac{8 \cdot (\pi - \psi_0)^2}{\pi^2 - 4 \cdot (\pi - \psi_0)^2} + (\pi - \psi_0) \cdot \tan \psi_0 \right] \cdot \cos \psi} \qquad (238\,\text{b})$$

Aus obigen Formeln ist ersichtlich, daß sich für *Bereich II* ($\psi_0 \leq \psi \leq \pi$) die Normalkraft N_5^I um die Normalkraft des statisch bestimmten Grundsystems (N_0^{II}) erhöht. Diese Normalkraft N_0^{II} wird durch die in Abb. 48 dargestellten und in Gl. (231a) und (231b) beschriebenen Komponenten der Pressung erzeugt. Unter Verwendung von Gl. (227) gilt für diese Pressungskomponenten

$$p_H = p \cdot \sin \psi' = p_u \cdot \cos \left[\frac{\pi \cdot (\pi - \psi')}{2 \cdot (\pi - \psi_0)} \right] \cdot \sin \psi',$$

$$p_V = - p \cdot \cos \psi' = - p_u \cdot \cos \left[\frac{\pi \cdot (\pi - \psi')}{2 \cdot (\pi - \psi_0)} \right] \cdot \cos \psi'. \qquad (239\,\text{a,b})$$

Die Pressungskomponenten wirken auf ein Ringträgerelement an der Stelle ψ' und verursachen an der Stelle ψ des Ringträgers die Normalkräfte:

$$\Delta N_{p_H} = - p_u \cdot \cos \left[\frac{\pi \cdot (\pi - \psi')}{2 \cdot (\pi - \psi_0)} \right] \cdot \sin \psi' \cdot \cos (180° - \psi)$$

$$= p_u \cdot \cos \left[\frac{\pi \cdot (\pi - \psi')}{2 \cdot (\pi - \psi_0)} \right] \cdot \sin \psi' \cdot \cos \psi,$$

$$\Delta N_{p_V} = - p_u \cdot \cos \left[\frac{\pi \cdot (\pi - \psi')}{2 \cdot (\pi - \psi_0)} \right] \cdot \cos \psi' \cdot \sin (180° - \psi)$$

$$= - p_u \cdot \cos \left[\frac{\pi \cdot (\pi - \psi')}{2 \cdot (\pi - \psi_0)} \right] \cdot \cos \psi' \cdot \sin \psi. \qquad (240\,\text{a, b})$$

Die gesamten Anteile an der Normalkraft N_0^{II} werden durch Integration über den Bereich zwischen ψ_0 und ψ errechnet.

$$N_{p_H} = \int_{\psi_0}^{\psi} p_u \cdot \cos \left[\frac{\pi \cdot (\pi - \psi')}{2 \cdot (\pi - \psi_0)} \right] \cdot \sin \psi' \cdot \cos \psi \cdot R \cdot d\psi',$$

$$N_{p_V} = \int_{\psi_0}^{\psi} p_u \cdot \cos \left[\frac{\pi \cdot (\pi - \psi')}{2 \cdot (\pi - \psi_0)} \right] \cdot \cos \psi' \cdot \sin \psi \cdot R \cdot d\psi'. \qquad (241\,\text{a, b})$$

Die Integrale werden mittels zweimaliger Anwendung der partiellen Integration gelöst.

$$N_{p_H} = \frac{4 \cdot p_u \cdot R \cdot (\pi - \psi_0)^2}{4 \cdot (\pi - \psi_0)^2 - \pi^2} \cdot \left\{ \frac{\pi}{2 \cdot (\pi - \psi_0)} \cdot \sin \left[\frac{\pi \cdot (\pi - \psi')}{2 \cdot (\pi - \psi_0)} \right] \cdot \sin \psi' \right.$$

$$\left. - \cos \left[\frac{\pi \cdot (\pi - \psi')}{2 \cdot (\pi - \psi_0)} \right] \cdot \cos \psi' \right\}_{\psi_0}^{\psi} \cos \psi \qquad (241\,\text{c})$$

$$= \frac{4 \cdot p_u \cdot R \cdot (\pi - \psi_0)^2}{4 \cdot (\pi - \psi_0) - \pi^2} \cdot \left\{ \frac{\pi}{2 \cdot (\pi - \psi_0)} \cdot \sin \left[\frac{\pi \cdot (\pi - \psi)}{2 \cdot (\pi - \psi_0)} \right] \cdot \sin \psi \right.$$

$$\left. - \cos \left[\frac{\pi \cdot (\pi - \psi)}{2 \cdot (\pi - \psi_0)} \right] \cdot \cos \psi - \frac{\pi}{2 \cdot (\pi - \psi_0)} \cdot \sin \psi_0 \right\} \cdot \cos \psi,$$

$$N_{pV} = -\,\frac{4 \cdot p_u \cdot R \cdot (\pi - \psi_0)^2}{4 \cdot (\pi - \psi_0)^2 - \pi^2} \cdot \left\{ \cos\left[\frac{\pi \cdot (\pi - \psi')}{2 \cdot (\pi - \psi_0)}\right] \cdot \sin\psi' \right.$$

$$\left. +\,\frac{\pi}{2 \cdot (\pi - \psi_0)} \cdot \sin\left[\frac{\pi \cdot (\pi - \psi')}{2 \cdot (\pi - \psi_0)}\right] \cdot \cos\psi' \right\}_{\psi_0}^{\psi} \cdot \sin\psi$$

$$= -\,\frac{4 \cdot p_u \cdot R \cdot (\pi - \psi_0)^2}{4 \cdot (\pi - \psi_0)^2 - \pi^2} \cdot \left\{ \cos\left[\frac{\pi \cdot (\pi - \psi)}{2 \cdot (\pi - \psi_0)}\right] \cdot \sin\psi \right. \qquad (241\,\mathrm{d})$$

$$+\,\frac{\pi}{2 \cdot (\pi - \psi_0)} \cdot \sin\left[\frac{\pi \cdot (\pi - \psi)}{2 \cdot (\pi - \psi_0)}\right] \cdot \cos\psi$$

$$\left. -\,\frac{\pi}{2 \cdot (\pi - \psi_0)} \cdot \cos\psi_0 \right\} \cdot \sin\psi.$$

Damit wird aus $N_0^{II} = N_{pH} + N_{pV}$

$$N_0^{II} = -\,\frac{4 \cdot p_u \cdot R \cdot (\pi - \psi_0)^2}{4 \cdot (\pi - \psi_0)^2 - \pi^2} \cdot \left[\cos\frac{\pi \cdot (\pi - \psi)}{2 \cdot (\pi - \psi_0)}\right.$$

$$\left. +\,\frac{\pi}{2 \cdot (\pi - \psi_0)} \cdot \sin(\psi_0 - \psi)\right]. \qquad (242\,\mathrm{a})$$

Mit Gl. (230) entsteht daraus

$$N_0^{II} = -\,Q \cdot \left[\frac{\pi - \psi_0}{\pi \cdot \cos\psi_0} \cdot \cos\left[\frac{\pi \cdot (\pi - \psi)}{2 \cdot (\pi - \psi_0)}\right]\right.$$

$$\left. +\,\frac{1}{2} \cdot (\tan\psi_0 \cdot \cos\psi - \sin\psi)\right]. \qquad (242\,\mathrm{b})$$

Für die Normalkraft in Bereich II ergibt sich mit diesem Resultat aus (238 b)

$$N_5^{II} = \frac{Q}{2 \cdot \pi} \cdot \left[\frac{8 \cdot (\pi - \psi_0)^2}{\pi^2 - 4 \cdot (\pi - \psi_0)^2} + (\pi - \psi_0) \cdot \tan\psi_0\right] \cdot \cos\psi$$

$$-\,Q \cdot \left[\frac{(\pi - \psi_0)}{\pi \cdot \cos\psi_0} \cdot \cos\left[\frac{\pi \cdot (\pi - \psi)}{2 \cdot (\pi - \psi_0)}\right] + \frac{1}{2} \cdot (\tan\psi_0 \cdot \cos\psi - \sin\psi)\right]$$

$$= Q \cdot \left\{ -\,\frac{\pi - \psi_0}{\pi \cdot \cos\psi_0} \cdot \cos\left[\frac{\pi \cdot (\pi - \psi)}{2 \cdot (\pi - \psi_0)}\right]\right.$$

$$+\,\left[\frac{1}{2} \cdot \tan\psi_0 \cdot \left(\frac{\pi - \psi_0}{\pi} - 1\right) + \frac{4 \cdot (\pi - \psi_0)^2}{\pi \cdot [\pi^2 - 4 \cdot (\pi - \psi_0)^2]}\right] \cdot \cos\psi$$

$$\left. +\,\frac{1}{2} \cdot \sin\psi\right\}.$$

$$\boxed{\begin{aligned} N_5^{II} = Q \cdot \Bigg\{ &\left[\frac{4 \cdot (\pi - \psi_0)^2}{\pi \cdot [\pi^2 - 4 \cdot (\pi - \psi_0)^2]} - \frac{\psi_0}{2 \cdot \pi} \cdot \tan\psi_0\right] \cdot \cos\psi \\ &+\,\frac{1}{2} \cdot \sin\psi - \frac{\pi - \psi_0}{\pi \cdot \cos\psi_0} \cdot \cos\left[\frac{\pi \cdot (\pi - \psi)}{2 \cdot (\pi - \psi_0)}\right]\Bigg\} \end{aligned}} \qquad (243)$$

Auf dem gleichen Wege wie die Normalkräfte werden auch die *Querkräfte* gewonnen. Maßgebend für die endgültige Berechnung nach dem

Kraftgrößenverfahren ist die Gleichung

$$Q = Q_0 + X_1 \cdot Q_1 + X_2 \cdot Q_2.$$

Für den *Bereich I* $(0 \leq \psi \leq \psi_0)$ entsteht unter Verwendung von Gl. (235 b)

$$Q_5^I = X_2 \cdot \sin \psi, \qquad\qquad (244\,\text{a})$$

$$Q_5^I = \frac{Q}{2 \cdot \pi} \cdot \left[\frac{8 \cdot (\pi - \psi_0)^2}{\pi^2 - 4 \cdot (\pi - \psi_0)^2} + (\pi - \psi_0) \cdot \tan \psi_0 \right] \cdot \sin \psi. \qquad (244\,\text{b})$$

Im *Bereich II* $(\psi_0 \leq \psi \leq \pi)$ wird die Querkraft analog zur Normalkraft aus der Gleichung

$$Q_5^{II} = Q_5^I + Q_0^{II}$$

bestimmt, wobei Q_0^{II} wiederum durch die aus den Horizontal- und Vertikalkomponenten der Auflagerpressung hervorgerufenen Anteile zusammengesetzt wird. Gemäß Abb. 48 wirkt an der Stelle ψ, infolge der Pressung auf das Ringträgerelement der Stelle ψ' (bei Berücksichtigung der Gln. (231a, b))

$$\varDelta Q_{p_H} = p_u \cdot \cos \left[\frac{\pi \cdot (\pi - \psi')}{2 \cdot (\pi - \psi_0)} \right] \cdot \sin \psi' \cdot \sin (180° - \psi)$$

$$= p_u \cdot \cos \left[\frac{\pi \cdot (\pi - \psi')}{2 \cdot (\pi - \psi_0)} \right] \cdot \sin \psi' \cdot \sin \psi,$$

$$\varDelta Q_{p_V} = - p_u \cdot \cos \left[\frac{\pi \cdot (\pi - \psi')}{2 \cdot (\pi - \psi_0)} \right] \cdot \cos \psi' \cdot \cos (180° - \psi) \qquad (245\,\text{a, b})$$

$$= p_u \cdot \cos \left[\frac{\pi \cdot (\pi - \psi')}{2 \cdot (\pi - \psi_0)} \right] \cdot \cos \psi' \cdot \cos \psi.$$

Durch Integration erhält man die Gesamtanteile an der Querkraft Q_0^{II}

$$Q_{p_H} = \int_{\psi_0}^{\psi} p_u \cdot \cos \left[\frac{\pi \cdot (\pi - \psi')}{2 \cdot (\pi - \psi_0)} \right] \cdot \sin \psi' \cdot \sin \psi \cdot R \cdot d\psi',$$

$$Q_{p_V} = \int_{\psi_0}^{\psi} p_u \cdot \cos \left[\frac{\pi \cdot (\pi - \psi')}{2 \cdot (\pi - \psi_0)} \right] \cdot \cos \psi' \cdot \cos \psi \cdot R \cdot d\psi'. \qquad (246\,\text{a, b})$$

Durch einen Koeffizientenvergleich mit den Gln. (241) entsteht daraus:

$$Q_{p_H} = \frac{4 \cdot p_u \cdot R \cdot (\pi - \psi_0)^2}{4 \cdot (\pi - \psi_0)^2 - \pi^2} \cdot \left\{ \frac{\pi}{2 \cdot (\pi - \psi_0)} \cdot \sin \left[\frac{\pi \cdot (\pi - \psi)}{2 \cdot (\pi - \psi_0)} \right] \cdot \sin \psi \right.$$

$$\left. - \cos \left[\frac{\pi \cdot (\pi - \psi)}{2 \cdot (\pi - \psi_0)} \right] \cdot \cos \psi - \frac{\pi}{2 \cdot (\pi - \psi_0)} \cdot \sin \psi_0 \right\} \cdot \sin \psi,$$

$$Q_{p_V} = \frac{4 \cdot p_u \cdot R \cdot (\pi - \psi_0)^2}{4 \cdot (\pi - \psi_0)^2 - \pi^2} \cdot \left\{ \cos \left[\frac{\pi \cdot (\pi - \psi)}{2 \cdot (\pi - \psi_0)} \right] \cdot \sin \psi \right. \qquad (246\,\text{c, d})$$

$$\left. + \frac{\pi}{2 \cdot (\pi - \psi_0)} \cdot \sin \left[\frac{\pi \cdot (\pi - \psi)}{2 \cdot (\pi - \psi_0)} \right] \cdot \cos \psi - \frac{\pi}{2 \cdot (\pi - \psi_0)} \cdot \cos \psi_0 \right\} \cos \psi.$$

Da für Q_0^{II} gilt: $Q_0^{II} = Q_{p_H} + Q_{p_V}$, erhält man

$$Q_0^{II} = \frac{4 \cdot p_u \cdot R \cdot (\pi - \psi_0)^2}{4 \cdot (\pi - \psi_0)^2 - \pi^2} \tag{247a}$$

$$\times \left[\frac{\pi}{2 \cdot (\pi - \psi_0)} \cdot \sin \left[\frac{\pi \cdot (\pi - \psi)}{2 \cdot (\pi - \psi_0)} \right] - \frac{\pi}{2 \cdot (\pi - \psi_0)} \cdot \cos (\psi_0 - \psi) \right].$$

Mit Gl. (230) entsteht daraus

$$Q_0^{II} = \frac{Q}{2} \cdot \left[\frac{1}{\cos \psi_0} \cdot \sin \left[\frac{\pi \cdot (\pi - \psi)}{2 \cdot (\pi - \psi_0)} \right] - \tan \psi_0 \cdot \sin \psi - \cos \psi \right]. \tag{247b}$$

Mit der bereits angeführten Gleichung

$$Q_5^{II} = Q_5^{I} + Q_0^{II}$$

erhält man aus Gl. (244b) und vorstehendem Ausdruck

$$Q_5^{II} = \frac{Q}{2 \cdot \pi} \cdot \left[\frac{8 \cdot (\pi - \psi_0)^2}{\pi^2 - 4 \cdot (\pi - \psi_0)^2} + (\pi - \psi_0) \cdot \tan \psi_0 \right] \cdot \sin \psi$$

$$+ \frac{Q}{2} \cdot \left[\frac{1}{\cos \psi_0} \cdot \sin \frac{\pi \cdot (\pi - \psi)}{2 \cdot (\pi - \psi_0)} - \tan \psi_0 \cdot \sin \psi - \cos \psi \right]$$

$$= Q \cdot \left\{ \frac{1}{2 \cdot \cos \psi_0} \cdot \sin \left[\frac{\pi \cdot (\pi - \psi)}{2 \cdot (\pi - \psi_0)} \right] \right. \tag{248a}$$

$$+ \left[\frac{1}{2} \cdot \tan \psi_0 \cdot \left(\frac{\pi - \psi_0}{\pi} - 1 \right) + \frac{4 \cdot (\pi - \psi_0)^2}{\pi \cdot [\pi^2 - 4 \cdot (\pi - \psi_0)^2]} \right] \cdot \sin \psi$$

$$\left. - \frac{1}{2} \cdot \cos \psi \right\},$$

$$\boxed{Q_5^{II} = \frac{Q}{2} \cdot \left\{ \left[\frac{8 \cdot (\pi - \psi_0)^2}{\pi \cdot [\pi^2 - 4 \cdot (\pi - \psi_0)^2]} - \frac{\psi_0}{\pi} \cdot \tan \psi_0 \right] \cdot \sin \psi \right. \\ \left. + \frac{1}{\cos \psi_0} \cdot \sin \left[\frac{\pi \cdot (\pi - \psi)}{2 \cdot (\pi - \psi_0)} \right] - \cos \psi \right\}} \tag{248b}$$

Die teilweise sehr umfangreichen Formeln zur Bestimmung der Schnittgrößen wurden wieder in einer elektronischen Rechenanlage ausgewertet, so daß mit der nachstehenden Schreibweise dieser Formeln und
den in den Schaubildern angegebenen Hilfsfaktoren eine einfache Berechnung möglich wird. Die Schreibweise lautet:

Momente [aus Gl. (236) bzw. (237)]:

Bereich I: $(0 \leq \psi \leq \psi_0)$

$$\boxed{M_5^{I} = Q \cdot R \cdot k_{M_5}^{I}}, \tag{249}$$

$$\boxed{k_{M_5}^{I} = \frac{\pi - \psi_0}{\pi} \cdot \left[\frac{1}{2} \cdot \tan \psi_0 + \frac{4 \cdot (\pi - \psi_0)}{\pi^2 - 4 \cdot (\pi - \psi_0)^2} \right] \cdot \cos \psi \\ - \frac{1}{2 \cdot \pi} - \frac{1}{\pi \cdot \cos \psi_0} \cdot \left[\frac{1}{2} - \frac{2 \cdot (\pi - \psi_0)^2}{\pi^2} \right]} \tag{250}$$

Bereich II: $(\psi_0 \leq \psi \leq \pi)$

$$\boxed{M_5^{II} = Q \cdot R \cdot k_{M_5}^{II}}, \tag{251}$$

$$k_{M_s}^{II} = - \left\{ \frac{\pi - \psi_0}{\pi \cdot \cos \psi_0} \cdot \cos \left[\frac{\pi \cdot (\pi - \psi)}{2 \cdot (\pi - \psi_0)} \right] + \left[\frac{\psi_0}{2 \cdot \pi} \cdot \tan \psi_0 \right. \right.$$
$$\left. - \frac{4 \cdot (\pi - \psi_0)^2}{\pi \cdot [\pi^2 - 4 \cdot (\pi - \psi_0)^2]} \right] \cdot \cos \psi + \frac{1}{2 \cdot \pi} - \frac{1}{2} \cdot \sin \psi$$
$$\left. + \frac{1}{\pi \cdot \cos \psi_0} \cdot \left[\frac{1}{2} - \frac{2 \cdot (\pi - \psi_0)^2}{\pi^2} \right] \right\} \tag{252}$$

Normalkräfte [aus Gl. (238b) bzw. (243)]:
$$\text{Bereich } I : (0 \leq \psi \leq \psi_0)$$

$$N_5^I = Q \cdot k_{N_s}^I , \tag{253}$$

$$k_{N_s}^I = \frac{1}{2 \cdot \pi} \cdot \left[\frac{8 \cdot (\pi - \psi_0)^2}{\pi^2 - 4 \cdot (\pi - \psi_0)^2} + (\pi - \psi_0) \cdot \tan \psi_0 \right] \cdot \cos \psi . \tag{254}$$

$$\text{Bereich } II : (\psi_0 \leq \psi \leq \pi)$$

$$N_5^{II} = Q \cdot k_{N_s}^{II} , \tag{255}$$

$$k_{N_s}^{II} = \left[\frac{4 \cdot (\pi - \psi_0)^2}{\pi \cdot [\pi^2 - 4 \cdot (\pi - \psi_0)^2]} - \frac{\psi_0}{2 \cdot \pi} \cdot \tan \psi_0 \right] \cdot \cos \psi + \frac{1}{2} \cdot \sin \psi$$
$$- \frac{\pi - \psi_0}{\pi \cdot \cos \psi_0} \cdot \cos \left[\frac{\pi \cdot (\pi - \psi)}{2 \cdot (\pi - \psi_0)} \right] \tag{256}$$

Querkräfte [aus Gl. (244b) bzw. (248b)]:
$$\text{Bereich } I : (0 \leq \psi \leq \psi_0)$$

$$Q_5^I = Q \cdot k_{Q_s}^I , \tag{257}$$

$$k_{Q_s}^I = \frac{1}{2 \cdot \pi} \cdot \left[\frac{8 \cdot (\pi - \psi_0)^2}{\pi^2 - 4 \cdot (\pi - \psi_0)^2} + (\pi - \psi_0) \cdot \tan \psi_0 \right] \cdot \sin \psi . \tag{258}$$

$$\text{Bereich } II : (\psi_0 \leq \psi \leq \pi)$$

$$Q_5^{II} = Q \cdot k_{Q_s}^{II} , \tag{259}$$

$$k_{Q_s}^{II} = \frac{1}{2} \cdot \left\{ \left[\frac{8 \cdot (\pi - \psi_0)^2}{\pi \cdot [\pi^2 - 4 \cdot (\pi - \psi_0)^2]} - \frac{\psi_0}{\pi} \cdot \tan \psi_0 \right] \cdot \sin \psi \right.$$
$$\left. + \frac{1}{\cos \psi_0} \cdot \sin \left[\frac{\pi \cdot (\pi - \psi)}{2 \cdot (\pi - \psi_0)} \right] - \cos \psi \right\} \tag{260}$$

Die Faktoren $k_{M_s}^{I/II}$, $k_{N_s}^{I/II}$ und $k_{Q_s}^{I/II}$ sind den Abb. 112, S. 162, Abb. 113, S. 163, Abb. 114, S. 164, Abb. 115, S. 165, Abb. 116, S. 166, Abb. 117, S. 167, zu entnehmen.

3.3.7 Der Auflagerring mit vertikaler Auflagerpressung infolge Gleitblechlagerung

Die Gleitblechlagerung eines Auflagerringes bewirkt, entsprechend der ebenen Gleitflächenausbildung und Steifigkeit der Gleitflächenträger, parallel zur vertikalen Rohrquerschnittsachse gerichtete, gleichmäßig verteilte Auflagerpressungen. Der Rechengang zur Erfassung der Schnittgrößenverteilung ist ähnlich dem bei der Sattellagerung aufgebaut und schematisch in Abb. 36 dargestellt. Die Aufteilung des durch eine vertikale Gleichlast (Auflagerpressung) und Schubkräfte beanspruchten Ringes in das durch Schubkräfte und deren Gegenkraft Q belastete *Grundsystem 1S* und das durch vorgenannte Kraft Q und die

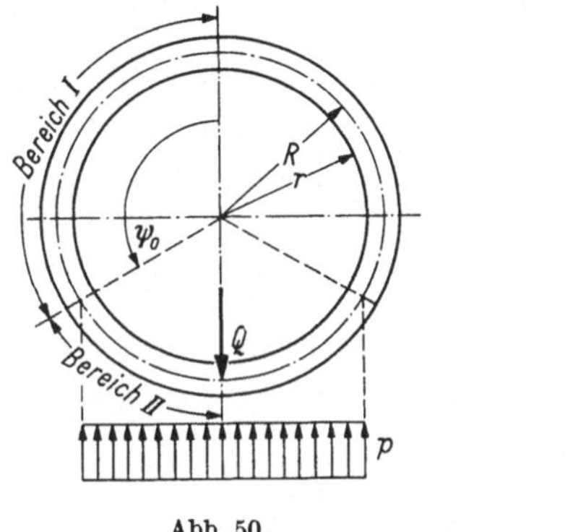

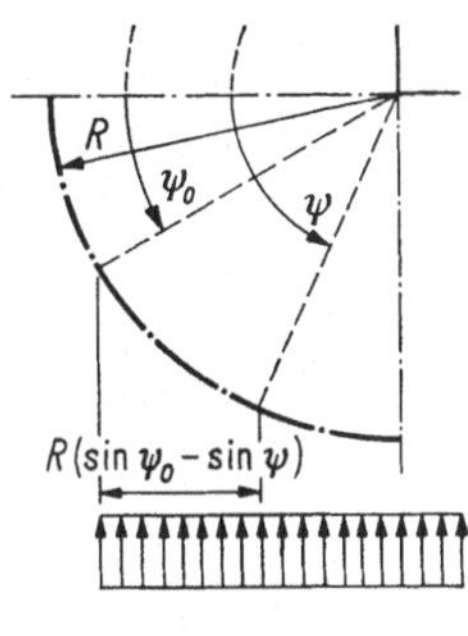

Abb. 50.   Abb. 51.

Auflagerpressung belastete *Grundsystem 6*, stellt eine Erleichterung in der Rechendurchführung dar. Berechnungsformeln zur Bestimmung der Schnittgrößen im *Grundsystem 1S* wurden bereits im Abschn. 3.3.5 abgeleitet und Hilfswerte zu deren einfacherer Bestimmung in den Schaubildern 106, S. 156, Abb. 107, S. 157, Abb. 108, S. 158 und den Tab. 1 und 2 angegeben. Für das *Grundsystem 6* werden nachstehend entsprechende Untersuchungen angestellt. Dabei wird ein konstanter Trägheitsmomentenverlauf über den Ringträgerumfang vorausgesetzt, der allerdings in Wirklichkeit durch die aus konstruktiven Gründen erforderliche Vergrößerung der Stegblechhöhe im Auflagerbereich gestört ist.

Aus Gleichgewichtsgründen muß die Resultierende Q der von der Rohrschale an den Ringträger abzugebenden Schubkräfte der konstant über die Gleitfläche verteilten Auflagerpressung gleich sein (Abb. 50). Diese Pressung p wird in kg bzw. t pro Längeneinheit des Gleitbleches (parallel zur horizontalen Rohrachse gemessen) angesetzt. Aus obengenannter Gleichgewichtsbedingung und unter Beachtung

7*

von Abb. 51 läßt sich folgende Beziehung aufstellen

$$Q = 2 \cdot p \cdot R \cdot \sin \psi_0$$

$$\boxed{p = \frac{Q}{2 \cdot R \cdot \sin \psi_0}} \, . \tag{261}$$

Mit Hilfe des Kraftgrößenverfahrens und unter Verwendung des gleichen statisch bestimmten Grundsystems wie in den Abschn. 3.3.2 bis 3.3.6 werden die Schnittgrößen in Grundsystem 6 errechnet.

Im Bereich I entsteht aus den äußeren Kräften kein Biegemoment

$$M_0^I = 0 \, . \tag{262}$$

Unter Verwendung der in Abb. 51 angegebenen Hebelarme entsteht an beliebiger Stelle des Ringträgerbereiches II (durch Winkel ψ gekennzeichnet) aus den äußeren Lasten das Biegemoment

$$M_0^{II} = - \frac{p \cdot R^2 \cdot (\sin \psi_0 - \sin \psi)^2}{2} \, . \tag{263}$$

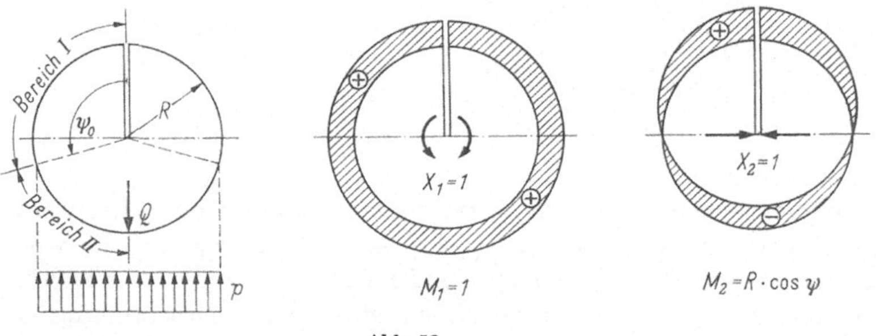

Abb. 52.

Die einzelnen Verschiebungsgrößen aus M_0^{II} und den in Abb. 52 angegebenen Biegemomenten errechnen sich wie folgt:

$$EJ \cdot \delta_{11} = \int_0^{2\pi} M_1^2 \cdot ds = \int_0^{2\pi} R \cdot d\psi = 2 \cdot \pi \cdot R \, , \tag{264a}$$

$$EJ \cdot \delta_{12} = 0 \, , \tag{264b}$$

$$EJ \cdot \delta_{22} = \int_{\psi_0}^{2\pi} M_2^2 \cdot ds = \int_0^{2\pi} R^2 \cdot \cos^2 \psi \cdot R \cdot d\psi = R^3 \cdot \left[\frac{\psi}{2} + \frac{1}{4} \cdot \sin 2\psi \right]_0^{2\pi}$$

$$= \pi \cdot R^3 \, , \tag{264c}$$

$$EJ \cdot \delta_{10} = 2 \cdot \int_{\psi_0}^{\pi} - \frac{p \cdot R^2}{2} \cdot (\sin \psi_0 - \sin \psi)^2 \cdot R \cdot d\psi = - p \cdot R^3$$

$$\times \int_{\psi_0}^{\pi} (\sin \psi_0 - \sin \psi)^2 \cdot d\psi = - p \cdot R^3 \cdot \left[(\pi - \psi_0) \cdot \sin^2 \psi_0 \right.$$

$$\left. - 2 \cdot \sin \psi_0 - 2 \cdot \sin \psi_0 \cdot \cos \psi_0 + \frac{1}{4} \cdot \sin 2\psi_0 + \frac{\pi}{2} - \frac{\psi_0}{2} \right],$$

$$(264\,\mathrm{d})$$

$$EJ \cdot \delta_{20} = 2 \cdot \int_{\psi_0}^{\pi} - \frac{p \cdot R^2}{2} \cdot (\sin \psi_0 - \sin \psi)^2 \cdot R \cdot \cos \psi \cdot R \cdot d\psi$$

$$= - p \cdot R^4 \cdot \int_{\psi_0}^{\pi} (\sin \psi_0 - \sin \psi)^2 \cdot \cos \psi \cdot d\psi$$

$$= - p \cdot R^4 \cdot \left[\sin^2 \psi_0 \cdot \sin \psi - 2 \cdot \sin \psi_0 \cdot \frac{1}{2} \cdot \sin^2 \psi + \sin \psi \right.$$

$$\left. - \int \cos^3 \psi \cdot d\psi \right]_{\psi_0}^{\pi}$$

$$= - p \cdot R^4 \cdot \left[\sin^2 \psi_0 \cdot \sin \psi - \sin \psi_0 \cdot \sin^2 \psi + \frac{1}{3} \cdot \sin \psi \right.$$

$$\left. - \frac{1}{3} \cdot \cos^2 \psi \cdot \sin \psi \right]_{\psi_0}^{\pi}$$

$$= \frac{p \cdot R^4}{3} \cdot (\sin \psi_0 - \cos^2 \psi_0 \cdot \sin \psi_0). \qquad (264\,\mathrm{e})$$

Aus den bekannten Elastizitätsgleichungen

$$X_1 \cdot \delta_{11} + X_2 \cdot \delta_{12} + \delta_{10} = 0,$$

$$X_1 \cdot \delta_{12} + X_2 \cdot \delta_{22} + \delta_{20} = 0$$

werden die Unbekannten X_1 und X_2 ermittelt:

$$X_1 = - \frac{\delta_{10}}{\delta_{11}} = \frac{p \cdot R^3}{2 \cdot \pi \cdot R} \cdot \left[(\pi - \psi_0) \cdot \sin^2 \psi_0 - 2 \cdot \sin \psi_0 - 2 \cdot \sin \psi_0 \cdot \cos \psi_0 \right.$$

$$\left. + \frac{1}{4} \cdot \sin 2 \psi_0 + \frac{\pi}{2} - \frac{\psi_0}{2} \right]$$

$$= \frac{p \cdot R^2}{2 \cdot \pi} \cdot \left[(\pi - \psi_0) \cdot \sin^2 \psi_0 - 2 \cdot \sin \psi_0 - 2 \cdot \sin \psi_0 \cdot \cos \psi_0 \right.$$

$$\left. + \frac{1}{4} \cdot \sin 2 \psi_0 + \frac{\pi}{2} - \frac{\psi_0}{2} \right]$$

$$(265\,\mathrm{a, b})$$

$$X_2 = - \frac{\delta_{20}}{\delta_{22}} = - \frac{p \cdot R^4}{3} \cdot (\sin \psi_0 - \cos^2 \psi_0 \cdot \sin \psi_0) \cdot \frac{1}{\pi \cdot R^3}$$

$$= - \frac{p \cdot R}{3 \cdot \pi} \cdot (\sin \psi_0 - \cos^2 \psi_0 \cdot \sin \psi_0) = - \frac{p \cdot R}{3 \cdot \pi} \cdot \sin^3 \psi_0.$$

Mit Hilfe der Beziehung

$$M = M_0 + X_1 \cdot M_1 + X_2 \cdot M_2$$

gewinnt man einen Ausdruck für die *Momentenverteilung* über den Ringträgerumfang im *Grundsystem 6*.

Für den *Bereich I* $(0 \leq \psi \leq \psi_0)$ entsteht:

$$M_6^I = \frac{p \cdot R^2}{2 \cdot \pi} \cdot \left[(\pi - \psi_0) \cdot \sin^2 \psi_0 - 2 \cdot \sin \psi_0 - 2 \cdot \sin \psi_0 \cdot \cos \psi_0 \right.$$

$$\left. + \frac{1}{4} \cdot \sin 2\psi_0 + \frac{\pi}{2} - \frac{\psi_0}{2} \right] - 1 - \frac{p \cdot R}{3 \cdot \pi} \cdot \sin^3 \psi_0 \cdot R \cdot \cos \psi$$

$$= \frac{p \cdot R^2}{2 \cdot \pi} \cdot \left[-\frac{2}{3} \cdot \sin^3 \psi_0 \cdot \cos \psi + (\pi - \psi_0) \cdot \sin^2 \psi_0 - 2 \cdot \sin \psi_0 \right.$$

$$\left. - \frac{3}{2} \cdot \sin \psi_0 \cdot \cos \psi_0 + \frac{1}{2} \cdot (\pi - \psi_0) \right]. \tag{266a}$$

Unter Verwendung von Gl. (261) entsteht daraus

$$\boxed{\begin{aligned} M_6^I = \frac{Q \cdot R}{4 \cdot \pi} \cdot \left[-\frac{2}{3} \cdot \sin^2 \psi_0 \cdot \cos \psi + (\pi - \psi_0) \cdot \sin \psi_0 - 2 \right. \\ \left. - \frac{3}{2} \cdot \cos \psi_0 + \frac{1}{2 \cdot \sin \psi_0} \cdot (\pi - \psi_0) \right] \end{aligned}} . \tag{266b}$$

Für den *Bereich II* $(\psi_0 \leq \psi \leq \pi)$ gilt

$$M_6^{II} = \frac{p \cdot R^2}{2} \cdot \left\{ - (\sin \psi_0 - \sin \psi)^2 + \frac{1}{\pi} \cdot \left[-\frac{2}{3} \cdot \sin^3 \psi_0 \cdot \cos \psi + (\pi - \psi_0) \right. \right.$$

$$\left. \left. \times \sin^2 \psi_0 - 2 \sin \psi_0 - \frac{3}{2} \cdot \sin \psi_0 \cdot \cos \psi_0 + \frac{1}{2} \cdot (\pi - \psi_0) \right] \right\}. \tag{267a}$$

Nach Einsetzen von Gl. (261) erhält man

$$\boxed{\begin{aligned} M_6^{II} = \frac{Q \cdot R}{4} \cdot \left\{ - \frac{(\sin \psi_0 - \sin \psi)^2}{\sin \psi_0} + \frac{1}{\pi} \cdot \left[-\frac{2}{3} \cdot \sin^2 \psi_0 \cdot \cos \psi \right. \right. \\ \left. \left. + (\pi - \psi_0) \cdot \sin \psi_0 - 2 - \frac{3}{2} \cdot \cos \psi_0 + \frac{\pi - \psi_0}{2 \cdot \sin \psi_0} \right] \right\} \end{aligned}} . \tag{267b}$$

Für die *Normalkräfte* gilt die Bedingung

$$N = N_0 + X_1 \cdot N_1 + X_2 \cdot N_2.$$

Für den *Bereich I* $(0 \leq \psi_0 \leq \psi)$ errechnet sich daraus

$$N_6^I = X_2 \cdot \cos \psi = - \frac{p \cdot R}{3 \cdot \pi} \cdot \sin^3 \psi_0 \cdot \cos \psi. \tag{268a}$$

Unter Beachtung von Gl. (261) erhält man

$$\boxed{N_6^I = - \frac{Q}{6 \cdot \pi} \cdot \sin^2 \psi_0 \cdot \cos \psi}. \tag{268b}$$

Im *Bereich II* ($\psi_0 \leq \psi \leq \pi$) wird die Normalkraft um den Anteil N_0^{II} aus dem statisch bestimmten Grundsystem erhöht. Mit dem aus Abb. 51 abzuleitenden Ausdruck

$$N_0^{II} = p \cdot R \cdot (\sin \psi_0 - \sin \psi) \cdot \sin \psi \qquad (269)$$

ergibt sich dann

$$N_6^{II} = p \cdot R \cdot (\sin \psi_0 - \sin \psi) \cdot \sin \psi - \frac{p \cdot R}{3 \cdot \pi} \cdot \sin^3 \psi_0 \cdot \cos \psi$$

$$= p \cdot R \cdot \left[(\sin \psi_0 - \sin \psi) \cdot \sin \psi - \frac{1}{3 \cdot \pi} \cdot \sin^3 \psi_0 \cdot \cos \psi \right]. \qquad (270\,\text{a})$$

Mit Gl. (261) wird daraus

$$\boxed{N_6^{II} = \frac{Q}{2 \cdot \sin \psi_0} \cdot \left[(\sin \psi_0 - \sin \psi) \cdot \sin \psi - \frac{1}{3 \cdot \pi} \cdot \sin^3 \psi_0 \cdot \cos \psi \right]} .$$

$$(270\,\text{b})$$

Für die *Querkräfte* ist der Ausdruck

$$Q = Q_0 + X_1 \cdot Q_1 + X_2 \cdot Q_2$$

maßgebend. Im *Bereich I* ($0 \leq \psi \leq \psi_0$) erhält man daraus

$$Q_6^I = X_2 \cdot \sin \psi = - \frac{p \cdot R}{3 \cdot \pi} \cdot \sin^3 \psi_0 \cdot \sin \psi. \qquad (271\,\text{a})$$

Nach Einsetzen von Gl. (261) entsteht

$$\boxed{Q_6^I = - \frac{Q}{6 \cdot \pi} \cdot \sin^2 \psi_0 \cdot \sin \psi} . \qquad (271\,\text{b})$$

Die Querkraft erhöht sich im Bereich II ($\psi_0 \leq \psi \leq \pi$) um den Anteil Q_0^{II} des statisch bestimmten Grundsystems, der aus Abb. 51 abgeleitet werden kann:

$$Q_0^{II} = - p \cdot R \cdot (\sin \psi_0 - \sin \psi) \cdot \cos \psi. \qquad (272)$$

Es ergibt sich dann

$$Q_6^{II} = - p \cdot R \cdot (\sin \psi_0 - \sin \psi) \cdot \cos \psi - \frac{p \cdot R}{3 \cdot \pi} \cdot \sin^3 \psi_0 \cdot \sin \psi$$

$$= - p \cdot R \cdot \left[(\sin \psi_0 - \sin \psi) \cdot \cos \psi + \frac{1}{3 \cdot \pi} \cdot \sin^3 \psi_0 \cdot \sin \psi \right]. \qquad (273\,\text{a})$$

Unter Verwendung von Gl. (261) entsteht daraus

$$\boxed{Q_6^{II} = - \frac{Q}{2 \cdot \sin \psi_0} \cdot \left[(\sin \psi_0 - \sin \psi) \cdot \cos \psi + \frac{1}{3 \cdot \pi} \cdot \sin^3 \psi_0 \cdot \sin \psi \right]} .$$

$$(273\,\text{b})$$

Die Einführung von Hilfsfaktoren erleichtert die praktische Bestimmung der Schnittgrößen. Diese Hilfsfaktoren erfassen die geometrischen

Verhältnisse am Auflagerringsystem. Für die zuvor abgeleiteten Formeln ergibt sich damit nachstehende Schreibweise:

Momente [aus Gl. (266b) bzw. (267b)]:

$$Bereich\ I:\ 0 \leq \psi \leq \psi_0)$$

$$\boxed{M_6^I = Q \cdot R \cdot k_{M_6}^I}\ , \tag{274}$$

$$\boxed{k_{M_6}^I = \frac{1}{4 \cdot \pi} \cdot \left[-\frac{2}{3} \cdot \sin^2 \psi_0 \cdot \cos \psi + (\pi - \psi_0) \cdot \sin \psi_0 - 2 - \frac{3}{2} \times \cos \psi_0 + \frac{1}{2 \cdot \sin \psi_0} \cdot (\pi - \psi_0) \right]}\ . \tag{275}$$

$$Bereich\ II:\ (\psi_0 \leq \psi \leq \pi)$$

$$\boxed{M_6^{II} = Q \cdot R \cdot k_{M_6}^{II}}\ , \tag{276}$$

$$\boxed{k_{M_6}^{II} = \frac{1}{4} \cdot \left\{ -\frac{(\sin \psi_0 - \sin \psi)^2}{\sin \psi_0} + \frac{1}{\pi} \cdot \left[-\frac{2}{3} \cdot \sin^2 \psi_0 \cdot \cos \psi + (\pi - \psi_0) \times \sin \psi_0 - 2 - \frac{3}{2} \cdot \cos \psi_0 + \frac{\pi - \psi_0}{2 \cdot \sin \psi_0} \right] \right\}} \tag{277}$$

Normalkräfte [aus Gl. (268b) bzw. (270b)]:

$$Bereich\ I:\ (0 \leq \psi \leq \psi_0)$$

$$\boxed{N_6^I = Q \cdot k_{N_6}^I}\ , \tag{278}$$

$$\boxed{k_{N_6}^I = -\frac{1}{6 \cdot \pi} \cdot \sin^2 \psi_0 \cdot \cos \psi}\ . \tag{279}$$

$$Bereich\ II:\ (\psi_0 \leq \psi \leq \pi)$$

$$\boxed{N_6^{II} = Q \cdot k_{N_6}^{II}}\ , \tag{280}$$

$$\boxed{k_{N_6}^{II} = \frac{1}{2 \cdot \sin \psi_0} \cdot \left[(\sin \psi_0 - \sin \psi) \cdot \sin \psi - \frac{1}{3 \cdot \pi} \cdot \sin^3 \psi_0 \cdot \cos \psi \right]}\ . \tag{281}$$

Querkräfte [aus Gl. (271b) bzw. (273b)]:

$$Bereich\ I:\ (0 \leq \psi \leq \psi_0)$$

$$\boxed{Q_6^I = Q \cdot k_{Q_6}^I}\ , \tag{282}$$

$$\boxed{k_{Q_6}^I = -\frac{1}{6 \cdot \pi} \cdot \sin^2 \psi_0 \cdot \sin \psi}\ . \tag{283}$$

$$\textit{Bereich II}: (\psi_0 \leq \psi \leq \pi)$$

$$\boxed{Q_6^{II} = Q \cdot k_{Q_6}^{II}} \,, \tag{284}$$

$$\boxed{k_{Q_6}^{II} = -\frac{1}{2 \cdot \sin \psi_0} \cdot \left[(\sin \psi_0 - \sin \psi) \cdot \cos \psi + \frac{1}{3 \cdot \pi} \cdot \sin^3 \psi_0 \cdot \sin \psi \right]} \,.$$

$$\tag{285}$$

Die Faktoren $k_{M_6}^{I/II}$, $k_{N_6}^{I/II}$ und $k_{Q_6}^{I/II}$ sind den Abb. 118, S. 168, Abb. 119, S. 169, Abb. 120, S. 170, zu entnehmen.

3.3.8 Der Auflagerring unter Innendruck

Für den Auflagerring wurde bereits in Abschn. 3.1.1 ein sowohl aus den Steg- und Gurtteilen als auch aus den gemäß der angegebenen Literatur als mittragend anzusehenden Teilen der Rohrschale zusammengesetzter Querschnitt definiert. Die wasserberührten Teile dieses Querschnittes erfahren, wie auch die gesamte Rohrschale, eine direkte

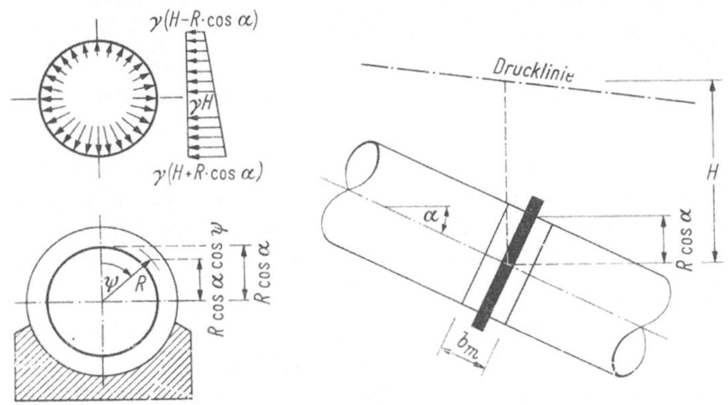

Abb. 53.

Belastung durch den Innendruck des Rohres. Vermöge des Zusammenwirkens der einzelnen Querschnittsteile wird an der Lastaufnahme aber der gesamte Ringträger beteiligt. Für diesen gilt — genau wie für jeden anderen Rohrquerschnitt — das in Abb. 53 dargestellte Belastungsschema infolge Innendruckes.

Die Schnittgrößen können demnach im Ringträger nach dem gleichen Rechengang wie für die Rohrschale berechnet werden. Unter 2.1 wurde bereits nachgewiesen, daß in einem durch Innendruck beanspruchten Rohrquerschnitt einer auf Auflagerringen gelagerten Leitung in Umfangsrichtung weder Biegemomente noch Querkräfte wirksam sind. Die Normalkräfte in einem Rohrquerschnitt werden mittels

Gl. (15a) bestimmt, die die Kraft pro Längeneinheit des Rohres angibt. Unter einem Innendruck von

$$p = \gamma \cdot (H - R \cdot \cos \alpha \cdot \cos \psi),$$

der durch eine Wassersäule der Höhe H erzeugt wird, entsteht in einem Auflagerring, dessen Gesamtbreite einschließlich der mitwirkenden Rohrschalenteile b_m beträgt, gemäß genannter Gleichung an der Stelle ψ eine Normalkraft von

$$\boxed{N_J = \gamma \cdot R \cdot b_m \cdot (H - r \cdot \cos \alpha \cdot \cos \psi)} \,. \tag{286}$$

Der Winkel α gibt dabei die Neigung der Rohrachse gegen die Horizontale und H den Abstand des Auflagerring-Mittelpunktes von der Drucklinie an.

3.4 Diskussion der verschiedenen Lagerungsweisen

3.4.1 Die Auflagerringe unter örtlich wirkenden Auflagerreaktionen

Die durch Schub und örtliche Auflagerkräfte belasteten Auflagerringsysteme werden, entsprechend der Zahl von möglichen Auflagerkomponenten beim allgemeingültigen Lagerungsfall in die *Grundsysteme 1* bis *3* aufgeteilt. Einer Schnittgrößenbestimmung für den allgemeingültigen Lagerungsfall nach Abb. 30 muß demnach in der Praxis zuerst eine Zerlegung der Auflagerreaktionen in die Auflagerkomponenten der drei Grundsysteme vorausgehen. Die Berechnung der Schnittgrößen dieser Grundsysteme wird dann mit Hilfe der in den Abschn. 3.3.2 bis 3.3.4 abgeleiteten Formeln, bzw. unter Verwendung der Hilfswerte aus den Abb. 94 bis 102, S. 144 bis 152, durchgeführt. Eine Überlagerung der Ergebnisse aus den Grundsystemen liefert anschließend die Schnittgröße des Ausgangssystems.

Die Schnittkräfte ändern sich proportional zur Belastung und die Biegemomente noch zusätzlich proportional zum Krümmungsradius des Auflagerringes. Es besteht aber insbesondere auch eine Abhängigkeit vom Winkel ψ_0 (der die Auflagerpunkte festlegt). Diese Funktion wird zweckmäßigerweise für ausgezeichnete Stellen des Auflagerringes aufgezeigt. Für die Grundsysteme 1 bis 3 sind in den Abb. 54 bis 59 die Hilfsfaktoren k_M und k_N — die infolge ihrer direkten Proportionalität zu den zugehörigen Schnittgrößen ($M = Q \cdot R \cdot k_M$; $N = Q \cdot k_N$) die gleichen Abhängigkeiten wie jene zeigen — als Funktion vom Auflagerwinkel ψ_0 wiedergegeben. Ihre Darstellung entsteht durch Ablesen der entsprechenden Werte aus den Abb. 94 bis 102, S. 144 bis 152 [die durch Auswerten der Formeln (112, 113, 117, 120, 124, 127, 155, 156, 158, 159) mittels eines elektronischen Rechenautomaten erarbeitet werden]. Die gewählte Darstellungsweise erfaßt alle praktisch möglichen Auflagerwinkel und erlaubt ein einfaches Ablesen der für die Bemessung maßgebenden Hilfsfaktoren. Ferner können aus diesen Darstellungen Folgerungen für die Wahl eines zweckmäßigen Auflagerringsystems und für wirtschaftliche Auflagerausbildungen gezogen werden.

Die *maßgebenden Schnittgrößenfaktoren* für die Biegemomente — also jeweils die auf der obersten Kurve der genannten Schaubilder abzulesenden Größtwerte für eine gewisse Auflagerstelle ψ_0 — erreichen

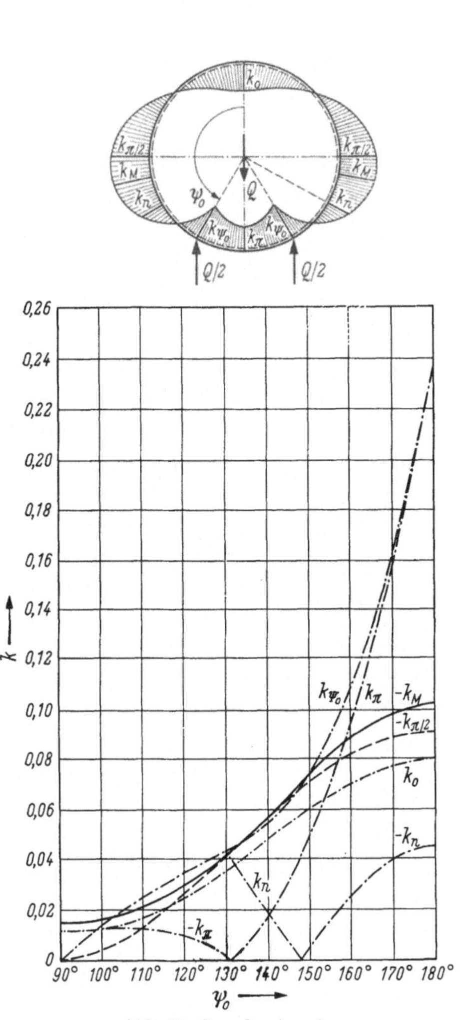

Abb. 54. Grundsystem 1.

Faktoren $k_{M_1}^{I/II}$ zur Berechnung der *Biegemomente* an ausgezeichneten Stellen des Auflagerringes.

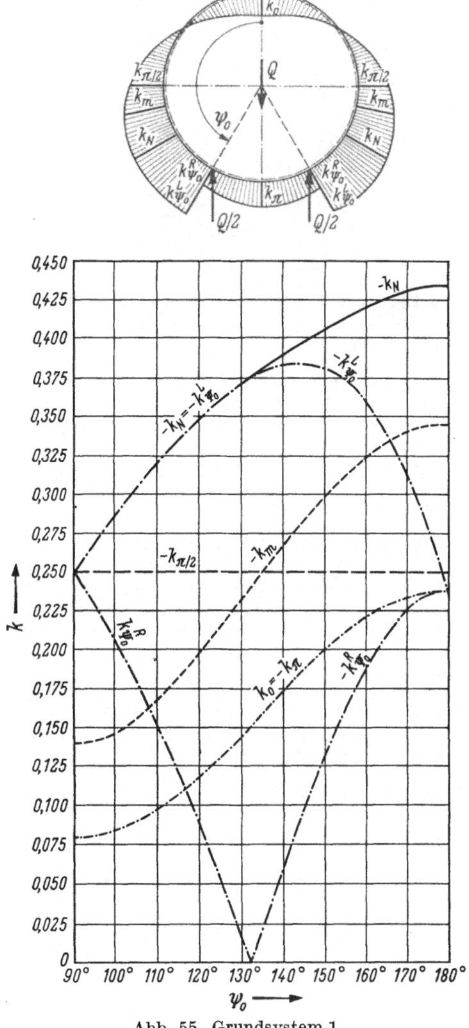

Abb. 55. Grundsystem 1.

Faktoren $k_{N_1}^{I/II}$ zur Berechnung der *Normalkräfte* an ausgezeichneten Stellen des Auflagerringes.

bei Grundsystem 1 und 3 für $\psi_0 = 90°$ den Minimalwert und für $\psi_0 = 180°$ den Maximalwert. Für die Normalkräfte gilt die gleiche Feststellung bei Grundsystem 1 und 2. Umgekehrt verhält es sich mit den Schnittgrößenfaktoren für die Biegemomente bei Grundsystem 2 und für die Normalkräfte bei Grundsystem 3. Die für die Bemessung maßgebenden Extremwerte der Biegemomente und Normalkräfte fallen bei Grundsystem 2 und 3, wie aus den Abb. 56, 57, 58 und 59 ersichtlich ist, stets mit ausgezeichneten Stellen des Auflagerringes, nämlich den

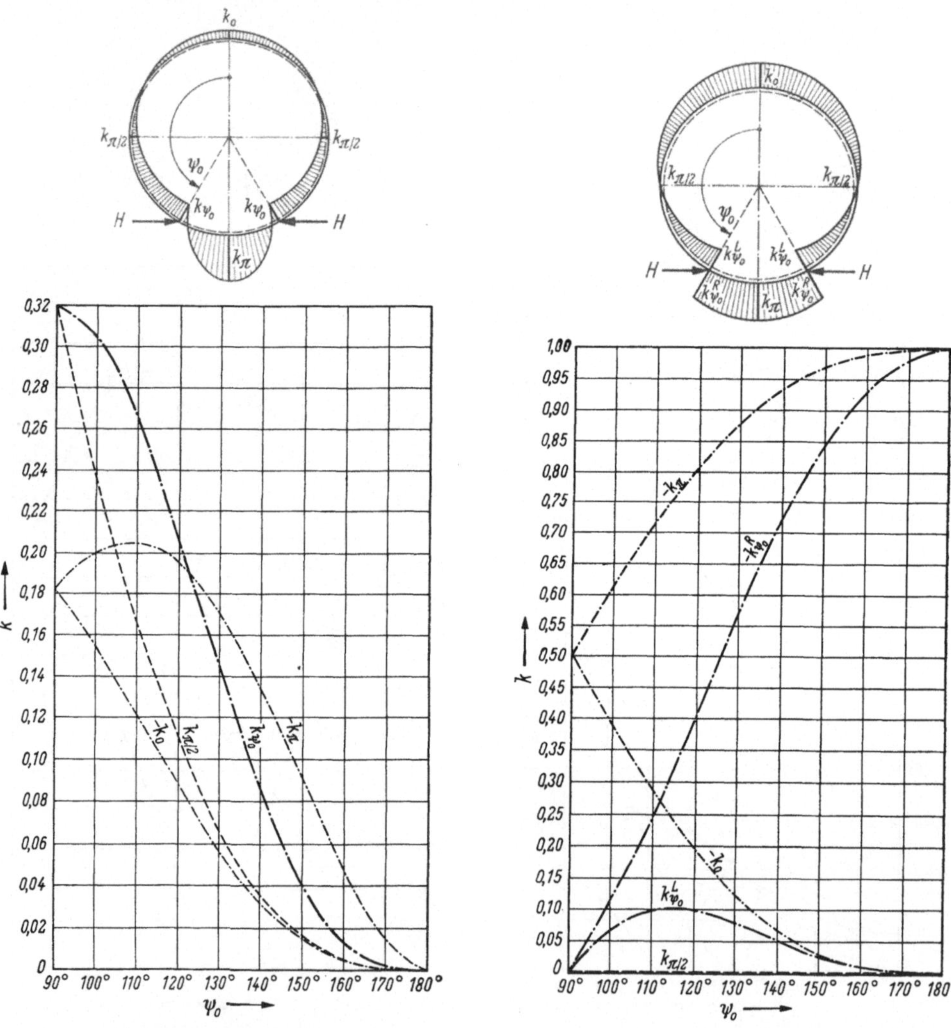

Abb. 56. Grundsystem 2.
Faktoren $k_{M_2}^{I/II}$ zur Berechnung der *Biegemomente* an ausgezeichneten Stellen des Auflagerringes.

Abb. 57. Grundsystem 2.
Faktoren $k_{N_2}^{I/II}$ zur Berechnung der *Normalkräfte* an ausgezeichneten Stellen des Auflagerringes.

Rohrscheiteln bzw. den Auflagerpunkten zusammen. In Grundsystem 1 treten jedoch die maximalen Biegemomente und Normalkräfte, je nach Lage der Auflagerpunkte, auch an anderen Stellen und nicht gleichzeitig in einem Punkte auf. Die Abhängigkeit dieser Biegemomente vom Auflagerwinkel ψ_0 ist aus der Kurve k_M der Abb. 54 abzulesen. Die diesem Biegemoment zugeordnete, im gleichen Ringträgerquerschnitt gleichzeitig wirkende Normalkraft kann mit Hilfe der Kurve k_m aus Abb. 55 gefunden werden. Aus der gleichen Abbildung ist die maximale Normalkraft (Kurve k_N) bestimmbar. Ihr ist das an der

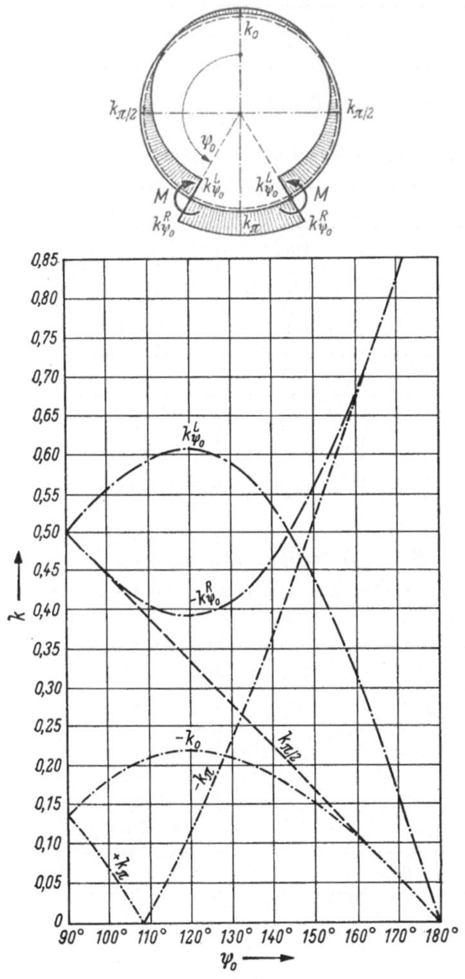

Abb. 58. Grundsystem 3.
Faktoren $k_{M_3}^{I/II}$ zur Berechnung der *Biegemomente* an ausgezeichneten Stellen des Auflagerringes.

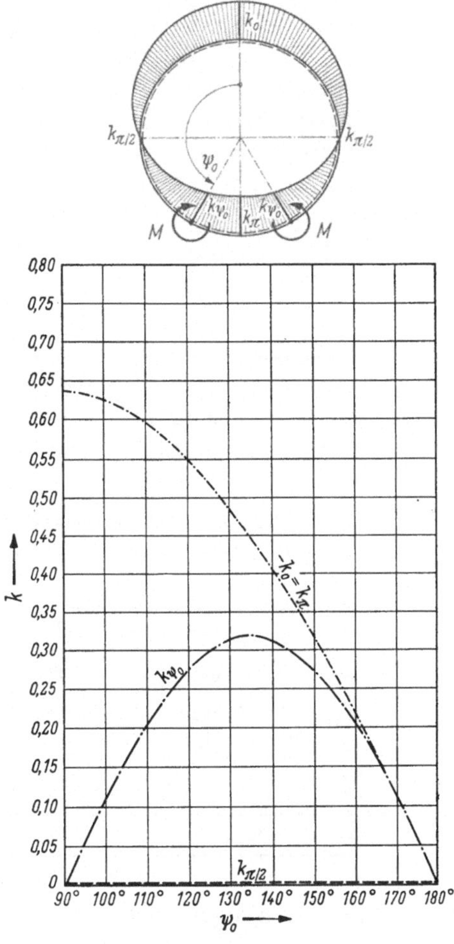

Abb. 59. Grundsystem 3.
Faktoren $k_{N_3}^{I/II}$ zur Berechnung der *Normalkräfte* an ausgezeichneten Stellen des Auflagerringes.

Tabelle 3. *Lage der Extremwerte von Biegemoment und Normalkraft im Grundsystem 1 und Berechnungsfaktoren zu ihrer Bestimmung*

a) Berechnungsfaktoren für Extrembiegemoment und zugehörige Normalkraft

ψ_0	90°	100°	110°	120°	130°
ψ_M	67°	69°	73°	80°	87°
$k_{M_1}^{I/II}$	$-0{,}014597$	$-0{,}016290$	$-0{,}021114$	$-0{,}029478$	$-0{,}041694$
$k_{m_1}^{I/II}$	$-0{,}13911$	$-0{,}14647$	$-0{,}16703$	$-0{,}19717$	$-0{,}23216$

ψ_0	140°	150°	160°	170°	180
ψ_M	93°	98°	102°	104°	105°
$k_{M_1}^{I/II}$	$-0{,}057034$	$-0{,}073588$	$-0{,}088170$	$-0{,}098343$	$-0{,}101932$
$k_{m_1}^{I/II}$	$-0{,}26736$	$-0{,}29866$	$-0{,}32359$	$-0{,}33934$	$-0{,}34489$

b) Berechnungsfaktoren für Extremnormalkraft und zugehöriges Biegemoment

ψ_0	90°	100°	110°	120°	130°
ψ_N	90°	100°	110°	120°	130°
$k_{N_1}^{I/II}$	$-0{,}25000$	$-0{,}28821$	$-0{,}32071$	$-0{,}34836$	$-0{,}37005$
$k_{n_1}^{I/II}$	$0{,}00000$	$+0{,}01355$	$+0{,}02531$	$+0{,}03471$	$+0{,}04326$

ψ_0	140°	150°	160°	170°	180°
ψ_N	132°	134°	135°	136°	136°
$k_{N_1}^{I/II}$	$-0{,}38823$	$-0{,}40599$	$-0{,}42084$	$-0{,}43071$	$-0{,}43417$
$k_{n_1}^{I/II}$	$+0{,}01869$	$-0{,}00573$	$-0{,}02612$	$-0{,}03975$	$-0{,}04451$

Tabelle 4. *Lage der Extremwerte und Faktoren $k_{M_a}^{I/II}$ zur Bestimmung der Extremwerte für die Biegemomente $M_a^{I/II}$ eines Auflagerringes mit horizontalen Auflagerkragarmen*

a/R	0	0,01	0,02	0,03	0,04
ψ^I	67°	66°	64°	63°	62°
$k_{M_a}^{I}$	$-0{,}014597$	$-0{,}013383$	$-0{,}012231$	$-0{,}011144$	$-0{,}010122$
ψ^{II}	113°	114°	116°	117°	118°
$k_{M_a}^{II}$	$+0{,}014597$	$+0{,}013383$	$+0{,}012231$	$+0{,}011144$	$-0{,}010122$

a/R	0,05	0,06	0,07	0,08	0,09	0,10
ψ^I	60°	59°	57°	56°	54°	53°
$k_{M_a}^{I}$	$-0{,}009164$	$-0{,}008274$	$-0{,}007451$	$-0{,}006698$	$-0{,}006017$	$-0{,}005407$
ψ^{II}	120°	121°	123°	124°	126°	127°
$k_{M_a}^{II}$	$+0{,}009164$	$+0{,}008274$	$+0{,}007451$	$+0{,}006698$	$+0{,}006017$	$+0{,}005407$

gleichen Stelle gleichzeitig wirksame Biegemoment nach Kurve k_n (Abb. 54) zugeordnet. Die Lage dieser Extremwerte ist den Tab. 3a und 3b zu entnehmen. Die Tafelwerte wurden wie folgt errechnet: Die Extremwerte der Biegemomente bzw. der zugeordneten Hilfsfaktoren und deren Wirkungspunkte wurden über die Ableitung von Gl. (129) gewonnen.

$$k_{M_1}^I = \frac{1}{2 \cdot \pi} \cdot \left[(\pi - \psi_0) \cdot \sin \psi_0 - \cos \psi_0 - \psi \cdot \sin \psi - \cos \psi \cdot \left(\frac{1}{2} + \sin^2 \psi_0 \right) \right],$$

$$\frac{d(k_{M_1}^I)}{d\psi} = \frac{1}{2 \cdot \pi} \cdot \left[- \sin \psi - \psi \cdot \cos \psi + \left(\frac{1}{2} + \sin^2 \psi_0 \right) \cdot \sin \psi \right]. \qquad (287)$$

Durch Nullsetzen dieser Ableitung entsteht die iterativ bzw. graphisch zu lösende Bestimmungsgleichung für jene Winkel ψ, bei denen für bestimmte Auflagerwinkel ψ_0 im Grundsystem 1 Extremwerte der Biegemomente auftreten:

$$\frac{d(k_{M_1}^I)}{d\psi} = 0 = - \sin \psi - \psi \cdot \cos \psi + \left(\frac{1}{2} + \sin^2 \psi_0 \right) \cdot \sin \psi,$$

$$\boxed{\psi \cdot \cot \psi = \sin^2 \psi_0 - \frac{1}{2}}. \qquad (288)$$

Die an diesen Stellen wirkenden Biegemomente und Normalkräfte bzw. deren Berechnungsfaktoren werden durch Einsetzen der zugeordneten Winkel ψ_0 und ψ in Gl. (129) und (133) errechnet, wobei annäherungsweise $r/R = 1$ gesetzt wird.

Unter derselben Voraussetzung werden Extremwerte der Normalkräfte und deren Angriffspunkte ermittelt. Durch Ableiten der Gl. (133) und anschließendes Nullsetzen entsteht die iterativ zu lösende Bestimmungsgleichung für die Winkel ψ, bei denen ein Maximalwert der Normalkraft auftritt

$$k_{N_1}^I = \frac{1}{2 \cdot \pi} \cdot \left[\left(2 \cdot \frac{r}{R} - \frac{1}{2} - \sin^2 \psi_0 \right) \cdot \cos \psi - \psi \cdot \sin \psi \right],$$

für $r/R = 1$ gilt:

$$k_{N_1}^I = \frac{1}{2 \cdot \pi} \cdot \left[\left(\frac{3}{2} - \sin^2 \psi_0 \right) \cdot \cos \psi - \psi \cdot \sin \psi \right],$$

$$\frac{d(k_{N_1}^I)}{d\psi} = \frac{1}{2 \cdot \pi} \cdot \left[\left(\sin^2 \psi_0 - \frac{3}{2} \right) \cdot \sin \psi - \sin \psi - \psi \cdot \cos \psi \right],$$

$$\frac{d(k_{N_1}^I)}{d\psi} = 0 = \sin^2 \psi_0 - \frac{5}{2} - \psi \cdot \cos \psi, \qquad (289)$$

$$\boxed{\psi \cdot \cot \psi = \sin \psi_0 - \frac{5}{2}}. \qquad (290)$$

Durch Einsetzen dieser Winkel ψ und der zugehörigen ψ_0 in die Gln. (133) und (129) können die maximale Normalkraft und das zugeordnete Biegemoment bzw. deren Berechnungsfaktoren errechnet werden.

Unter den drei ersten Grundsystemen besitzt nur *Grundsystem 1* für sich allein praktische Bedeutung. Es entspricht dem auf Abb. 24a bzw. 29a dargestellten Lagerungsfall. Sein für praktische Fälle günstiger

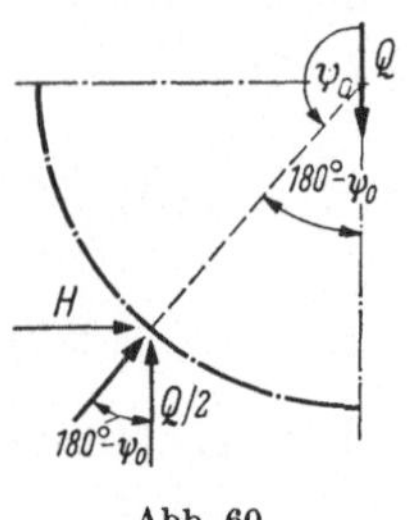

Abb. 60.

Anwendungsbereich liegt, wie aus den Abb. 54 und 55 erkennbar ist, zwischen $\psi_0 = 90°$ und $\psi_0 = 150°$. Die kleinsten Beanspruchungen treten bei $\psi_0 = 90°$ auf, wenn nämlich die Auflagerkräfte tangential angreifen.

Die beiden anderen *Grundsysteme 2 und 3* erlangen erst durch entsprechende Überlagerungen, die nachfolgend behandelt werden, an Bedeutung. Dabei entstehen die restlichen örtlich gelagerten Systeme der Abb. 24b bis f und 29b bis f.

Ein durch *zwei radiale Auflagerkräfte* gestütztes Ringsystem (vgl. Abb. 29e und f) bildet sich durch Kombination von Grundsystem 1 und 2 gemäß dem nachfolgend abgeleiteten Superpositionsgesetz. Allgemein gilt:

$$M_{1/2}^{I/II} = Q \cdot R \cdot k_{M_1}^{I/II} + H \cdot R \cdot k_{M_2}^{I/II}. \tag{291a}$$

Mit der an Hand Abb. 60 aufstellbaren Beziehung

$$\tan(180 - \psi_0) = \frac{H}{Q/2}$$

bzw.

$$H = Q \cdot \frac{1}{2} \cdot \tan(180 - \psi_0) = -Q \cdot \frac{1}{2} \cdot \tan\psi_0$$

entsteht daraus

$$M_{1/2}^{I/II} = Q \cdot R \cdot \left(k_{M_1}^{I/II} - k_{M_2}^{I/II} \cdot \frac{1}{2} \cdot \tan\psi_0\right). \tag{291b}$$

Ersetzt man den Klammerausdruck in der bisher üblichen Weise durch einen Faktor

$$\boxed{k_{M_{1/2}}^{I/II} = k_{M_1}^{I/II} - k_{M_2}^{I/II} \cdot \frac{1}{2} \cdot \tan\psi_0} \,, \tag{292}$$

so gilt wieder die gewohnte Schreibweise

$$\boxed{M_{1/2}^{I/II} = Q \cdot R \cdot k_{M_{1/2}}^{I/II}}. \tag{293}$$

Analoge Beziehungen gelten für die Normalkräfte:

$$\boxed{N_{1/2}^{I/II} = Q \cdot k_{N_{1/2}}^{I/II}}, \tag{294}$$

$$\boxed{k_{N_{1/2}}^{I/II} = k_{N_1}^{I/II} - k_{N_2}^{I/II} \cdot \frac{1}{2} \cdot \tan\psi_0}. \tag{295}$$

Die bei der Berechnung dieser Hilfsfaktoren $k_{M_{1/2}}^{I/II}$ und $k_{N_{1/2}}^{I/II}$ einzuführenden Werte für $k_{M_1}^{I/II}$, $k_{M_2}^{I/II}$ sowie $k_{N_1}^{I/II}$ und $k_{N_2}^{I/II}$ können für entsprechende Verhältnisse aus den Abb. 94, S. 144, Abb. 97, S. 147 sowie Abb. 95, S. 145 und Abb. 98, S. 148, abgelesen werden. [Diese waren nach Auswertung der Formeln (129), (131) und (141), (143) sowie (133), (135) und (145), (147) mittels einer elektronischen Rechenanlage, gezeichnet worden.] Für markante Stellen des Auflagerringes und insbesondere für die zur Bemessung maßgebenden Querschnitte wird in den Abb. 61

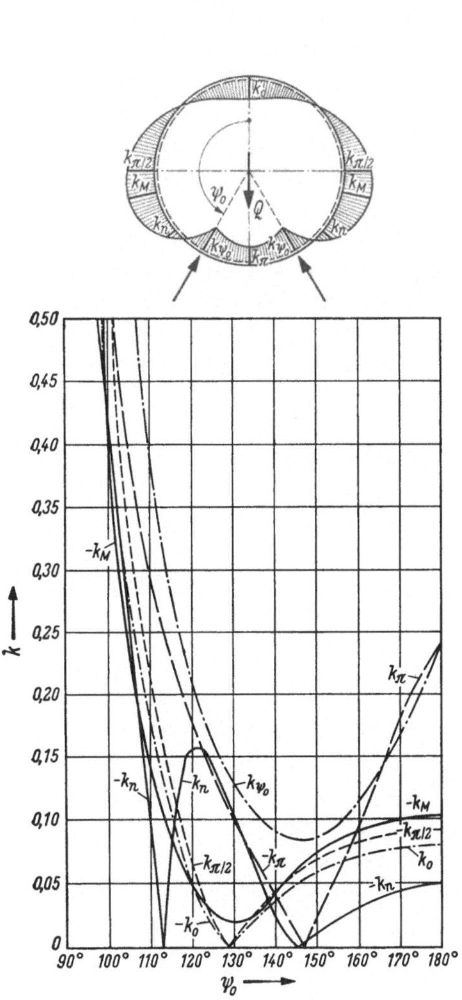

Abb. 61. Grundsystem 1/2.
Faktoren $k_{M1/2}^{I/II}$ zur Berechnung der *Biegemomente* an ausgezeichneten Stellen des Auflagerringes.

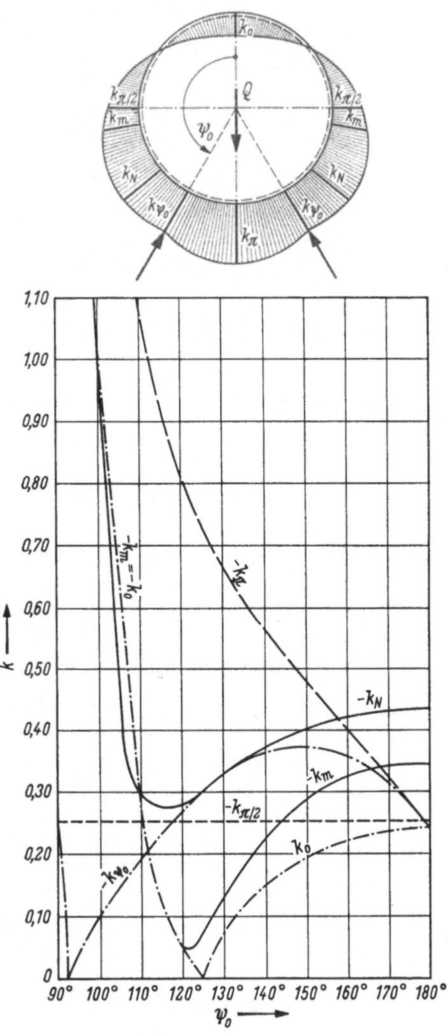

Abb. 62. Grundsystem 1/2.
Faktoren $k_{N1/2}^{I/II}$ zur Berechnung der *Normalkräfte* an ausgezeichneten Stellen des Auflagerringes.

8   Mang, Druckrohrleitungen

und 62 die Abhängigkeit der Hilfsfaktoren $k_{M_{1/2}}^{I/II}$ und $k_{N_{1/2}}^{I/II}$ vom Auflagerwinkel ψ_0 aufgezeigt. Dieselbe Abhängigkeit gilt auch für die dazu direkt proportionalen Biegemomente und Normalkräfte. Deshalb kann

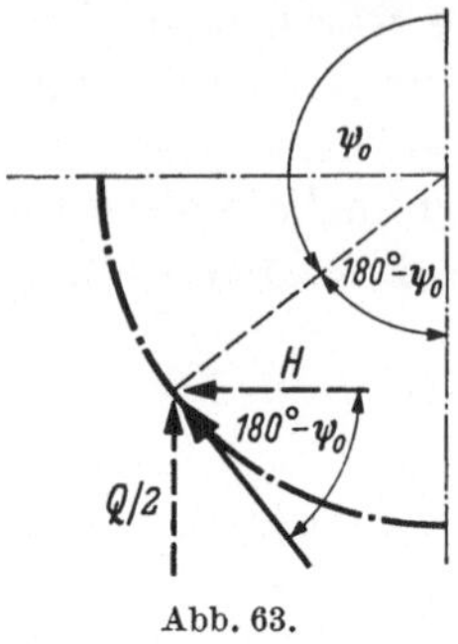

Abb. 63.

insbesondere nach Abb. 61 ein besonders günstiger Bereich für die Auflagerwinkel ψ_0 abgegrenzt werden, innerhalb dessen die maßgebenden Schnittgrößen des Auflagerringsystems einen Minimalwert annehmen. Dieser Bereich liegt etwa zwischen $\psi_0 = 130°$ und $\psi_0 = 165°$. Die Biegemomente steigen ober- und unterhalb dieser Zone stark an. Die Normalkräfte (Abb. 62) erreichen erst im oberen Randbereich den Kleinstwert, treten aber auch im mittleren und unteren Bereich gegenüber dem Einfluß der Biegemomente auf die Beanspruchungen (insbesondere an den Außen- und Innenrändern des Ringes) zurück.

Bei *tangentialem Angriff von zwei Auflagerkräften*, wie er in den Abb. 24d und 29d wiedergegeben ist, sind kleinere Biegemomente und Normalkräfte zu erwarten als bei radialer Wirkung. Das System wird, wie auch das zuvor behandelte, durch Kombination der Grundsysteme 1 und 2 erreicht. Das Kombinationsgesetz wird nachstehend abgeleitet:

$$M_{1/2*}^{I/II} = Q \cdot R \cdot k_{M_1}^{I/II} - H \cdot R \cdot k_{M_2}^{I/II}. \tag{296}$$

Aus Abb. 63 kann folgende Beziehung abgelesen werden:

$$\tan(180° - \psi_0) = \frac{Q/2}{H}$$

bzw.

$$H = \frac{Q}{2 \cdot \tan(180° - \psi_0)} = -\frac{Q}{2 \cdot \tan\psi_0}. \tag{297a, b}$$

Damit wird aus Gl. (296)

$$M_{1/2*}^{I/II} = Q \cdot R \cdot \left(k_{M_1}^{I/II} + k_{M_2}^{I/II} \cdot \frac{1}{2 \cdot \tan\psi_0}\right). \tag{298}$$

Den Klammerausdruck kann man einem Hilfsfaktor gleichsetzen

$$\boxed{k_{M_{1/2*}}^{I/II} = k_{M_1}^{I/II} + k_{M_2}^{I/II} \cdot \frac{1}{2 \cdot \tan\psi_0}}. \tag{299}$$

Mit ihm ergibt sich die bisher gewohnte Schreibweise

$$\boxed{M_{1/2*}^{I/II} = Q \cdot R \cdot k_{M_{1/2*}}^{I/II}}. \tag{300}$$

Für die Normalkräfte gelten analoge Beziehungen

$$\boxed{k_{N_{1/2*}}^{I/II} = k_{N_1}^{I/II} + k_{N_2}^{I/II} \cdot \frac{1}{2 \cdot \tan\psi_0}}, \tag{301}$$

$$\boxed{N_{1/2*}^{I/II} = Q \cdot k_{N_{1/2*}}^{I/II}}\,. \tag{302}$$

Die zur Formelauswertung erforderlichen Hilfsfaktoren $k_{M_1}^{I/II}$, $k_{M_2}^{I/II}$ sowie $k_{N_1}^{I/II}$ und $k_{N_2}^{I/II}$ lassen sich auf die gleiche Weise wie für das Ringsystem mit radialen Lagerreaktionen beschrieben, gewinnen. Die Abhängigkeit der Biegemomente und Normalkräfte bzw. deren Berechnungsfaktoren vom Auflagerwinkel ψ_0 ist für ausgezeichnete Querschnitte des Ringträgers nach Auswertung der obigen Formeln in den Abb. 64 und 65 festgehalten. Aus diesen Darstellungen läßt sich ein deutlicher Abfall sowohl der Biegebeanspruchungen als auch der Normalkräfte im Bereich zwischen $\psi_0 = 90°$ und $\psi_0 = 130°$ ablesen. Im unteren Grenzbereich streben dabei die Werte immer deutlicher den aus Grundsystem 1 bekannten Werten zu.

Der als Sonderfall im Abschn. 3.3.4 bereits behandelte *Auflagerring mit horizontalen Auflagerkragarmen* entspricht dem in Abb. 24b und 29b dargestellten System, das durch Kombination der Grundsysteme 1 und 3 entstand. Die zugehörigen Berechnungsformeln sind im erwähnten Abschnitt bereits hergeleitet und ausgewertet, sowie in den Abb. 103, S. 153, Abb. 104, S. 154, Abb. 105, S. 155 die Rechenergebnisse niedergelegt worden. Die vollständige Erfassung der Abhängigkeiten zwischen Auflagerwinkel ψ_0 und den Schnittgrößen in markanten Querschnitten macht noch die Festlegung von Extremwerten der Faktoren $k_{M_a}^{I/II}$ erforderlich. Sie wird nachstehend durchgeführt.

Gemäß Gl. (177) ist im Bereich I

$$k_{M_a}^{I} = \frac{1}{2 \cdot \pi} \cdot \left[\frac{\pi}{2} - \psi \cdot \sin \psi - \frac{3}{2} \cdot \cos \psi + \frac{a}{R} \cdot \left(\frac{\pi}{2} - 2 \cdot \cos \psi \right) \right],$$

$$\frac{d(k_{M_a}^{I})}{d\psi} = \frac{1}{2 \cdot \pi} \cdot \left[- \sin \psi - \psi \cdot \cos \psi + \frac{3}{2} \cdot \sin \psi + 2 \cdot \frac{a}{R} \cdot \sin \psi \right]. \tag{303a}$$

Durch Nullsetzen entsteht

$$\frac{d(k_{M_a}^{I})}{d\psi} = 0 = - \sin \psi - \psi \cdot \cos \psi + \frac{3}{2} \cdot \sin \psi + 2 \cdot \frac{a}{R} \cdot \sin \psi$$

$$= \sin \psi \cdot \left(- 1 + \frac{3}{2} + 2 \cdot \frac{a}{R} \right) - \psi \cdot \cos \psi, \tag{303b}$$

$$\boxed{\psi = \left(\frac{1}{2} + 2 \cdot \frac{a}{R} \right) \cdot \tan \psi}\,. \tag{304}$$

Infolge der herrschenden Symmetrie gilt für den Bereich II

$$\boxed{\psi_{\text{(Bereich II)}} = \pi - \psi_{\text{(Bereich I)}}}\,. \tag{305}$$

Die Lösungen dieser Gleichungen ergeben zusammen mit den Gln. (177) und (179) die in Tab. 4 festgehaltenen Werte für alle im Druckrohrlei-

8*

tungsbau üblichen Verhältnisse a/R. Die zugeordneten Hilfsfaktoren sind gleichzeitig mit Werten für andere ausgezeichnete Ringträgerquerschnitte in Abb. 66 aufgetragen. Aus den dort ersichtlichen Abhängigkeiten der Hilfsfaktoren $k_{Ma}^{I/II}$ von dem für die Größe der Exzentrizität charakteristischen Verhältnis a/R läßt sich ein günstiger Wert $a/R = 0{,}04$ ablesen, bei dem die Faktoren $k_M^{I/II}$ und $k_{\psi_0}^{I/II}$ gleiche Größen erreichen und sich gleichzeitig die kleinsten Werte der für die Bemessung maß-

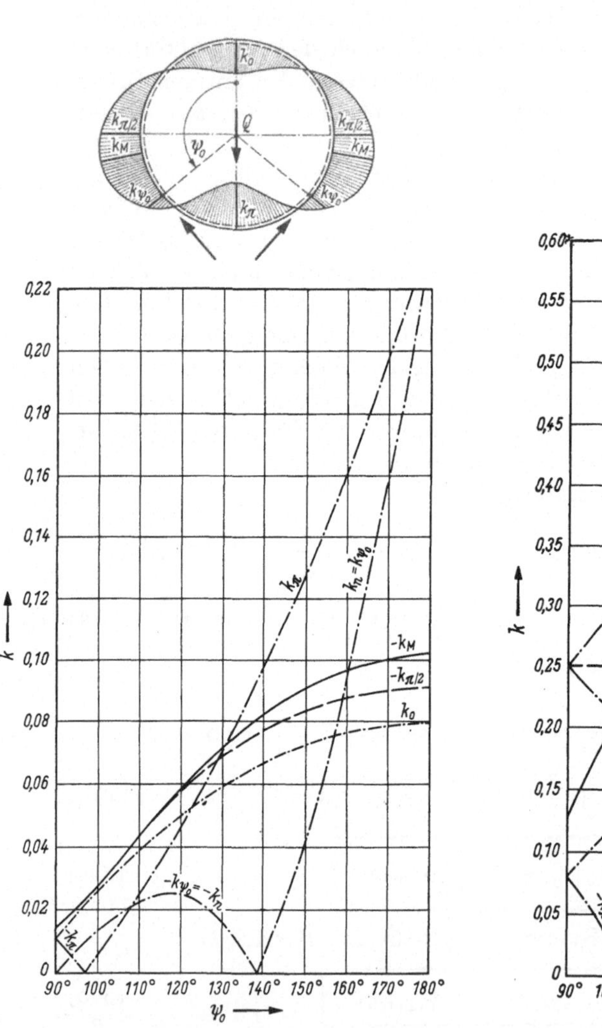

Abb. 64. Grundsystem 1/2*.

Faktoren $k_{M1/2*}^{I/II}$ zur Berechnung der *Biegemomente* an ausgezeichneten Stellen des Auflagerringes.

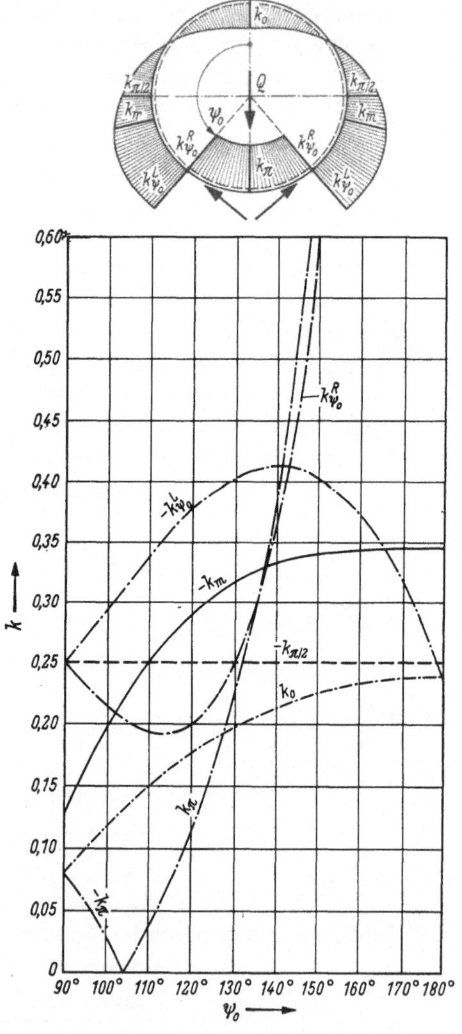

Abb. 65. Grundsystem 1/2*.

Faktoren $k_{N1/2*}^{I/II}$ zur Berechnung der *Normalkräfte* an ausgezeichneten Stellen des Auflagerringes.

gebenden Biegemomente einstellen. Die Normalkräfte besitzen im vorliegenden System für die Auswahl eines zweckmäßigen Exzentrizitätsmaßes nur untergeordnete Bedeutung, weil — wie die durch Auswertung der Gln. (181) und (183) bzw. der Abb. 103, S. 153 und 104, S. 154, entstandene Abb. 67 zeigt — die maximale Normalkraft $\left(\text{bei } \psi = \dfrac{\pi}{2}\right)$ von der Exzentrizität unabhängig ist. Die im Schaubild erfaßten Verhältnisse für $\dfrac{r-a}{R}$ schließen alle im Druckrohrleitungsbau gebräuchlichen ein.

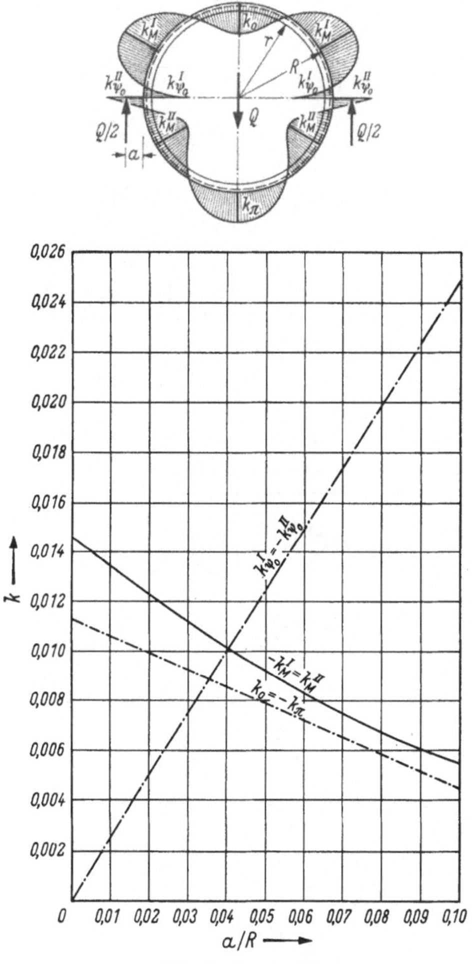

Abb. 66. Sonderfall.

Faktoren $k_{M_a}^{I/II}$ zur Berechnung der *Biegemomente* an ausgezeichneten Stellen des Auflagerringes.

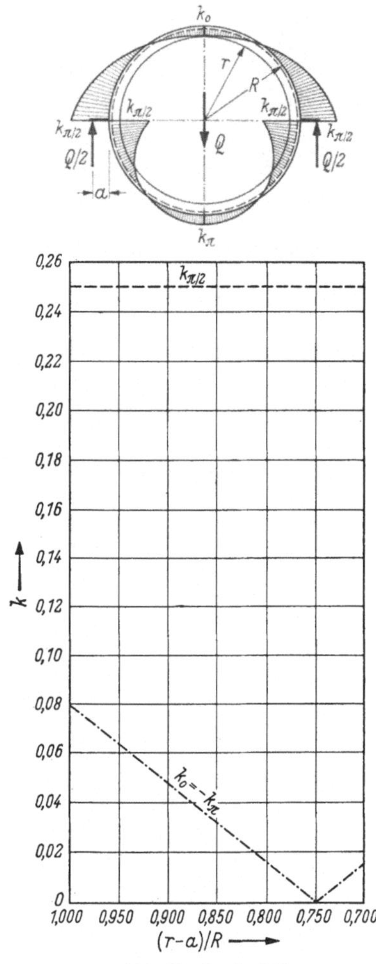

Abb. 67. Sonderfall.

Faktoren $k_{N_a}^{I/II}$ zur Berechnung der *Normalkräfte* an ausgezeichneten Stellen des Auflagerringes.

Durch Kombination der Grundsysteme 1, 2 und 3 entsteht ein *Auflagerringsystem* mit *radialgerichteten Kragarmen* an *beliebiger Stelle*, wie es die Abb. 24c und 29c wiedergeben. Das Kombinationsgesetz dazu lautet wie folgt

$$M_{\psi_0}^{I/II} = Q \cdot R \cdot k_{M_1}^{I/II} - H \cdot R \cdot k_{M_2}^{I/II} + M_{\psi_0} \cdot k_{M_3}^{I/II}. \tag{306}$$

Aus Abb. 68 können dazu weitere Zusammenhänge abgelesen werden:

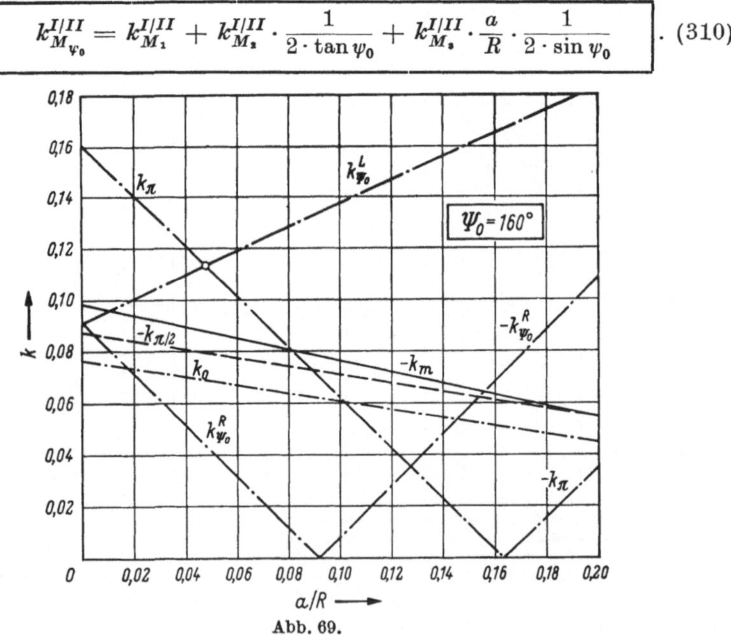

$$\tan(180° - \psi_0) = \frac{Q/2}{H},$$

$$H = \frac{Q}{2 \cdot \tan(180° - \psi_0)} = -\frac{Q}{2 \cdot \tan\psi_0} \tag{307a, b}$$

und

$$M_{\psi_0} = A \cdot a; \quad A = \frac{Q}{2 \cdot \sin(180° - \psi_0)} = \frac{Q}{2 \cdot \sin\psi_0}, \tag{308a, b}$$

und damit

$$M_{\psi_0} = Q \cdot R \cdot \frac{a}{R} \cdot \frac{1}{2 \cdot \sin\psi_0}. \tag{308c}$$

Abb. 68.

Damit wird aus obigem Kombinationsgesetz:

$$M_{\psi_0} = Q \cdot R \cdot \left(k_{M_1}^{I/II} + k_{M_2}^{I/II} \cdot \frac{1}{2 \cdot \tan\psi_0} + k_{M_3}^{I/II} \cdot \frac{a}{R} \cdot \frac{1}{2 \cdot \sin\psi_0} \right). \tag{309}$$

Wird der Klammerausdruck einem Hilfsfaktor gleichgesetzt, dann entsteht

$$\boxed{ k_{M_{\psi_0}}^{I/II} = k_{M_1}^{I/II} + k_{M_2}^{I/II} \cdot \frac{1}{2 \cdot \tan\psi_0} + k_{M_3}^{I/II} \cdot \frac{a}{R} \cdot \frac{1}{2 \cdot \sin\psi_0} } \tag{310}$$

Abb. 69.

Damit gilt folgende Beziehung

$$\boxed{M_{\psi_0}^{I/II} = Q \cdot R \cdot k_{M_{\psi_0}}^{I/II}}\,.$$ (311)

In Analogie dazu erhält man für die Normalkräfte

$$\boxed{N_{\psi_0}^{I/II} = Q \cdot k_{N_{\psi_0}}^{I/II}}\,,$$ (312)

$$\boxed{k_{N_{\psi_0}}^{I/II} = k_{N_1}^{I/II} + k_{N_2}^{I/II} \cdot \frac{1}{2 \cdot \tan \psi_0} + k_{N_3}^{I/II} \cdot \frac{a}{R} \cdot \frac{1}{2 \cdot \sin \psi_0}}\,.$$ (313)

Die in den Formeln zu benutzenden Größen für $k_{M_1}^{I/II}$, $k_{M_2}^{I/II}$, $k_{M_3}^{I/II}$ und $k_{N_1}^{I/II}$, $k_{N_2}^{I/II}$, $k_{N_3}^{I/II}$ (welche vom Winkel ψ_0 abhängen), lassen sich aus den Gln.(129/ 131), (141/143), (161/163) und (133/135), (145/147), (165) errechnen, bzw. aus den Abb. 94, S. 144, Abb. 97, S. 147, Abb. 100, S. 150, Abb. 95, S. 145, Abb. 98, S. 148, Abb. 101, S. 151 ablesen. Darüber hinaus besteht für die Hilfsfaktoren $k_{M_{\psi_0}}^{I/II}$ und $k_{N_{\psi_0}}^{I/II}$ noch eine Abhängigkeit vom Verhältnis a/R. Durch Feststellen dieser Abhängigkeit bei verschiedenen Auflagerwinkeln ψ_0 (wie es z. B. in den Abb. 66 und 69 für $\psi_0 = 90°$ und $\psi_0 = 160°$ geschieht) kann für die jeweiligen Auflagerwinkel ψ_0 *das* Verhältnis a/R im Schnittpunkt zweier Geraden (bei $\psi_0 = 90°$ sind es die Kurven für k_M und k_{ψ_0}, bei $\psi_0 = 160°$ sind es die Kurven für k_π und k_{ψ_0}) gefunden werden, das bei Anwendung des zugehörigen Auflagerwinkels ψ_0 die kleinstmöglichen Biegemomente im Ringträger garantiert. Kurve *A* der Abb. 70 gibt für alle

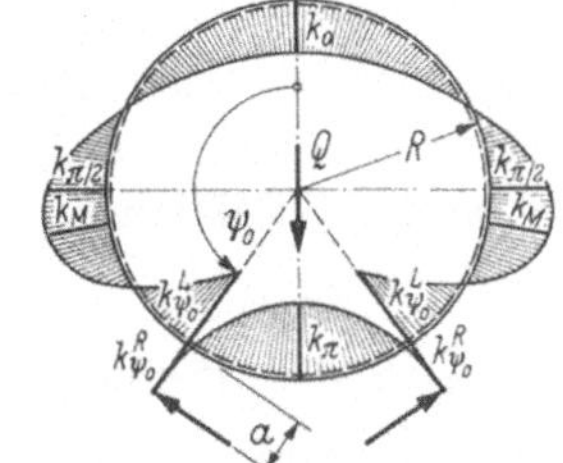

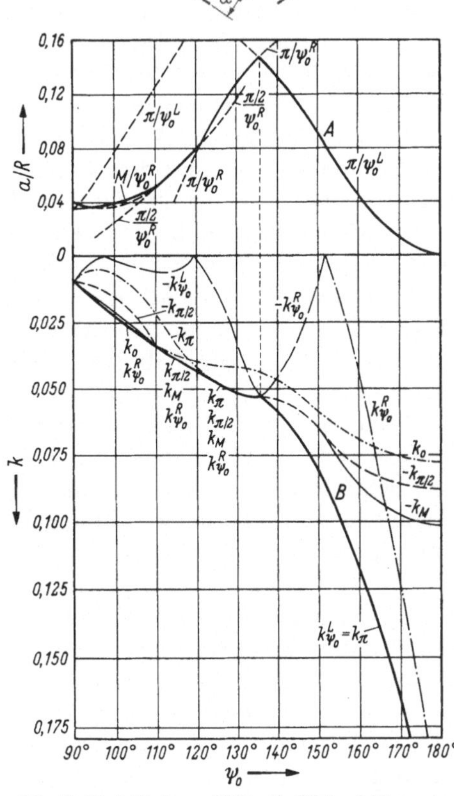

Abb. 70. Verhältnisse a/R für die Minimal-Momentenbeanspruchung (Kurve *A*). Faktoren zur Berechnung der zugehörigen *Biegemomente* (Kurve *B*).

Winkel ψ_0 diese Verhältnisse an. Sie besteht aus mehreren Kurvenstücken, an denen jeweils die für die Bemessung maßgebenden Ringträgerquerschnitte angegeben sind. Kurve B der Abbildung legt die Größe der für die Bemessung maßgebenden Hilfsfaktoren fest. Im gleichen Schaubild lassen sich ferner für andere markante Ringträgerquerschnitte die Hilfsfaktoren zur Biegemomentenbestimmung feststellen. An Hand dieser Darstellung ist ein besonders günstiger Bereich zwischen $\psi_0 = 90°$ und $\psi_0 = 135°$ abzugrenzen, innerhalb dessen die Biegemomente verhältnismäßig niedrig bleiben. Die Normalkräfte besitzen beim vorliegenden System, ähnlich wie beim zuvor behandelten, eine untergeordnete Bedeutung für die Wahl einer zweckmäßigen Auflagerringausbildung und bedürfen in diesem Zusammenhang keiner weiteren Erläuterung.

3.4.2 Die streckenweise gestützten Auflagerringe

Die Sattellagerung von ringversteiften Rohrsträngen und deren Lagerung auf ebenen Gleitblechen verursacht Auflagerkräfte in Form von Streckenlasten, wie sie Abb. 29g und h wiedergibt. Die rechnerische Erfassung der Schnittgrößen dieser Auflagerringsysteme geschieht, wie in Abschn. 3.3.5 bis 3.3.7 erwähnt wurde, durch Überlagerung der Grundsysteme 4 bis 6 mit dem Sonderfall 1 S von Grundsystem 1, wodurch wiederum Hilfsfaktoren zur Rechenvereinfachung abgeleitet werden können und außerdem Vergleichsmöglichkeiten zur Auswahl günstiger Lagerungsweisen geschaffen sind.

Auflagerringsysteme mit gleichmäßig verteilten radialen Auflagerpressungen haben die in den Abb. 109, S. 159, Abb. 110, S. 160 und Abb. 111, S. 161, festgehaltenen Schnittgrößenfaktoren (des Grundsystems 4) zur Folge. Diese müssen den aus Abb. 106, S. 156, Abb. 107, S. 157 und Abb. 108, S. 158, oder den Tabellen dieser Abbildungen, sowie Tab. 1 und 2 zu entnehmenden Faktoren, welche aus der Querkraftbzw. Schubbelastung von System 1S (Sonderfall von Grundsystem 1) entstanden sind, überlagert werden. Diese Superposition für markante Ringträgerquerschnitte bei verschiedenen Auflagerwinkeln ψ_0 zwischen 90° und 180° vorgenommen, führt zu den Darstellungen der Abb. 71 und 72. Sie geben die Abhängigkeit der Hilfsfaktoren $k_{M1S/4}^{I/II}$ und $k_{N1S/4}^{I/II}$ — und damit auch der Biegemomente und Normalkräfte dieser Querschnitte — vom Auflagerwinkel ψ_0 wieder und weisen bei $\psi_0 = 90°$ die geringsten Biegebeanspruchungen (allerdings auch die größten — wenn auch für die Systemwahl unbedeutenden — Normalkräfte) nach. Die Biegemomente nehmen bis etwa $\psi_0 = 130°$ langsam, und von da an schneller zu, so daß die beiden genannten Winkel als Grenze für einen günstigen Bereich angesprochen werden können. Die bei einem Span-

nungsnachweis maßgebenden Größen für max M (Linie k_M) und die
zugehörige Normalkraft (Linie k_m), sowie für max N (Linie k_N) und das
zugehörige Biegemoment (Linie k_n), und außerdem die Stellen ihres
Auftretens (Winkel ψ_M bzw. ψ_N) können der Tab. 5a entnommen werden. Die Kurvendarstellung dieser Größen führt wegen der Verschiebung

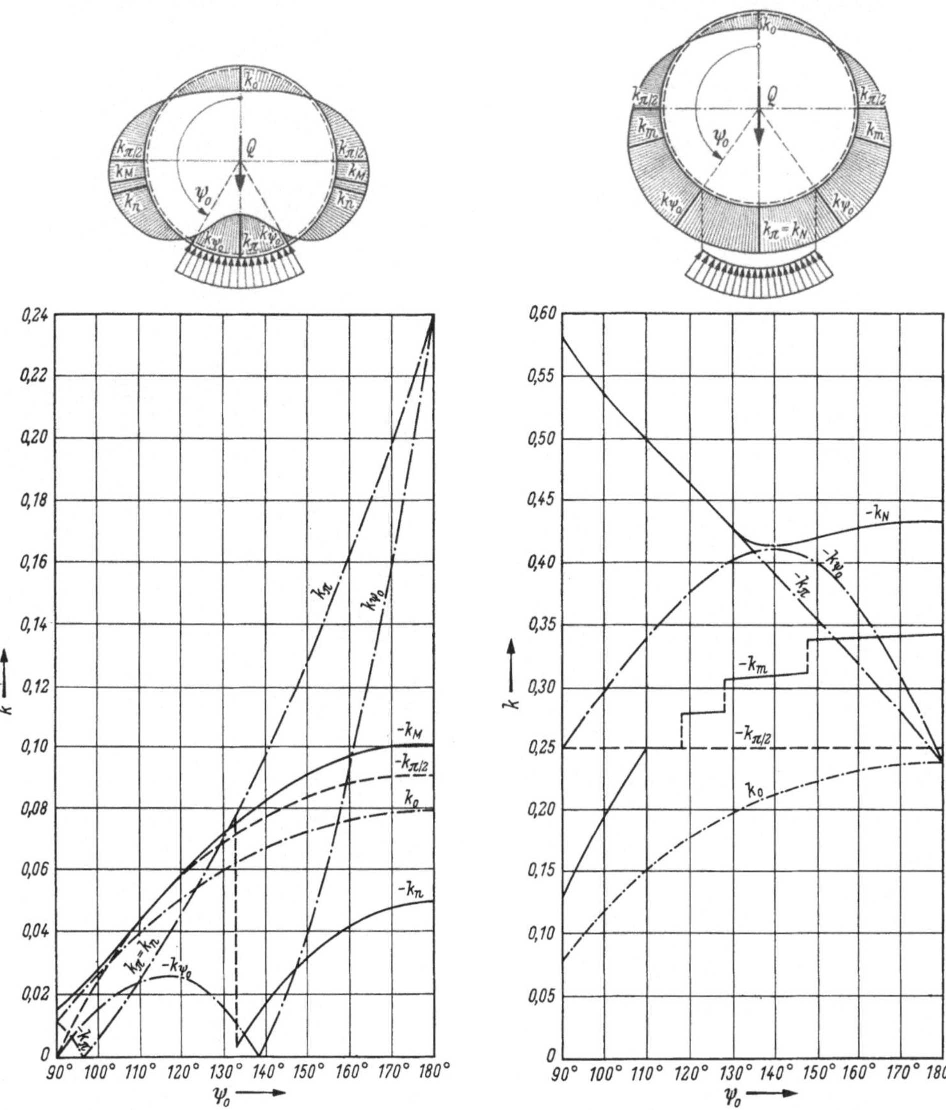

Abb. 71. Grundsystem 1 S/4.
Faktoren $k^{I/II}_{M1S/4}$ zur Berechnung der *Biegemomente*
an ausgezeichneten Stellen des Auflagerringes.

Abb. 72. Grundsystem 1 S/4.
Faktoren $k^{I/II}_{N1S/4}$ zur Berechnung der *Normalkräfte* an
ausgezeichneten Stellen des Auflagerringes.

der maßgebenden Querschnitte (Winkel ψ_M bzw. ψ_N) mitunter zu Unstetigkeiten im Kurvenverlauf.

Treten bei der gleichen Lagerungsweise *veränderliche radiale Auflagerpressungen auf*, so muß bei einer Schnittgrößenbestimmung Lastfall 1S mit Grundsystem 5 überlagert werden, wobei die entsprechenden Einzelwerte der Berechnungsfaktoren den Abb. 106, S. 156, Abb. 107,

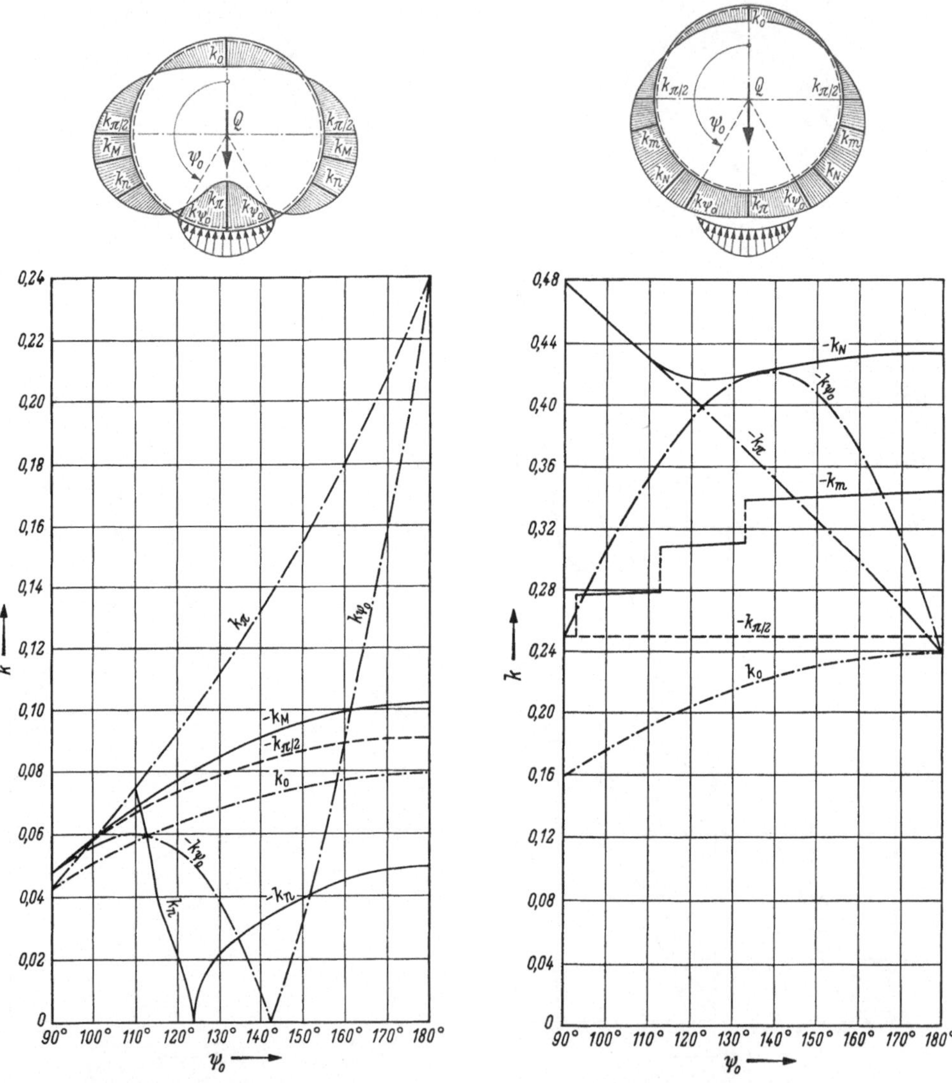

Abb. 73. Grundsystem 1 S/5.

Faktoren $k_{M1S/5}^{I/II}$ zur Berechnung der *Biegemomente* an ausgezeichneten Stellen des Auflagerringes.

Abb. 74. Grundsystem 1 S/5.

Faktoren $k_{N1S/5}^{I/II}$ zur Berechnung der *Normalkräfte* an ausgezeichneten Stellen des Auflagerringes.

Tabelle 5. *Lage der Extremwerte von Biegemoment und Normalkraft in den streckenweise gestützten Auflagerringsystemen und Berechnungsfaktoren zu ihrer Bestimmung*

a) Auflagerring mit gleichmäßig verteilten radialen Auflagerpressungen

ψ_0	90°	100°	110°	120°	130°	140°	150°	160°	170°	180°
ψ_M	65°	80°	90°	95°	100°	100°	105°	105°	105°	105°
k_M	—0,01453	—0,02789	—0,04307	—0,05802	—0,07103	—0,08224	—0,09063	—0,09701	—0,10075	—0,10198
k_m	—0,13001	—0,19822	—0,25000	—0,27821	—0,30761	—0,31037	—0,33968	—0,34183	—0,34310	—0,34352
ψ_N	180°	180°	180°	180°	180°	135°	135°	135°	135°	135°
k_N	—0,57958	—0,53831	—0,50045	—0,46448	—0,42927	—0,41507	—0,42350	—0,42937	—0,43283	—0,43397
k_n	—0,01127	+0,00565	+0,02478	+0,04628	+0,07035	—0,01713	—0,03175	—0,04185	—0,04779	—0,04974

b) Auflagerring mit veränderlichen radialen Auflagerpressungen

ψ_0	90°	100°	110°	120°	130°	140°	150°	160°	170°	180°
ψ_M	90°	95°	95°	100°	100°	105°	105°	105°	105°	105°
k_M	—0,04745	—0,05819	—0,06803	—0,07699	—0,08449	—0,09056	—0,09562	—0,09917	—0,10128	—0,10198
k_m	—0,25000	—0,27829	—0,27961	—0,30910	—0,31095	—0,33967	—0,34136	—0,34256	—0,34328	—0,34352
ψ_N	180°	180°	180°	145°	135°	135°	135°	135°	135°	135°
k_N	—0,47746	—0,45297	—0,42861	—0,41548	—0,41761	—0,42345	—0,42809	—0,43137	—0,43332	—0,43397
k_n	+,004343	+0,05770	+0,07353	+0,02210	—0,02135	—0,03165	—0,03965	—0,04528	—0,04863	—0,04974

c) Auflagerring mit gleichmäßig verteilter vertikaler Auflagerpressung

ψ_0	90°	100°	110°	120°	130°	140°	150°	160°	170°	180°
ψ_M	95°	95°	95°	100°	100°	100°	105°	105°	105°	105°
k_M	—0,06383	—0,06490	—0,06795	—0,07287	—0,07908	—0,08557	—0,09183	—0,09725	—0,10076	—0,14177
k_m	—0,27717	—0,27921	—0,27961	—0,30810	—0,30961	—0,31121	—0,34008	—0,34191	—0,34310	—0,34352
ψ_N	115°	115°	115°	120°	130°	135°	135°	135°	135°	135°
k_N	—0,32553	—0,33254	—0,35451	—0,38815	—0,41007	—0,41848	—0,42460	—0,42959	—0,43284	—0,43397
k_n	—0,04816	—0,04914	—0,05247	—0,04903	—0,03021	—0,02303	—0,03364	—0,04223	—0,04781	—0,08953

S. 157 und Abb. 108, S. 158 sowie Abb. 112, S. 162, Abb. 115, S. 165, Abb. 113, S. 163, Abb. 116, S. 166 und Abb. 114, S. 164, Abb. 117, S. 167, zu entnehmen sind. Die zur Auflagerringbemessung maßgebenden Hilfsfaktoren, die wieder in direkt-proportionalem Verhältnis zu ihren Schnittgrößen stehen, lassen sich aus den Abb. 73 und 74, bzw. zusammen mit den Winkeln ψ_M und ψ_N (die die maßgebenden Quer-

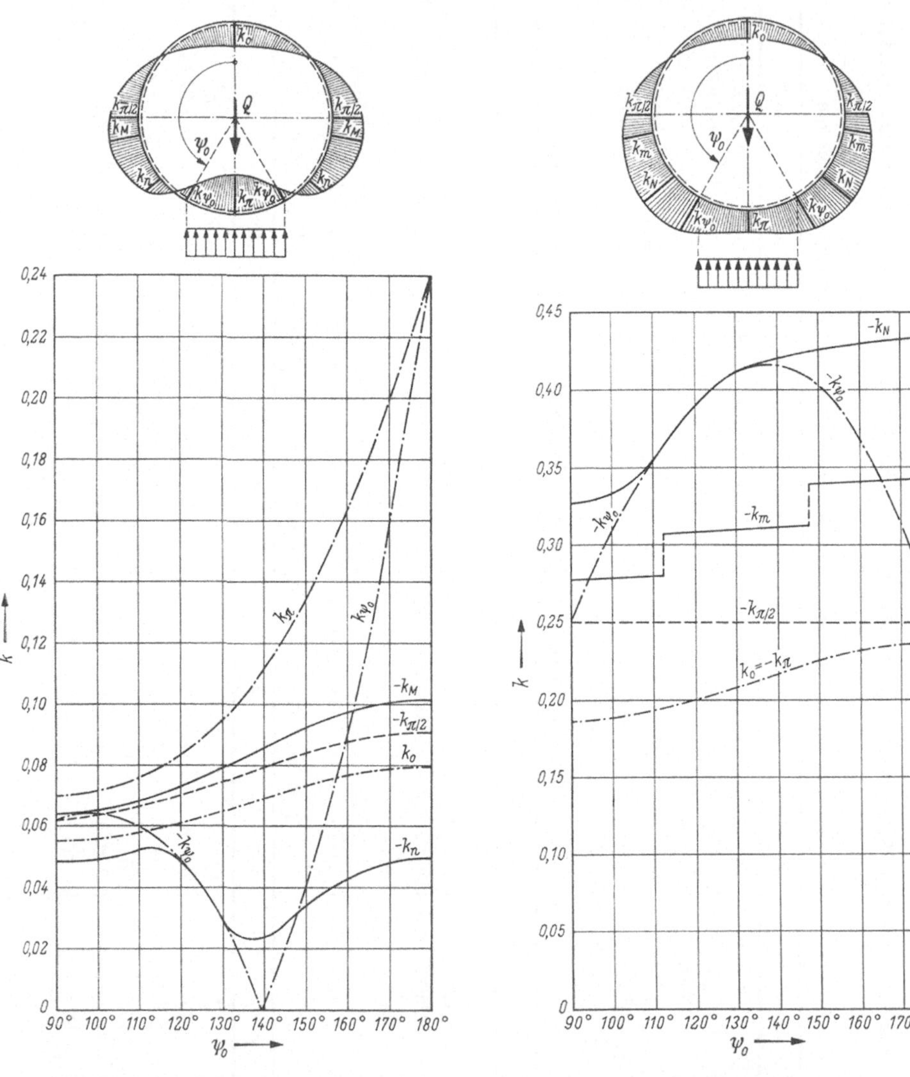

Abb. 75. Grundsystem 1 S/6.

Faktoren $k_{M1S/6}^{I/II}$ zur Berechnung der *Biegemomente* an ausgezeichneten Stellen des Auflagerringes.

Abb. 76. Grundsystem 1 S/6.

Faktoren $k_{N1S/6}^{I/II}$ zur Berechnung der *Normalkräfte* an ausgezeichneten Stellen des Auflagerringes.

schnitte festlegen) aus der Tab. 5b ablesen. Die Kurvendarstellungen weisen für $k_{M1S/5}^{I/II}$ eine noch günstigere untere Grenze bei $\psi_0 = 90°$ aus als im Fall gleichmäßiger radialer Pressungen. Die Werte der maßgebenden Berechnungsfaktoren (Linie k_π und k_M) nehmen aber mit steigendem Auflagerwinkel rasch zu und erreichen bei $\psi_0 = 110°$ schon dieselbe Höhe, die sich im Falle gleichmäßiger Radialpressungen erst bei $\psi_0 = 130°$ einstellt, während sich die maximale Normalkraft (Linie k_π und k_N) geringfügig kleiner als die des letztgenannten Falles darstellt.

Bei einer *Gleitblechlagerung* (Abb. 24h) treten *gleichmäßig verteilte, vertikale Auflagerpressungen* auf, wie sie Abb. 29h wiedergibt. Die Behandlung derartiger Systeme besteht in der Überlagerung von Lastfall 1S mit Grundsystem 6, deren Berechnungsfaktoren den Abb. 106, S. 156; Abb. 107, S. 157, Abb. 108, S. 158 sowie Abb. 118, S. 168, Abb. 119, S. 169 und Abb. 120, S. 170, zu entnehmen sind. Diese Superposition ist für markante Ringträgerquerschnitte durchgeführt worden. Die daraus entstandenen Faktoren $k_{M1S/6}^{I/II}$ und $k_{N1S/6}^{I/II}$ sind für verschiedene Auflagerwinkel ψ_0 in Abb. 75 und 76 wiedergegeben. Diese Darstellungen kennzeichnen wiederum den Winkel $\psi_0 = 90°$ als besonders günstig und grenzen (diesmal in Übereinstimmung mit den Normalkräften) den günstigen Bereich scheinbar bei $\psi_0 = 110°$ nach oben ab. Berücksichtigt man aber, daß beim vorliegenden System die Ringträgerhöhe aus konstruktiven Gründen (Abb. 24h) im unteren Scheitelbereich vergrößert wird und damit das Widerstandsmoment ansteigt, so wird für praktisch ausführbare Auflagerwinkel ψ_0 nicht mehr die Stelle $\psi = \pi$ (Faktor k_π), sondern die dem Faktor k_M zugehörige, bestimmend für die Bemessung. Der günstige Bereich wird somit bis etwa $\psi_0 = 130°$ erweitert. Die Lage dieser Querschnittsstelle (ψ_M), die genaue Größe des Berechnungsfaktors (k_M), sowie der Berechnungsfaktor seiner zugeordneten Normalkraft (k_m) können zusammen mit entsprechenden Werten für die maximale Normalkraft aus Tab. 5c entnommen werden.

3.4.3 Vergleich der örtlich und streckenweise gestützten Auflagerringe

In vorausgegangenen Erläuterungen wurde festgestellt, daß die Normalkraft im Auflagerring nur geringe Bedeutung beim Vergleich und bei der Auswahl vorteilhafter Systeme besitzt. In diesem Zusammenhang kann deshalb zunächst der Vergleich der auftretenden Biegemomente bzw. (wegen der direkten Proportionalität) der Vergleich der den Biegemomenten zugeordneten Berechnungsfaktoren k herangezogen werden, während bei einer späteren Bemessung und bei Spannungsnachweisen selbstverständlich beide Schnittgrößen — nämlich Biegemoment und Normalkraft — zu berücksichtigen und nach den hergeleiteten Formeln und mit Hilfe der Schaubilder leicht festzustellen sind.

Ein übersichtlicher Vergleich der Berechnungsfaktoren k für die behandelten Auflagerringsysteme ist bei verschiedenen Auflagerwinkeln ψ_0 an Hand Abb. 77 möglich. Dort sind die für die Berechnung der maximalen Biegemomente maßgebenden Faktoren für Auflagerwinkel ψ_0 zwischen 90° und 180° zusammengestellt. Die Kurven dieser Darstellung geben für die einzelnen Systeme jeweils Größtwerte der

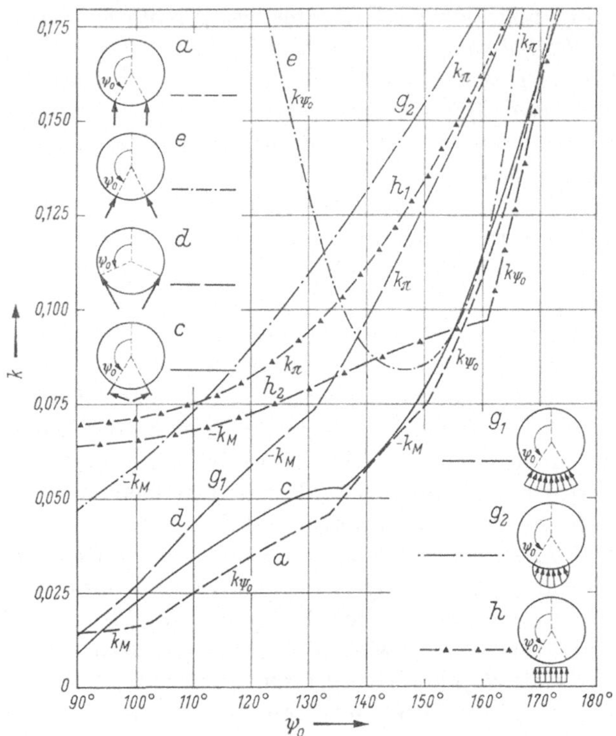

Abb. 77. Größtwerte der Faktoren k_M zur Berechnung der maximalen Biegemomente in verschiedenen Auflagerringen.

Berechnungsfaktoren an und stellen somit die oberen Hüllkurven der Berechnungsfaktoren für Biegemomente dar. In dieser Wiedergabe zeichnen sich in allen Bereichen besonders die Systeme a und c aus. Dabei ist insbesondere der Sonderfall von System c, der exzentrisch ($a/R = 0,04$) auf horizontalen ($\psi_0 = 90°$) Kragarmen gelagerte Ringträger herauszuheben, der den kleinstmöglichen maßgebenden Berechnungsfaktor k aufweist. Die Systeme d und g_1 liefern im Bereich zwischen $\psi_0 = 90°$ und $\psi_0 = 130°$ und das System e im Bereich oberhalb $\psi_0 = 150°$ ähnlich vorteilhafte Werte wie die Systeme a und c.

Ein Vergleich der Kurven g_1 und g_2, die als Folge unterschiedlicher Pressungsverteilung bei gleicher Lagerungsweise entstehen, beweist den großen Einfluß einer Änderung der Pressungsverteilung, bzw. die Bedeutung konstruktiver Maßnahmen, die eine der Berechnung zugrunde liegende Pressungsverteilung garantieren müssen. Der Kurvenzug g_1, der fast genau den gleichen Verlauf nimmt wie der dem System d zugeordnete, weist beiden Systemen im Hinblick auf die Verhältnisse bei den übrigen Lagerungsweisen einen zweckmäßigen Anwendungsbereich zwischen $\psi_0 = 90°$ und $\psi_0 = 130°$ zu.

Durch Kurve h_1 werden die Größtwerte der Berechnungsfaktoren bei einer Gleitblechlagerung angegeben, für einen Systemvergleich muß jedoch Kurve h_2 herangezogen werden, weil (wie auch in Abschn. 3.4.2 erläutert) wegen des erhöhten Widerstandsmomentes im der Kurve h_1 zugeordneten Ringträgerquerschnitt dieser nicht für die Bemessung maßgebend wird. Damit erreicht dieses infolge seiner ebenen Bewegungsfreiheit für Verteilrohrleitungen bedeutsame Auflagerringsystem auch bei geraden Fallrohrleitungen, bei Auflagerwinkeln ψ_0 zwischen 130° und 170° eine gewisse Bedeutung.

Im Zusammenhang mit den radialen Auflagerpressungen unter einem Auflagerring ist auch auf die (im Rahmen der vorliegenden Arbeit nicht zu behandelnde) flächenhafte Lagerung eines unversteiften Rohres hinzuweisen, wie sie GIRKMANN in [90] behandelt hat und wie sie in Abb. 78 zusammen mit den aus einer Auflagerkraft $Q = 15{,}32$

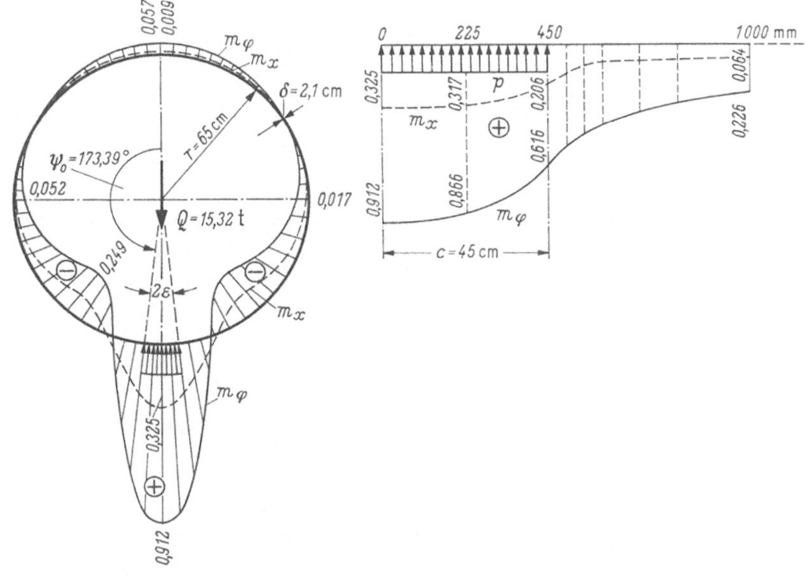

Abb. 78. Gleitblechlagerung eines unversteiften Rohres.

resultierenden Längs- und Umfangsbiegemomenten dargestellt ist. Dieselbe Lagerungsweise eines ringsversteiften Rohres gleicher Abmessungen und Belastung würde im unteren Scheitel (der in beiden Fällen für die Dimensionierung maßgebend wird) ein um etwa 65% kleineres Biegemoment in Umfangsrichtung ergeben, so daß dieser Lagerungsfall nur (wie bei GIRKMANN auch vorausgesetzt) bei Hochdruckleitungen kleinerer Durchmesser wirtschaftlich ist.

Die Schnittgrößen und der ihnen nahezu proportionale Stahlaufwand bei der Fabrikation der Auflagerringe, können aber nicht allein Vergleichsbasis bei der Auswahl vorteilhafter Lagerungsweisen sein.

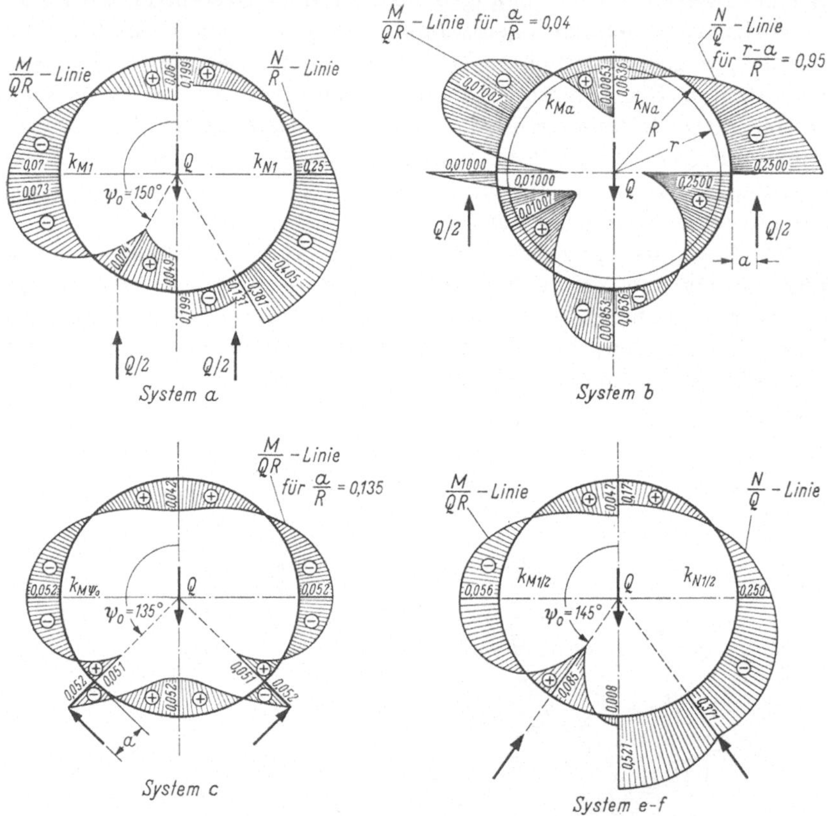

Abb. 79. Verlauf der k_M- und k_N-Linie bei örtlich gestützten Auflagerringen (Systembezeichnung nach Abb. 24 bzw. 29).

Es müssen vielmehr weitere, mit den Lagerungsweisen zusammenhängende Aufwendungen für die Konstruktion und vor allem für die Fundamentherstellung mit in die Betrachtungen einbezogen werden. Diese Faktoren sind jedoch durch verschiedene Einflüsse herstellungs-

und montagetechnischer Art geprägt sowie durch Material- und Lohn-
kosten, durch den Baustellencharakter, die Bodenverhältnisse und
anderes beeinflußt, so daß keine allgemeingültigen Feststellungen ge-
troffen werden können. Als allgemeine Tendenz kann jedoch festgehalten werden, daß mit wachsender Fundamentbreite — also mit abnehmenden Auflagerwinkeln ψ_0 — die vorgenannten Einflüsse teilweise

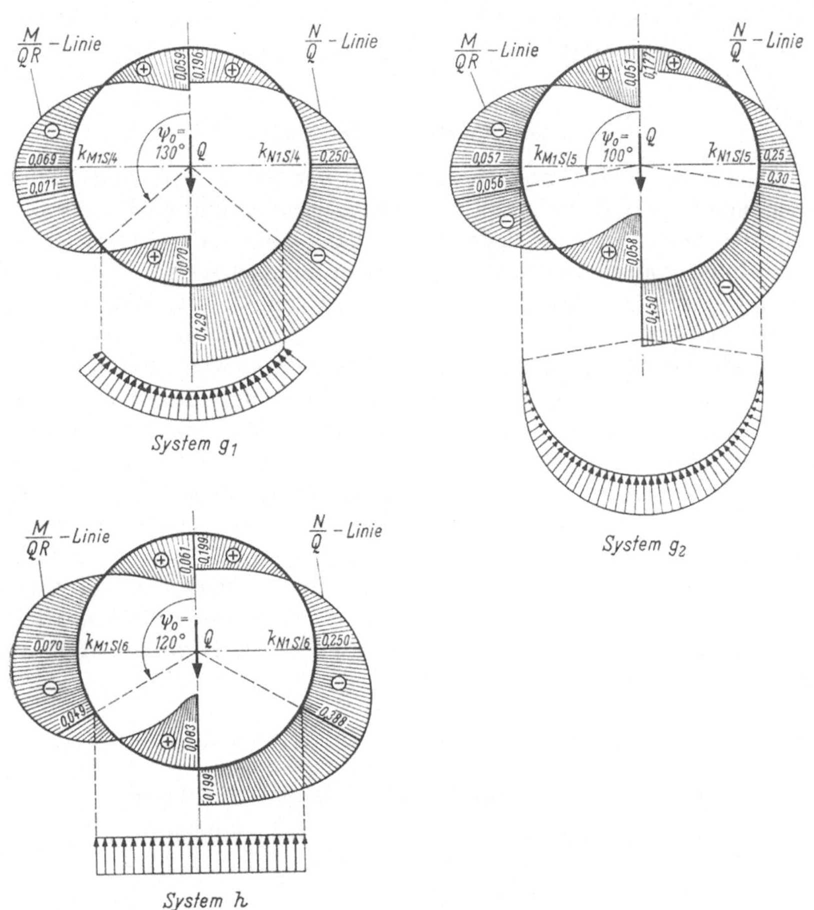

Abb. 80. Verlauf der k_M- und k_N-Linie bei streckenweise gestützten Auflagerringen (Systembezeichnung nach Abb. 24 bzw. 29).

zunehmende Bedeutung erlangen und die für kleine Auflagerwinkel ψ_0
aus Abb. 77 zuvor abgeleiteten Vorteile gedämpft werden. Machen
schlechte Untergrundverhältnisse ohnehin große Fundamentflächen erforderlich, so werden allerdings jene Lagerungsweisen, die sich bei

9 Mang, Druckrohrleitungen

kleinen Auflagerwinkeln gemäß Abb. 77 auszeichnen, stets vorteilhaft angewandt. Bei großen Auflagerwinkeln schaffen insbesondere *die* Systeme günstige Verhältnisse im Fundamentblock (Rissefreiheit, Bewehrungseinsparung), deren Auflagerkräfte infolge ihrer Neigung einen Druckspannungszustand im Beton erzeugen.

Für die örtlich und streckenweise gestützten Auflagerringe geben Abb. 79 und 80, bei jeweils typischen Auflagerwinkeln ψ_0, die Verteilung von Biegemoment und Normalkraft, bzw. der dazu direkt proportionalen Berechnungsfaktoren k, über den Ringträger an.

3.5 Zusammenfassung

In Abschn. 3 wird nach Feststellung der Grundlagen und Voraussetzungen für die Berechnung von Auflagerringen und nach einer Sichtung der bisher in diesem Zusammenhang bekannten Literatur eine Aufstellung von im Druckrohrleitungsbau möglichen Lagerungsweisen der Auflagerringe angefertigt. Auf dieser Grundlage wird eine Zusammenfassung zu allgemeingültigen Lagerungsfällen und anschließend eine systematische Aufgliederung in Grundsysteme vorgenommen, die nach entsprechender Kombination alle zuvor aufgeführten Lagerungsweisen entstehen lassen. Anschließend werden für diese Grundsysteme und für bedeutsame Sonderfälle, Berechnungsformeln für Biegemoment, Normalkraft und Querkraft abgeleitet und die daraus mittels einer elektronischen Rechenanlage gewonnenen Ergebnisse in Schaubildern mitgeteilt. An Hand geeigneter Darstellungen werden nach Auswertung der Rechenergebnisse charakteristische Merkmale der einzelnen Lagerungsweisen aufgezeigt und verglichen, sowie gewisse Richtlinien für die Auswahl von in speziellen Fällen vorteilhaften Auflagersystemen gegeben.

4. Vergleich von Berechnungsergebnissen mit Meßwerten von Auflagerringsystemen

4.1 Allgemeines

Die theoretischen Grundlagen dieser Arbeit können teilweise an Hand veröffentlichter meßtechnischer Untersuchungen überprüft und bestätigt werden. Dabei sind modellmäßige Untersuchungen, mit klarem Aufbau und eindeutiger Belastung, von Messungen an ausgeführten Bauwerken, mit gewissen Ausführungsmängeln und Belastungsunsicherheiten, zu unterscheiden. Im ersten Fall ist eine befriedigende Übereinstimmung von Messung und Berechnung festzustellen. Im letztgenannten Fall kann diese Übereinstimmung mitunter erst nach Eliminierung gewisser Nebenerscheinungen erzielt werden. Hierbei treten Ansatzpunkte für neue theoretische Untersuchungen zutage, und es werden ferner Einflüsse sichtbar, die bei weiteren Messungen entsprechend berücksichtigt werden könnten.

4.2 Modelluntersuchungen

Für den exzentrisch gelagerten Auflagerring wurden in Abschn. 3.3.4 Formeln und Hilfsfaktoren zur Schnittgrößenbestimmung erarbeitet. In den Abschn. 3.4.1 und 3.4.3 wurden diese Ergebnisse diskutiert und mit jenen aus anderen Systemen verglichen. Dabei konnte dieser Lagerungsfall wegen seiner kleinen Schnittgrößen als besonders vorteilhaft bezeichnet werden.

In [98] wird über Modellversuche an diesem System berichtet. Abbildung 81 gibt den dabei benutzten Versuchsaufbau und Detailausführungen an.

Die Belastung wurde bei diesen Versuchen von oben, in Form von zwei Einzelkräften $(Q/2)$

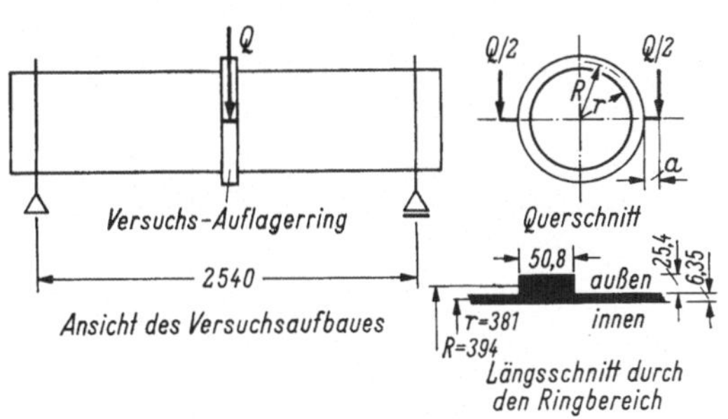

Abb. 81

mit, in einzelnen Versuchsgängen wechselnder Exzentrizität a, in den um 180° verdrehten Auflagerring eingeleitet. Die Dehnungen wurden mittels Dehnungsmeßstreifen an den beiden Außenkanten des Ringprofiles und an der Rohrinnenseite im Abstand von jeweils etwa 15° gemessen und die Meßergebnisse aus paarweise angeordneten Meßstreifen und mehreren Lastwechseln gemittelt. Die rechnerische Momenten- und Normalkraftverteilung war an Hand der Gln. (170/171) und (172/173) bzw. an Hand der Hilfsfaktoren aus den Abb. 103, S. 153 und 104, S. 154, zu finden. Unter Berücksichtigung der mittragenden Rohrschalenbreite [nach Gl. (76)] wurden schließlich die Querschnittswerte des Ringträgers und die Spannungen in den Meßstellen für eine Last $Q = 26{,}5$ t errechnet.

Die Meß- und Rechenwerte sind in Abb. 82 für Exzentrizitäten $a/r = 0$; 0,097 und 0,133, welche den üblichen Bereich des Druckrohrleitungsbaues eingrenzen, mitgeteilt. Wegen der vorhandenen Doppelsymmetrie ist die Darstellung eines Ringträgerquadranten ausreichend. Die Spannungen werden — wie auch die Maße in Abb. 81 — auf das c-g-s-System umgerechnet wiedergegeben. In den Darstellungen der

9*

Abb. 82 ist eine zunehmende Angleichung der Meß- und Rechenwerte mit wachsender Exzentrizität zu verzeichnen. Diese Tendenz setzt sich auch in den anderen Versuchsergebnissen von [98] fort, die hier wegen ihrer im Druckrohrleitungsbau nicht gebräuchlichen übergroßen und auch negativen Exzentrizitäten nicht wiedergegeben sind. Die Abweichungen treten im wesentlichen an der Ringträger-Außenseite auf,

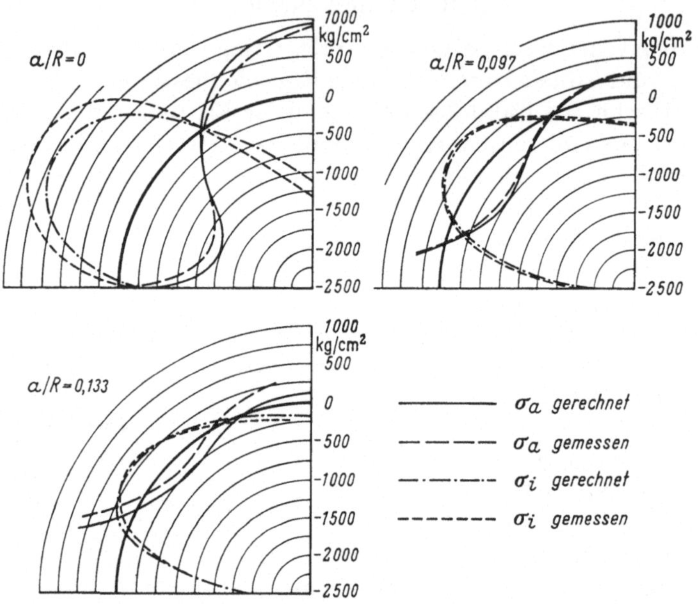

Abb. 82. Errechnete und gemessene Spannungen an der Ringträgerinnen- und -außenseite.

was teilweise durch eine eventuelle Nachgiebigkeit der Schweißverbindung zwischen aufgesetztem Rechteck-Vollquerschnitt und Rohrschale zu erklären ist. Diese Begründung wird auch durch die gegensinnigen Abweichungen an der Rohrinnenseite erhärtet. Grundsätzlich läßt sich aber eine befriedigende Übereinstimmung von Rechnung und Messung feststellen, was eine Bestätigung der zugrunde gelegten Theorien bedeutet.

4.3 Untersuchungen an ausgeführten Bauwerken

Die Auflagerringe der *Druckrohrleitung Leitzach II* stellen die praktische Ausführung des im vorstehenden Abschnitt behandelten Modellsystems dar. An dieser Rohrleitung wurden vom TÜV während der Druckproben und Probeschaltungen Dehnungsmessungen vorgenommen, über die in [99] ausführlich und in [100] kurz berichtet wird.

Weitere Meßergebnisse wurden internen Meßprotokollen entnommen.

	Rechen-ergebnisse	Gemittelte Meßwerte
σ_l	110	160
σ_t	1788	1745
σ_v	1738	1670

Spannungen kg/cm² in Feldmitte an der unteren Rohrmantellinie

	Rechen-ergebnisse	Gemittelte Meßwerte
σ_l	-353	-200
σ_t	1376	1460
σ_v	1582	1570

Spannungen kg/cm² an der Außenseite der Rohrschale im Bereich der mittragenden Breite im Kämpfer des Auflagerringes

Gemäß [99] wurde im Meßbereich der Fallrohrleitung, oberhalb Festpunkt 5, eine teilweise gute Übereinstimmung der rechnerischen und aus Meßergebnissen ermittelten Vergleichsspannung erzielt. Aus Meßprotokollen sind aber auch für einzelne Punkte deutliche Abweichungen festzustellen, die sich — wie vorstehende Tabellen zeigen — erst nach einer Mittelung zugeordneter Meßwerte an die Rechenergebnisse angleichen. Erfahrungsgemäß treten dabei häufig, wie auch hier, auffallende prozentuale Unterschiede in den Längsspannungen auf. Ihre tatsächliche Größe kann nämlich wegen der unsicheren Reibungsverhältnisse in den Stopfbuchsen und Lagern rechnerisch nicht exakt angegeben werden, so daß mit Maximalwerten gerechnet wird. Die rechnerischen Längskräfte aus den vorstehenden Tabellen werden offensichtlich in Wirklichkeit (wie aus den gemittelten Meßwerten erkenntlich) durch Zugkräfte aus behinderter Querdehnung bzw. aus den dadurch aktivierten Reibungskräften überlagert. Die örtlichen Abweichungen der Meßwerte sind durch örtliche Formfehler zu erklären, oder können auf Verformungen an anderen Stellen zurückgehen. Diese Erscheinung, wie man sie z. B. von ebenen Anschlußflanschen nach der Montageverschweißung kennt, kann hier möglicherweise zur Erklärung scheinbar widersprüchlicher Meßergebnisse im Bereich formfehlerfreier Feldmitten (wie auch im Falle der Dükerleitung Leitzach II, unterhalb Festpunkt 11) führen. Sie ließen sich hiermit auf Auflagerringverformungen zurückführen, die wegen der symmetrischen Einflußnahme benachbarter Ringe in den Feldmitten besonders deutliche Erscheinungen verursachen. Theoretische Untersuchungen dieses Phänomens sind bisher unbekannt. Eindeutigere meßtechnische Nachweise erfordern hier einen Mehraufwand an Meßeinrichtungen.

An einem frei in einer Tunnelstrecke verlegten Abschnitt der *Druckrohrleitung Happurg I* wurden vom Mannesmann-Forschungsinstitut Dehnungs- und Verformungsmessungen durchgeführt und in [101] darüber berichtet. Der untersuchte Rohrstrang ist mittels zweistegiger Auflagerringe (Abb. 83) auf Rollen gelagert. Das statische System dieser Ringträger entspricht Grundsystem 1. Die an der Ringträgersteg-

Außenseite (Meßreihe A) und unmittelbar neben dem Steg auf der
Rohrschale (Meßreihe J) in tangentialer Richtung installierten Dehnungsmeßstreifen lieferten die in Abb. 83 aufgezeichneten Spannungen. Vergleichsweise wurden im selben Bild die über Hilfsfaktoren aus

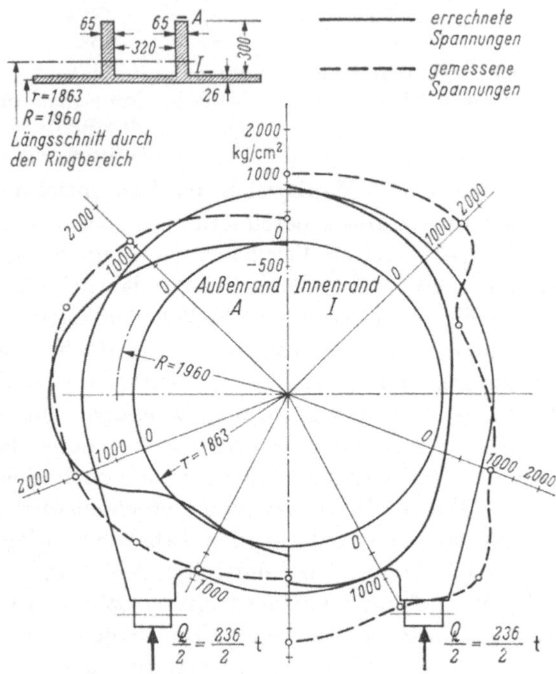

Abb. 83. Errechnete und gemessene Spannungen an der Ringträgeraußen- (Meßreihe A) und Ringträgerinnenseite (Meßreihe J).

Abb. 94 und 95 errechneten und Innendruck- (22,3 atü) und Störbe-
lastungen einschließenden theoretischen Spannungswerte für den nach
Abschn. 2.3 definierten Ringträgerquerschnitt mit angetragen. Es entsteht dabei insbesondere für den Innenrand ein paralleles Kurvenpaar
mit erheblich höheren Meßwerten. Es ist darin zwar die Bestätigung
einer prinzipiell richtigen Berechnungsgrundlage zu sehen, der allerdings größere Auflagerlasten Q zugrunde gelegt werden müssen. Die
Auflager-Krafterhöhung ist im Meßbericht [101] mit ungleichen Stüt-
zensenkungen erklärt, wie sie über Meßuhren an einer Stelle qualitativ
nachgewiesen wurden.

Meßergebnisse aus dem Feldbereich der Rohrleitung liefern — wie
auch bei der Druckrohrleitung Leitzach — eine befriedigende Übereinstimmung der Tangentialbeanspruchungen und Unterschiede in den
Längsspannungen.

5. Die Berechnung von Versteifungsringen eingeerdeter Druckrohrleitungen

5.1 Allgemeines

Bei eingeerdeten Rohrsträngen muß neben den üblichen Lastfällen, wie Innendruck, Eigen- und Wassergewicht, Temperaturänderung — die gleichermaßen für freiliegende Druckrohrleitungen gelten — insbesondere die Größe und Verteilung des auflagernden Erdreiches berücksichtigt werden. Dabei sind zusätzliche Einflüsse von an der Erdoberfläche wirksamen, konzentrierten Lasten (Fahrzeuge, Fundamente u. a.) zu beachten.

Die Versteifungsringe solcher Rohrleitungen zeigen bei entsprechenden Lastfällen, z. B. „Innendruck", das gleiche Tragverhalten wie Auflagerringe freiliegender Rohre, weswegen die Berechnung ihrer Querschnittswerte nach Abschn. 2 analog erfolgen kann. Die an der Rohrschale angreifenden Querlasten aus Wasser- und Eigengewicht werden bei kontinuierlich eingeerdeten Leitungen im wesentlichen örtlich in jedem Querschnitt durch die Rohrmembran in den Untergrund abgeführt, ohne die Versteifungsringe zu beeinflussen. Die Hauptaufgabe dieser Versteifungsringe besteht vielmehr in der Aufnahme bzw. im Ausgleich der Erddruckbelastungen, welche ihnen durch die Rohrschale zugeführt werden. Dabei übernehmen sie auch die Aussteifung und Formerhaltung des Zylinderkörpers.

Die Erddruckverteilung über die Rohrschale war schon vielfach Gegenstand der Forschung und wird im nachstehenden Abschnitt diskutiert. Bei ihrer Festlegung kann in bestimmten Fällen auf die Verformbarkeit des Rohrquerschnittes Rücksicht genommen werden, um entlastende Einflüsse aus passivem, seitlichem Erddruck zu erfassen. Aus Sicherheitsgründen sollte hierauf jedoch nur bei weitgehend homogenem Erdstoff und zuverlässiger Einfüllung und Verdichtung zurückgegriffen werden.

Den Versteifungsringen wird, wie später erwähnte Messungen ergaben, durch die als Membran bzw. Schale wirkende Rohrwand nahezu die gesamte Erdauflast zugeführt. Sie tritt an der Ringinnenseite in Form tangentialer Schubkräfte auf, die für den Versteifungsring das entsprechend dem Ringabstand proportional vergrößerte Lastschema der Rohrschale entstehen lassen. Aus Gleichgewichtsgründen entsprechen sich dabei die Erddruck-Summenkräfte über dem oberen und unteren Rohrscheitel.

5.2 Die Belastung eingeerdeter Rohrleitungen

Die Größe und Verteilung der in Richtung der Rohrschalennormalen wirksamen Drücke einer Erdüberschüttung wurde in zahlreichen Veröffentlichungen, wie z. B. von MARQUARDT [83, 93, 102], HRUSCHKA [96], SPANGLER [94, 95] und anderen (vgl. [23, 45, 84, 103, 104]), sowie besonders ausführlich von VOELLMY [97] und WETZORKE [45] untersucht und diskutiert. In diesen Arbeiten werden sowohl die Einflüsse bodenmechanischer Kenngrößen des Überschüttungsgutes als auch der Rohrbettung im Sohlenbereich unterschieden; ferner werden die Auswirkungen der Rohrgrabendimensionen und der Größe und Verteilung von an der Erdoberfläche wirksamen Lasten untersucht. In der Veröffentlichung von VOELLMY [97], sowie in jenen auf Grundlagenarbeiten von MARSTON zurückgreifenden Aufsätzen, wie z. B. [96] und [102], wird auch die Verformbarkeit der Rohre berücksichtigt, so daß diese insbesondere bei der Behandlung stählerner Druckrohrleitungen anzuwenden sind.

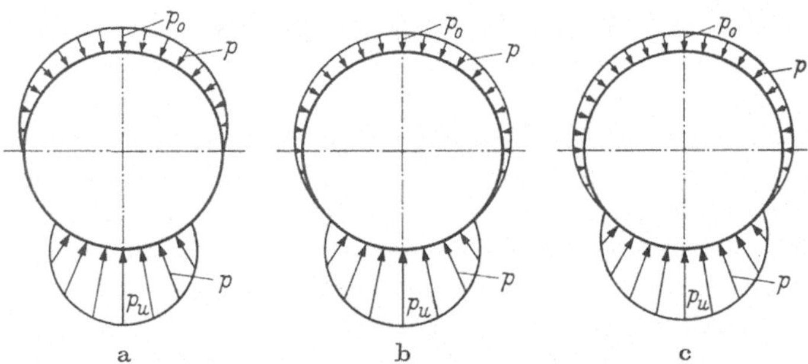

Abb. 84. Erddruckverteilung über den Rohrumfang.

Die hier und auch von den früher genannten Verfassern für verschiedene Belastungs- und Bettungsfälle gefundenen Erddruckverteilungen über den Umfang einer Rohrschale, lassen sich nach REUSCH [85] zu den in Abb. 84 dargestellten Figuren abstrahieren, denen fall-

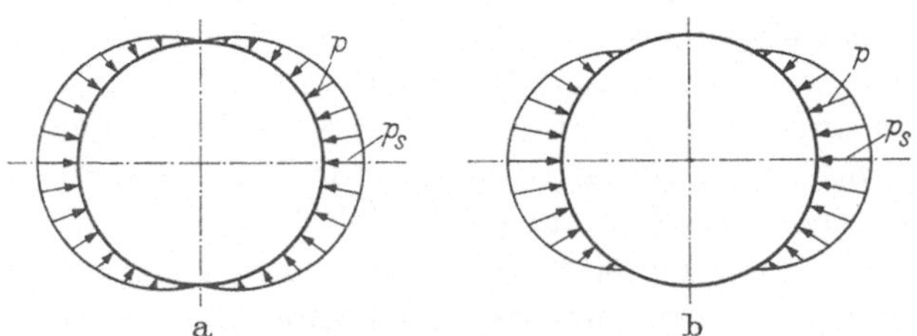

Abb. 85. Seitlicher Erddruck.

weise entlastend wirkende seitliche Erddrücke, gemäß Abb. 85 zu superponieren sind. Die Scheitelordinate p_s des Seitendruckes ist für verschiedene Bodenarten nach TÖLKE [106] berechenbar. Hiernach gilt für den Fall sich in den Ulmen ($\psi_0 = 90°$) berührender Pressungsflächen

$$p_s = \lambda \cdot p_0,$$

wobei bei bindigen Böden $\lambda = 1/2$ und bei Kiesböden $\lambda = 2/3$ gesetzt werden kann. In besonderen Fällen sind diese λ-Werte abzumindern bzw. $\lambda = 0$ einzuführen.

Gemäß Gl. (227) und mit Hilfe der Bezeichnungen nach Abb. 88, 89 und 92 können die angeführten Erddruckverteilungen bereichsweise durch nachstehende trigonometrische Funktionen beschrieben werden, wie Abb. 86 für einen speziellen Fall bestätigt:

$$p = p_u \cdot \cos\left[\frac{\pi \cdot (\pi - \psi)}{2 \cdot (\pi - \psi_0)}\right];$$

$$p = p_0 \cdot \cos\left[\frac{\pi \cdot (\pi - \psi)}{2 \cdot (\pi - \psi_0)}\right];$$

$$p = p_s \cdot \cos\left[\frac{\pi \cdot (\pi - \psi)}{2 \cdot (\pi - \psi_0)}\right].$$

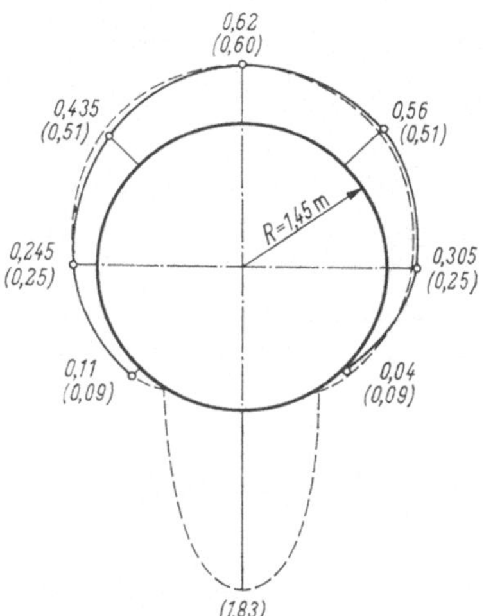

Abb. 86. Erddruckverteilung (kg/cm²).

Ferner bestehen zu den Summenkräften P_E und P_S gemäß Gl. (230) die angegebenen Zusammenhänge

$$p_u = -P_E \cdot \frac{\pi^2 - 4 \cdot (\pi - \psi_0)^2}{4 \cdot R \cdot \pi \cdot (\pi - \psi_0) \cdot \cos\psi_0};$$

$$p_0 = -P_E \cdot \frac{\pi^2 - 4 \cdot (\pi - \psi_0)^2}{4 \cdot R \cdot \pi \cdot (\pi - \psi_0) \cdot \cos\psi_0};$$

$$p_s = -P_S \cdot \frac{\pi^2 - 4 \cdot (\pi - \psi_0)^2}{4 \cdot R \cdot \pi \cdot (\pi - \psi_0) \cdot \cos\psi_0}.$$

Die in Abb. 86 mitgeteilten Meßwerte wurden im Rahmen eines Gutachterauftrages der Versuchsanstalt für Stahl, Holz und Steine, Technische Hochschule Karlsruhe, an einer ringversteiften, eingeerdeten Druckrohrleitung großen Durchmessers festgestellt (Abb. 87).

Durch die rechnerische Erfassung der Erddruckverteilung wird

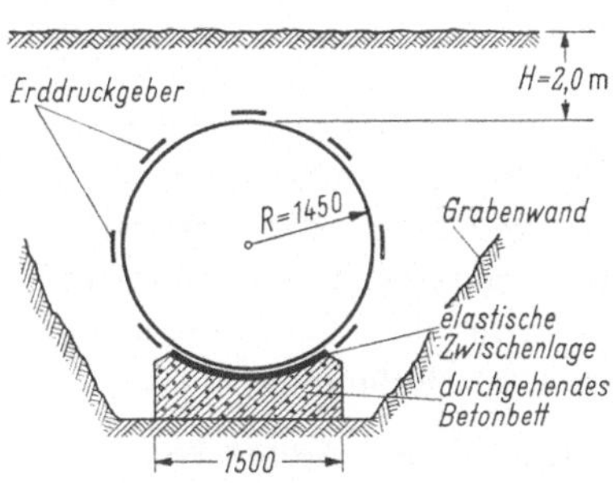

Abb. 87. Meßanordnung.

eine allgemeingültige Schnittgrößenberechnung nach Abschn. 5.3 für die Versteifungsringe möglich. Zweckmäßigerweise wird dabei die gesamte überlagernde Erdlast bzw. der gesamte Seitendruck zu den Summenkräften P_E bzw. P_S zusammengefaßt, die der früher eingeführten Auflagersummenkraft Q entsprechen.

Die bei Stahlrohren durch Innendruck und Temperaturänderungen bzw. -differenzen aktivierbaren Reibungskräfte und Verschiebungen können nach UNTERSTENHÖFER [105] bestimmt werden. Dort wird wiederum auf die nach MARSTON errechenbare wirksame Erdauflast zurückgegriffen. Diese Kräfte sind sowohl für die Berechnung der Rohrlängsspannungen als auch für Stabilitätsuntersuchungen von Interesse.

5.3 Die Berechnung der Momenten- und Schnittkraftverteilung für die Versteifungsringe

Die Schnittgrößenbestimmung für die Versteifungsringe wird durch Auflösung der Einzelsysteme in Grundsysteme analog zu Abschn. 3 durchgeführt. Dabei kann auf die in Abschn. 3.3.5 bzw. 3.3.6 abgeleiteten Formeln, Schaubilder und Tabellen zurückgegriffen werden.

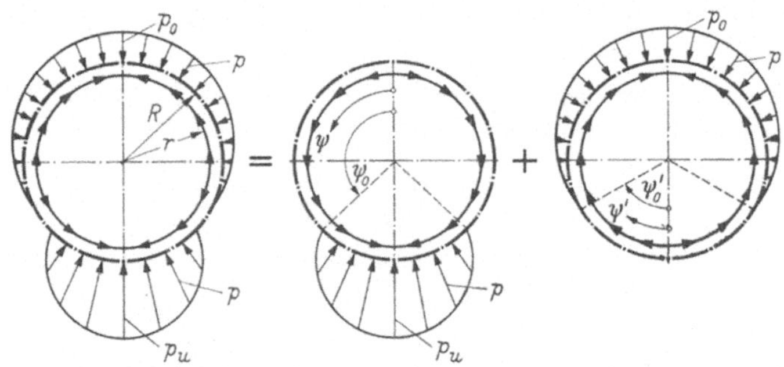

Abb. 88. Zerlegung der Gesamtsysteme (Abb. 84) in Einzelsysteme.

Die zweckmäßige Zerlegung der Lastschemen nach Abb. 84 ist in Abb. 88 angedeutet. Sie zerfallen in zwei prinzipiell gleichartige, um 180° gegeneinander verdrehte und durch Winkel ψ_0 unterschiedene Einzelsysteme. Die gleichen Einzelsysteme entstehen auch bei der Aufgliederung der Lastschemen nach Abb. 85 für die seitlichen Erddrücke, wie Abb. 89 demonstriert.

Die Einzelsysteme werden weiterhin gemäß Abb. 90 und 91 in die Grundsysteme 1 S und 5 aufgegliedert, wobei die Auflagersummenkraft

Q stellvertretend für die Summenkraft P_E des überlagernden Erdreiches bzw. für den gesamten Seitendruck P_S eingeführt wird.

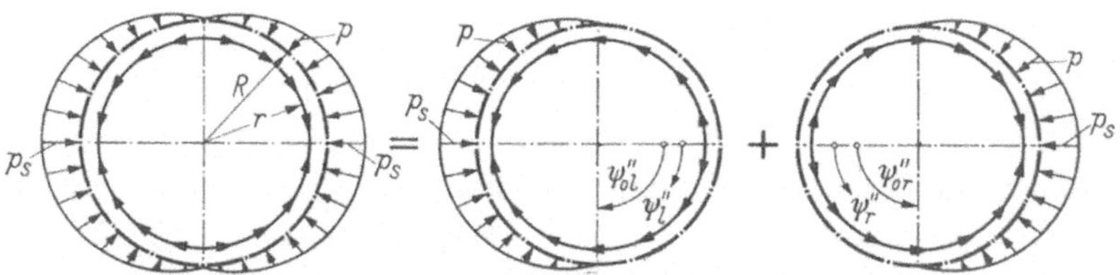

Abb. 89. Zerlegung der Seitendrucksysteme (Abb. 85) in Einzelsysteme.

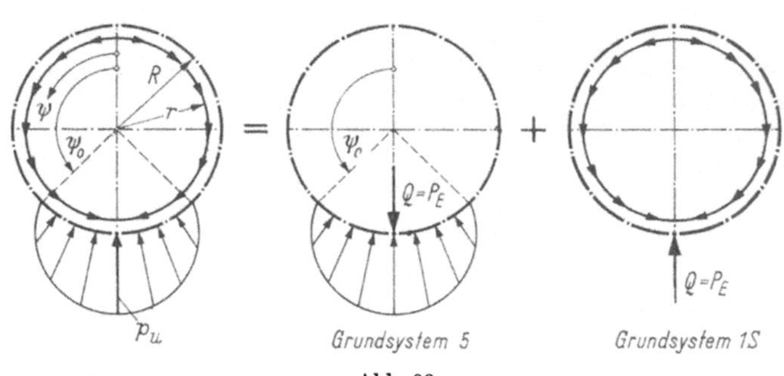

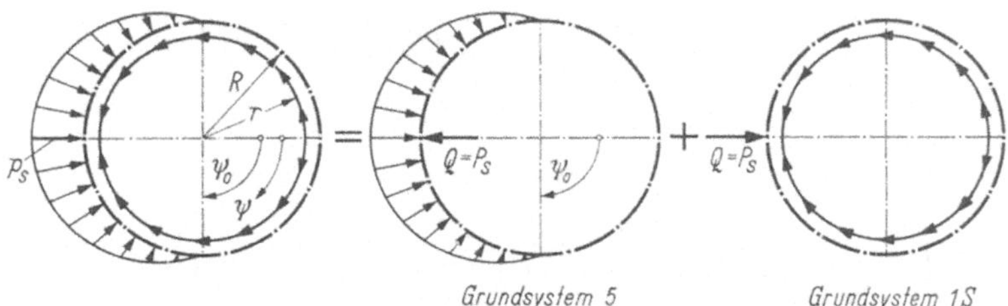

Abb. 90 und 91. Zerlegung der Einzelsysteme in Grundsysteme.

Die Schnittgrößen im *Grundsystem 1S* werden nach den Formeln

$$M_1^\pi = Q \cdot R \cdot k_{M_1}^\pi,$$

$$k_{M_1}^\pi = \frac{1}{2 \cdot \pi} \cdot \left(1 - \psi \cdot \sin \psi - \frac{1}{2} \cdot \cos \psi\right),$$

$$N_1^\pi = Q \cdot k_{N_1}^\pi,$$

$$k_{N_1}^{\pi} = \frac{1}{2 \cdot \pi} \cdot \left[\left(2 \cdot \frac{r}{R} - \frac{1}{2} \right) \cdot \cos \psi - \psi \cdot \sin \psi \right],$$

$$Q_1^{\pi} = Q \cdot k_{Q_1}^{\pi},$$

$$k_{Q_1}^{\pi} = \frac{1}{2 \cdot \pi} \cdot \left[\left(2 \cdot \frac{r}{R} - \frac{3}{2} \right) \cdot \sin \psi + \psi \cdot \cos \psi \right]$$

berechnet, die bereits im Abschn. 3.3.2 hergeleitet sind und hier für den Sonderfall $\psi_0 = \pi$ vereinfacht gelten. Die Hilfsfaktoren $k_{M_1}^{\pi}$, $k_{N_1}^{\pi}$ und $k_{Q_1}^{\pi}$ wurden durch einen elektronischen Rechenautomaten errechnet und in den Abb. 106, S. 156, Abb. 107, S. 157 und Abb. 108, S. 158, sowie den Tab. 1 und 2 für die Winkel $\psi = 0°$ bis $\psi = 180°$ tabellarisch bzw. graphisch wiedergegeben.

Die Schnittgrößen im *Grundsystem 5* werden durch im Abschn. 3.3.6 aufgestellte Beziehungen

$$M_5^{I} = Q \cdot R \cdot k_{M_5}^{I};$$

$$k_{M_5}^{I} = \frac{\pi - \psi_0}{\pi} \cdot \left[\frac{1}{2} \cdot \tan \psi_0 + \frac{4 \cdot (\pi - \psi_0)}{\pi^2 - 4 \cdot (\pi - \psi_0)^2} \right] \cdot \cos \psi - \frac{1}{2 \cdot \pi}$$

$$- \frac{1}{\pi \cdot \cos \psi_0} \cdot \left[\frac{1}{2} - \frac{2 \cdot (\pi - \psi_0)^2}{\pi^2} \right];$$

$$M_5^{II} = Q \cdot R \cdot k_{M_5}^{II};$$

$$k_{M_5}^{II} = - \left\{ \frac{\pi - \psi_0}{\pi \cdot \cos \psi_0} \cdot \cos \left[\frac{\pi \cdot (\pi - \psi)}{2 \cdot (\pi - \psi_0)} \right] \right.$$

$$+ \left[\frac{\psi_0}{2 \cdot \pi} \cdot \tan \psi_0 - \frac{4 \cdot (\pi - \psi_0)^2}{\pi \cdot [\pi^2 - 4 \cdot (\pi - \psi_0)^2]} \right] \cdot \cos \psi + \frac{1}{2 \cdot \pi} - \frac{1}{2} \cdot \sin \psi$$

$$\left. + \frac{1}{\pi \cdot \cos \psi_0} \cdot \left[\frac{1}{2} - \frac{2 \cdot (\pi - \psi_0)^2}{\pi^2} \right] \right\};$$

$$N_5^{I} = Q \cdot k_{N_5}^{I};$$

$$k_{N_5}^{I} = \frac{1}{2 \cdot \pi} \cdot \left[\frac{8 \cdot (\pi - \psi_0)^2}{\pi^2 - 4 \cdot (\pi - \psi_0)^2} + (\pi - \psi_0) \cdot \tan \psi_0 \right] \cdot \cos \psi;$$

$$N_5^{II} = Q \cdot k_{N_5}^{II};$$

$$k_{N_s}^{II} = \left[\frac{4 \cdot (\pi - \psi_0)^2}{\pi \cdot [\pi^2 - 4 \cdot (\pi - \psi_0)^2]} - \frac{\psi_0}{2 \cdot \pi} \cdot \tan \psi_0\right] \cdot \cos \psi + \frac{1}{2}$$

$$\times \sin\psi - \frac{\pi - \psi_0}{\pi \cdot \cos \psi_0} \cdot \cos \left[\frac{\pi \cdot (\pi - \psi)}{2 \cdot (\pi - \psi_0)}\right];$$

$$Q_\pi^I = Q \cdot k_{Q_s}^I;$$

$$k_{Q_s}^I = \frac{1}{2 \cdot \pi} \cdot \left[\frac{8 \cdot (\pi - \psi_0)^2}{\pi^2 - 4 \cdot (\pi - \psi_0)^2} + (\pi - \psi_0) \cdot \tan \psi_0\right] \cdot \sin \psi;$$

$$Q_5^{II} = Q \cdot k_{Q_s}^{II};$$

$$k_{Q_s}^{II} = \frac{1}{2} \cdot \left\{\left[\frac{8 \cdot (\pi - \psi_0)^2}{\pi \cdot [\pi^2 - 4 \cdot (\pi - \psi_0)^2]} - \frac{\psi_0}{\pi} \cdot \tan \psi_0\right] \cdot \sin \psi\right.$$

$$\left. + \frac{1}{\cos \psi_0} \cdot \sin \left[\frac{\pi \cdot (\pi - \psi)}{2 \cdot (\pi - \psi_0)}\right] - \cos \psi\right\}$$

festgelegt. Es gelten die in Abb. 92 angegebenen Bezeichnungen.

Die zugehörigen Hilfsfaktoren $k_{M_s}^{I/II}$, $k_{N_s}^{I/II}$ und $k_{Q_s}^{I/II}$ können für den Bereich $90° \leq \psi_0 \leq 180°$ den Abb. 115, S. 165, Abb. 116, S. 166, Abb. 117, S. 167 und für den Bereich $0° \leq \psi_0 \leq 90°$ den Abb. 112, S. 162, Abb. 113, S. 163, Abb. 114, S. 164 entnommen werden. Diese sind durch Auswertung der obengenannten Formeln entstanden. Die Feststellung der endgültigen Schnittgrößen im Versteifungsring hat in entgegengesetzter Reihenfolge wie die Zerlegung zu erfolgen. Sie besteht also in der Bestimmung der Berechnungsfaktoren bzw. Schnittgrößen für die Grundsysteme 1S und 5 unter Berücksichtigung der notwendigen Systemverdrehungen und in der Superposition dieser Grundsysteme zu den Einzelsystemen (vgl. Abb. 90 und 91). Abschließend ist eine Überlagerung der Einzelsysteme zu den beiden Ausgangssystemen mit vertikalem bzw. seitlichem Erddruck zu vollziehen (vgl. Abb. 88 und 89).

Gleichzeitig mit den gemäß Abb. 87 durchgeführten Erddruckmessungen an einer ringversteiften, eingeerdeten Rohrleitung wurden Dehnungsmessungen angestellt. In Abb. 93 sind die Meßergebnisse mit den unter Voraussetzung einer linearen Spannungsverteilung über den Ringträgerquerschnitt nach obigen Formeln errechneten Werten verglichen.

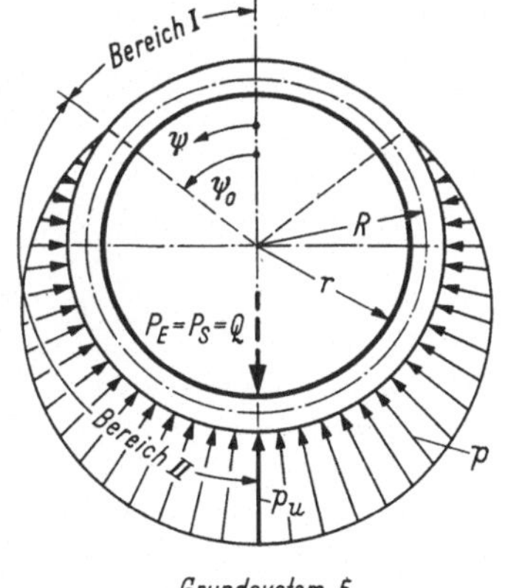

Grundsystem 5

Abb. 92.

Es wurde eine gute Übereinstimmung erzielt und dadurch, sowie auch durch weitere Verformungsmessungen, die Gültigkeit der Rechenvoraussetzungen bestätigt.

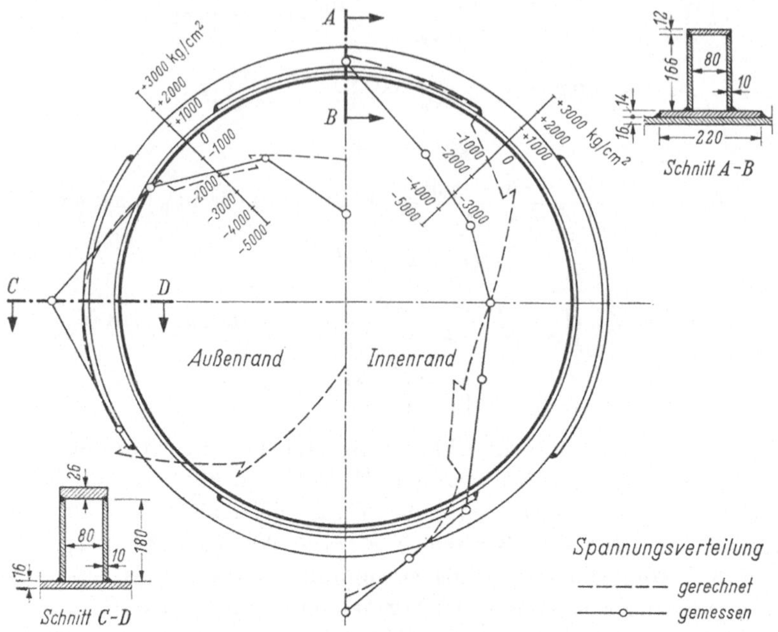

Abb. 93. Errechnete und gemessene Spannungsverteilung an dem Versteifungsring einer eingeerdeten Druckrohrleitung (vgl. Abb. 86 und 87).

6. Anhang

Die Schnittgrößen in den Auflagerringen von Druckrohrleitungen sind nach Einführung von Hilfsfaktoren k einfach zu berechnen. Die Bestimmungsgleichungen für diese Hilfsfaktoren sind in den Abschnitten 3 und 5 hergeleitet und angegeben. Mit Hilfe eines elektronischen Rechenautomaten wurden diese Funktionen ausgewertet und die Ergebnisse, getrennt für Biegemomente, Normalkräfte und Querkräfte der behandelten Systeme, in den Bildern 94 bis 120 des Anhanges in Form von Kurvenscharen, in Abhängigkeit von den Parametern ψ_0 (Auflagerwinkel) und ψ (Querschnittsstelle) dargestellt.

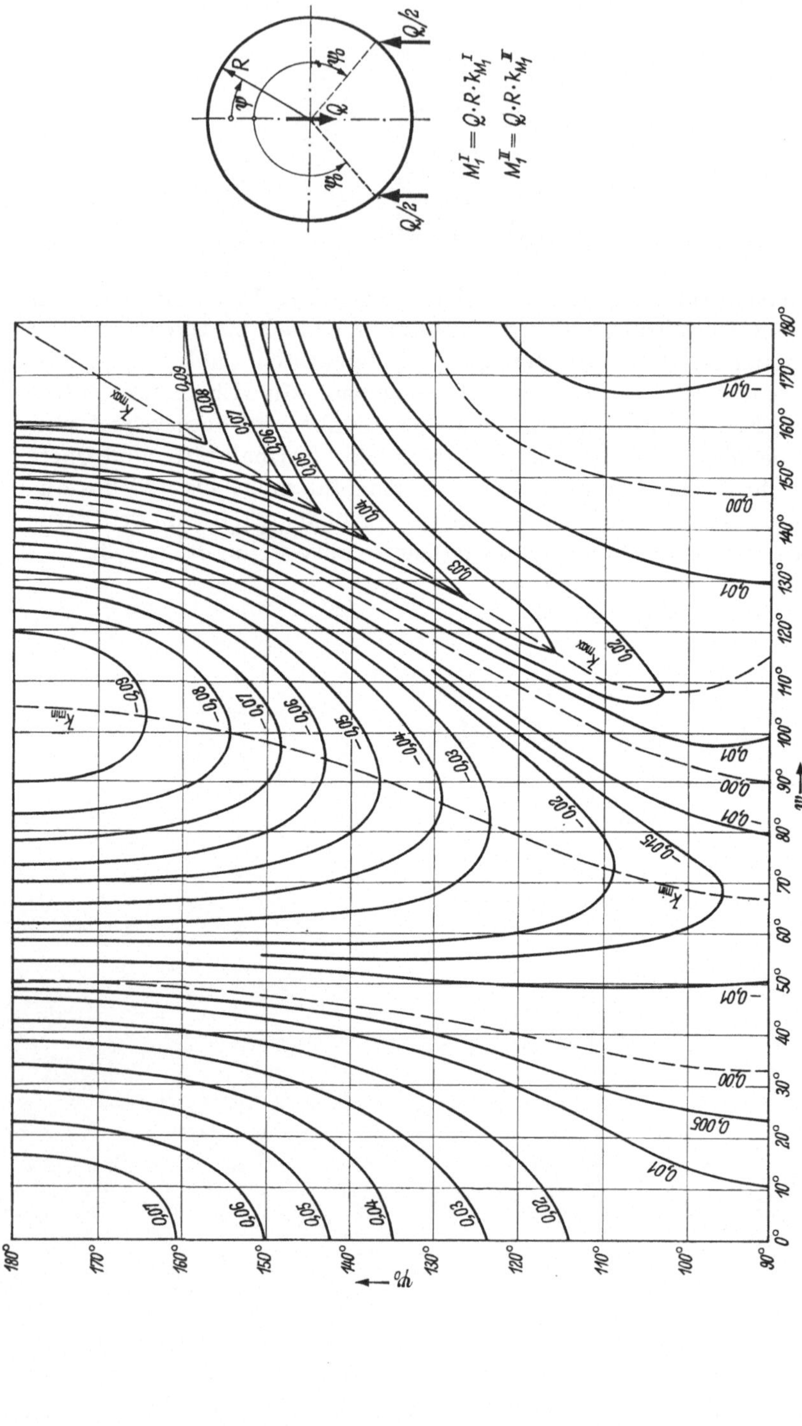

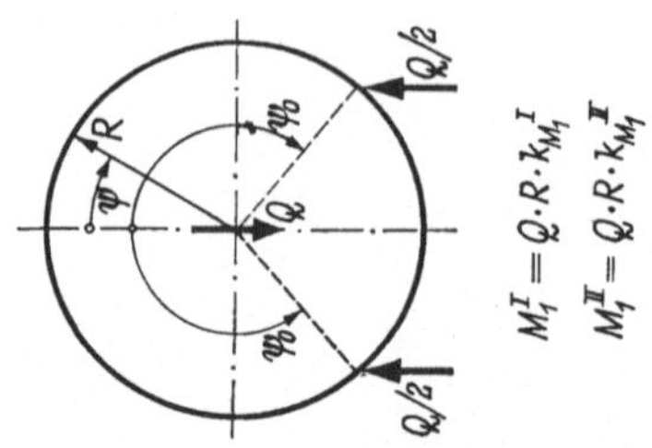

Abb. 94. Grundsystem 1.
Faktoren $k_{M_f}^{I}$ und $k_{M_f}^{II}$ zur Bestimmung der *Biegemomente* im Auflagerring.

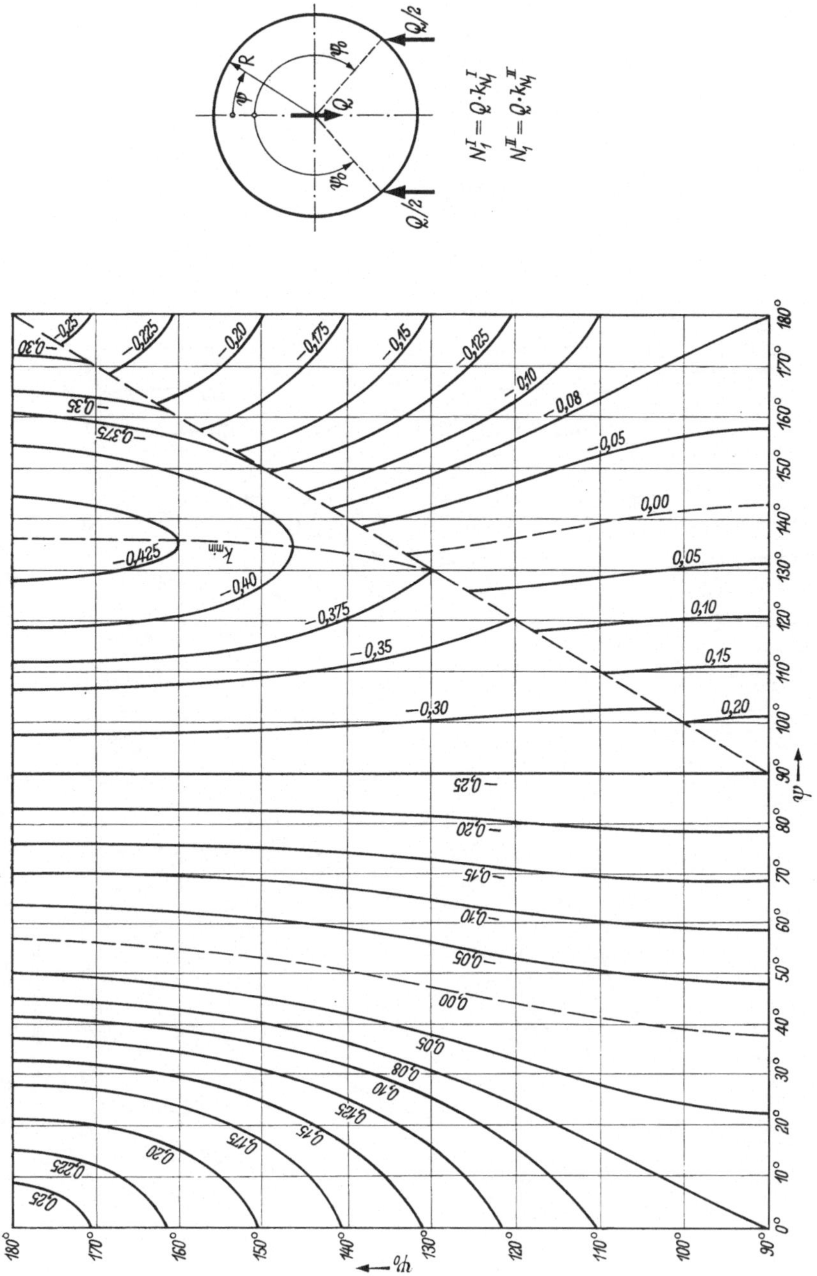

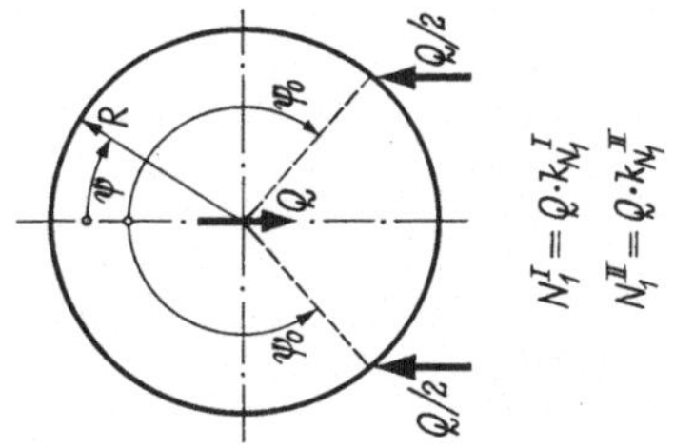

Abb. 95. Grundsystem 1.
Faktoren $k_{N_1}^I$ und $k_{N_1}^{II}$ zur Bestimmung der *Normalkräfte* im Auflagerring.

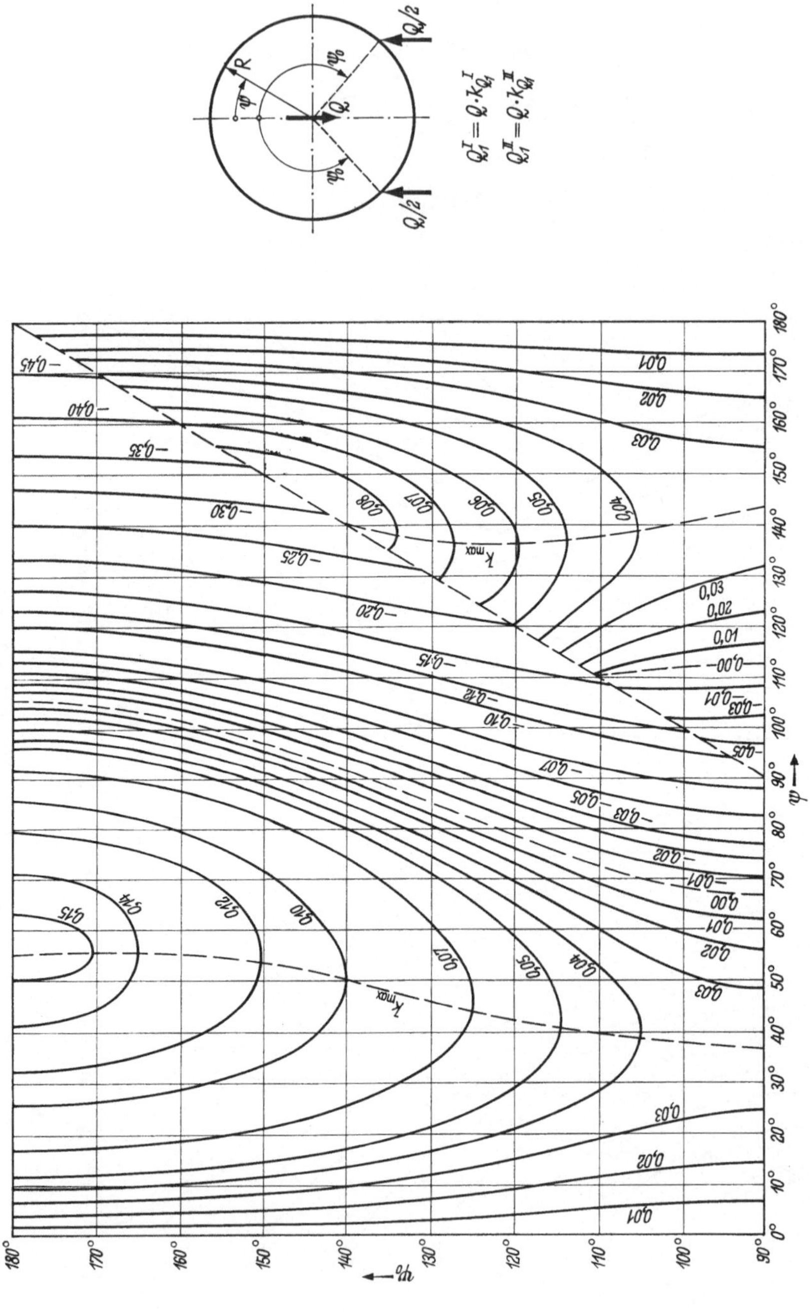

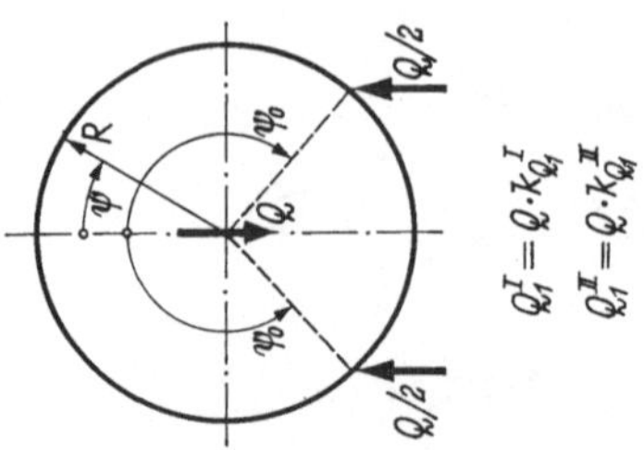

Abb. 96. Grundsystem 1.

Faktoren $k_{Q_1}^{I}$ und $k_{Q_1}^{II}$ zur Bestimmung der Querkräfte im Auflagerring.

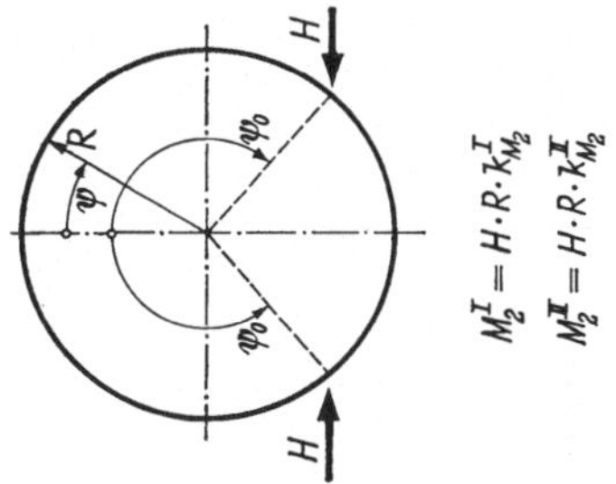

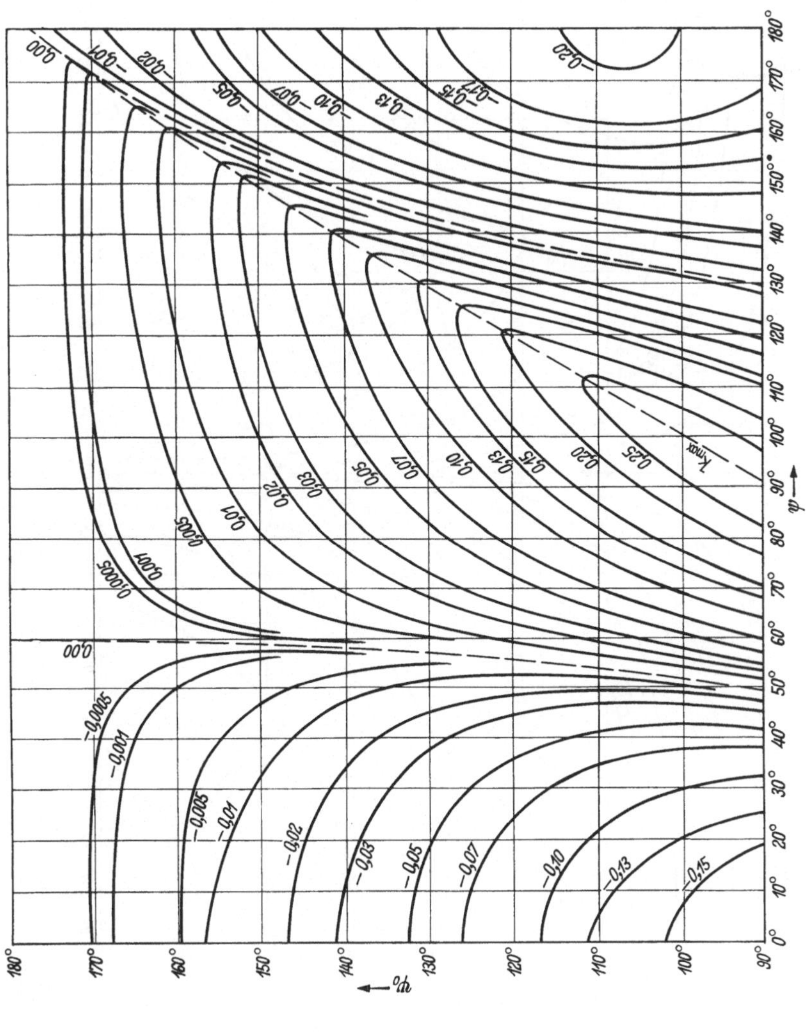

Abb. 97. Grundsystem 2.
Faktoren $k_{M_2}^I$ und $k_{M_2}^{II}$ zur Bestimmung der *Biegemomente* im Auflagerring.

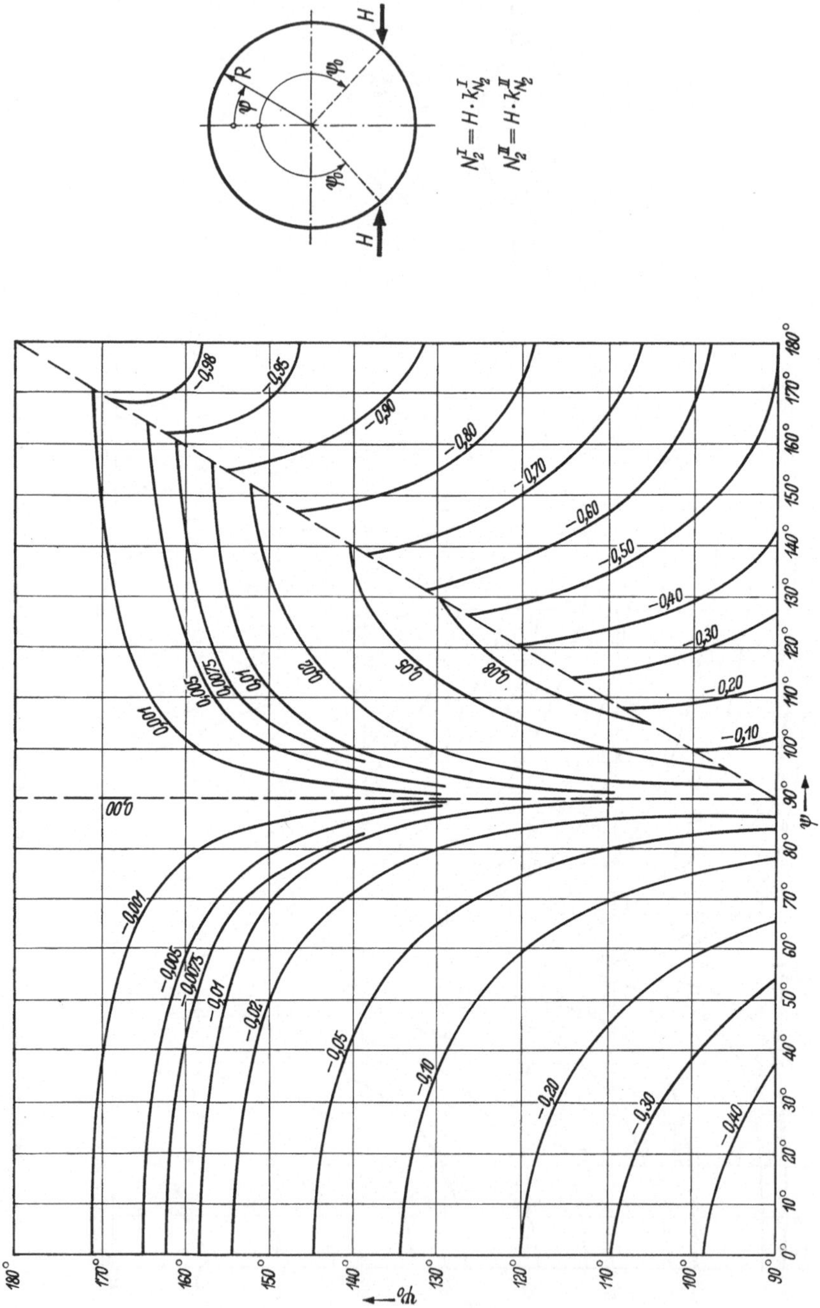

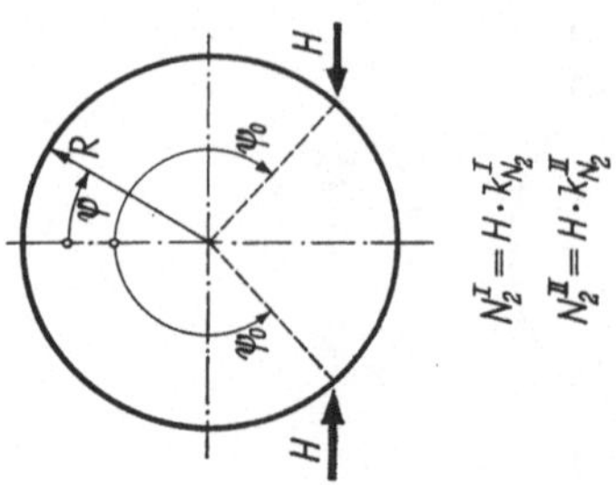

Abb. 98. Grundsystem 2.

Faktoren $k_{N_2}^I$ und $k_{N_2}^{II}$ zur Bestimmung der *Normalkräfte* im Auflagerring.

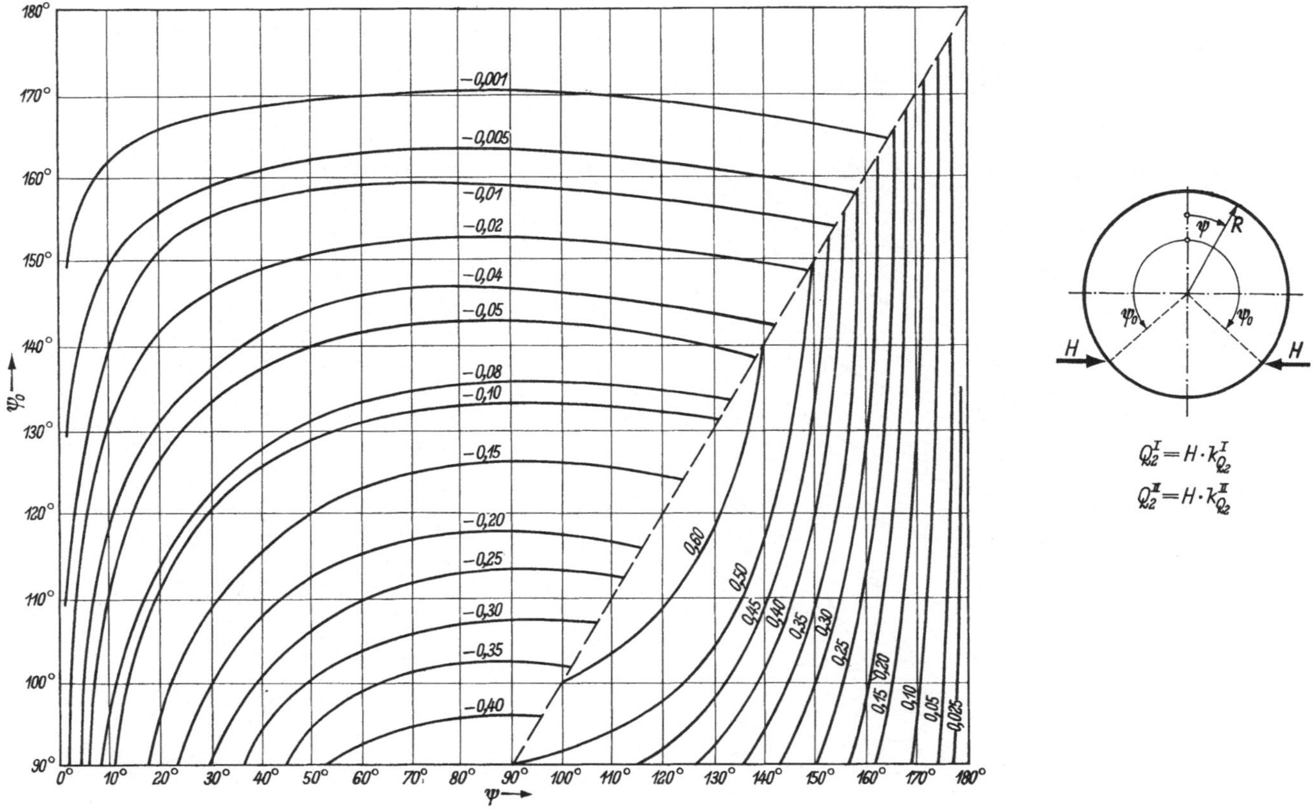

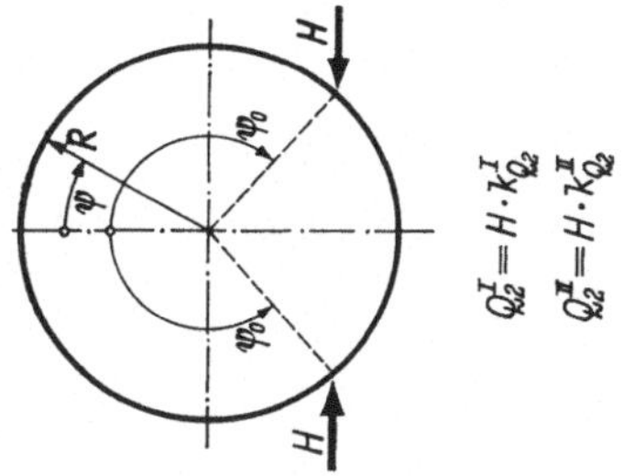

$$Q_{a_2}^{I} = H \cdot k_{Q_2}^{I}$$
$$Q_{a_2}^{II} = H \cdot k_{Q_2}^{II}$$

Abb. 99. Grundsystem 2.

Faktoren $k_{Q_2}^{I}$ und $k_{Q_2}^{II}$ zur Bestimmung der Querkräfte im Auflagerring.

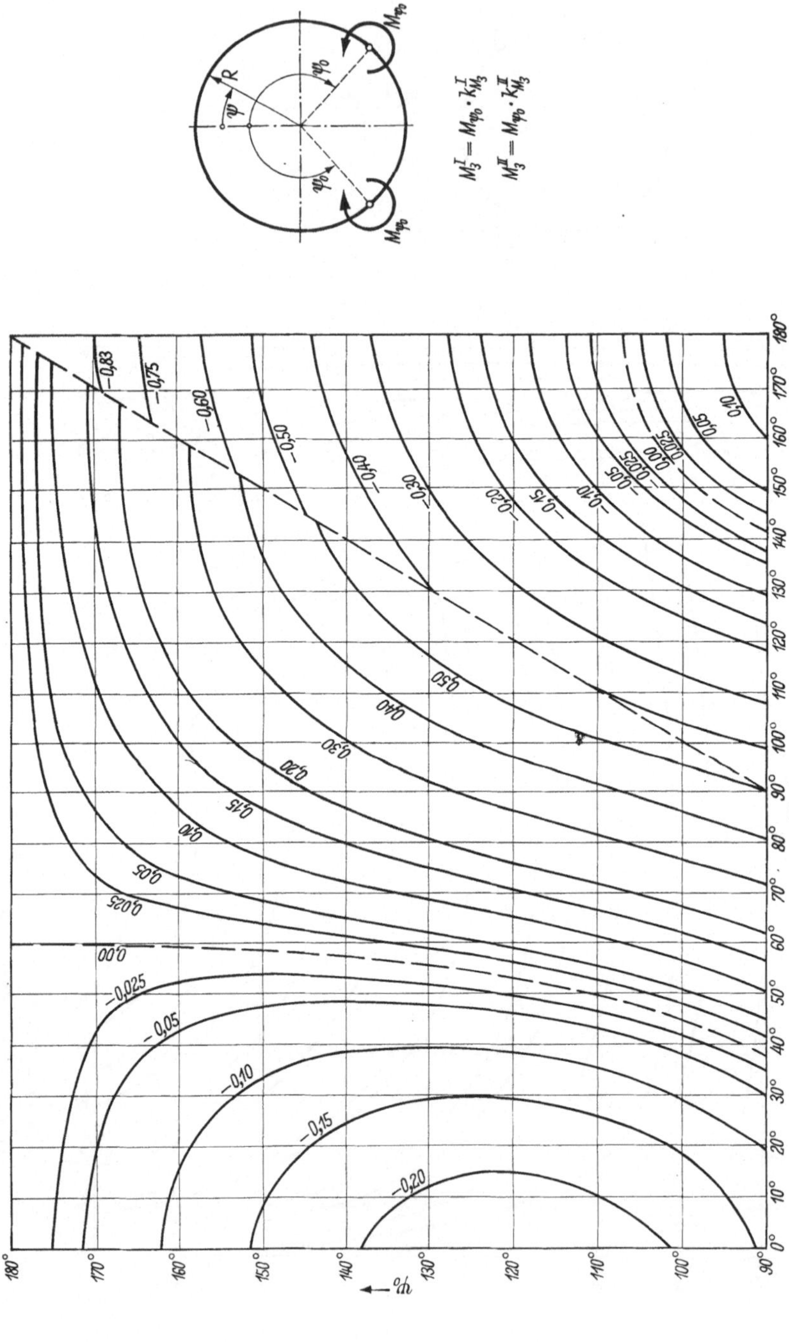

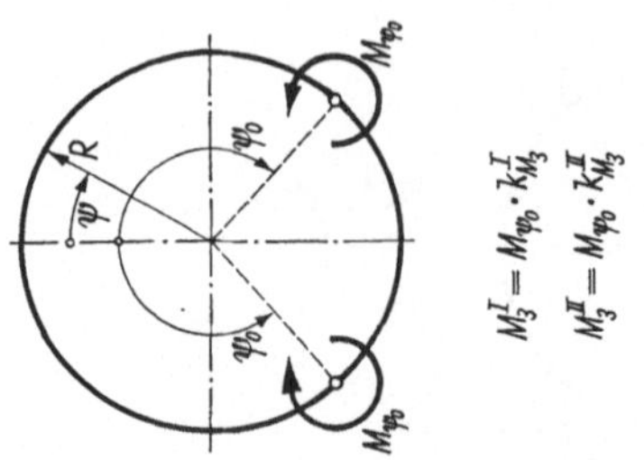

Abb. 100. Grundsystem 3.
Faktoren $k_{M_3}^I$ und $k_{M_3}^{II}$ zur Bestimmung der *Biegemomente* im Auflagerring.

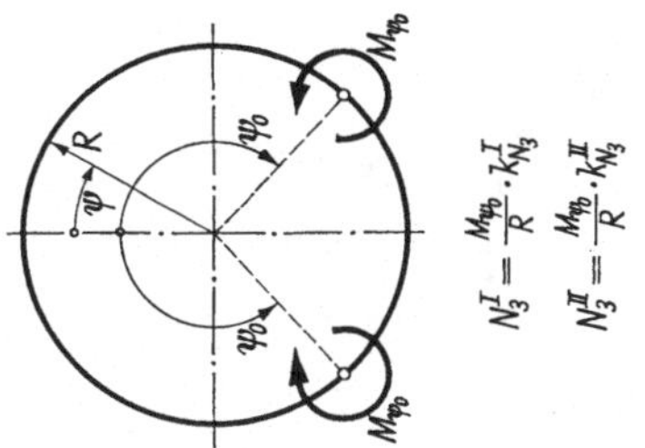

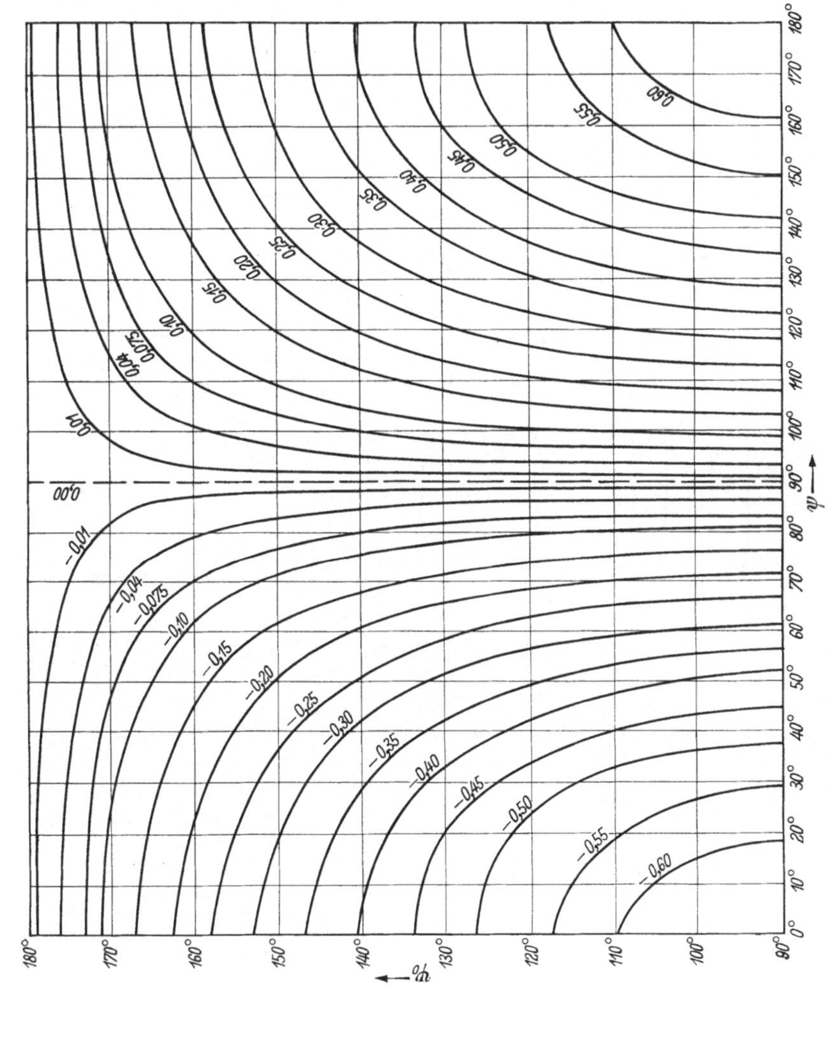

Abb. 101. Grundsystem 3.
Faktoren $k_{N_3}^I$ und $k_{N_3}^{II}$ zur Bestimmung der *Normalkräfte* im Auflagerring.

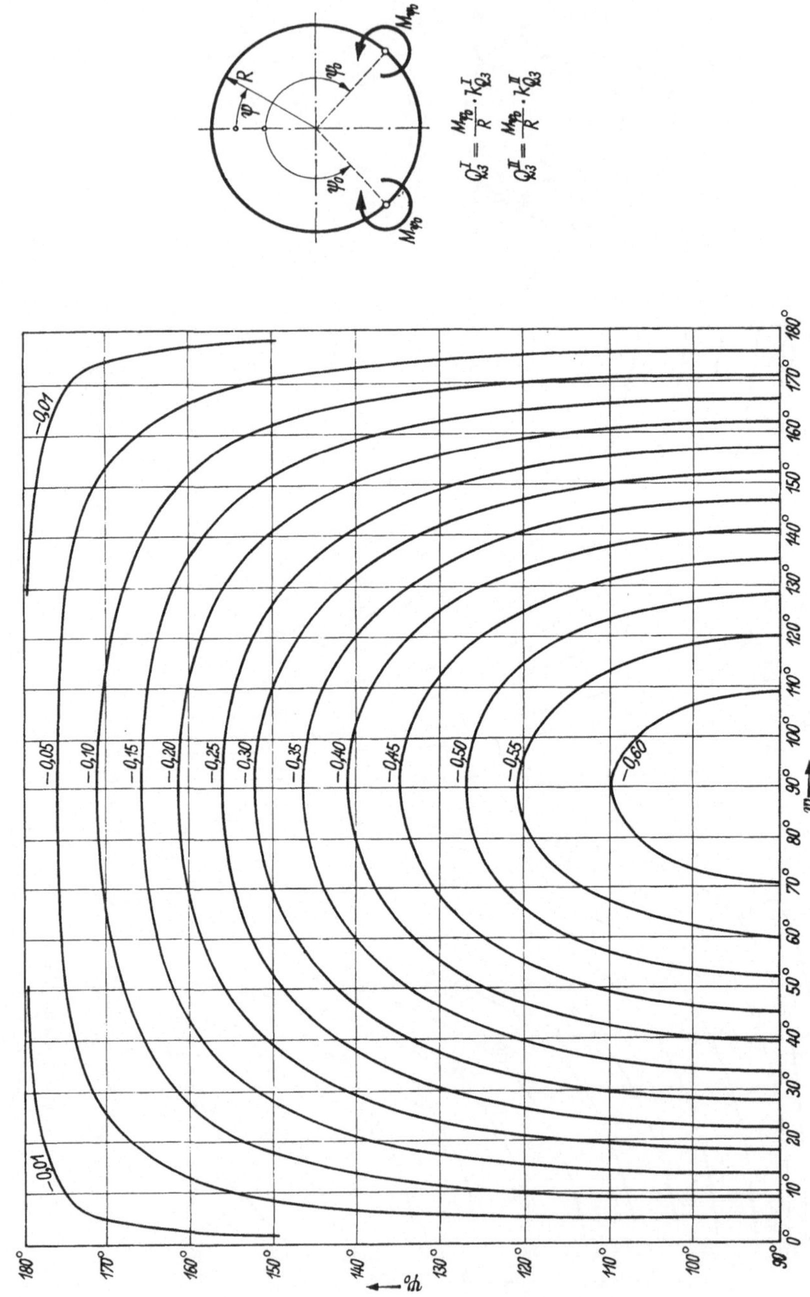

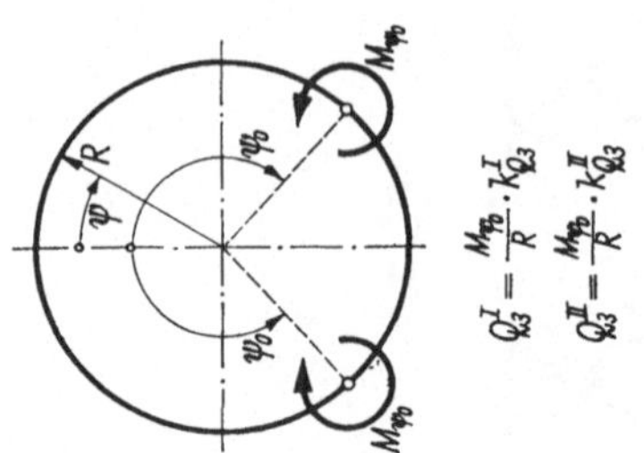

$$Q_3^I = \frac{M_{\varphi_0}}{R} \cdot k_{Q_3}^I$$

$$Q_3^{II} = \frac{M_{\varphi_0}}{R} \cdot k_{Q_3}^{II}$$

Abb. 102. Grundsystem 3.

Faktoren $k_{Q_3}^I$ und $k_{Q_3}^{II}$ zur Bestimmung der *Querkräfte im Auflagerring*.

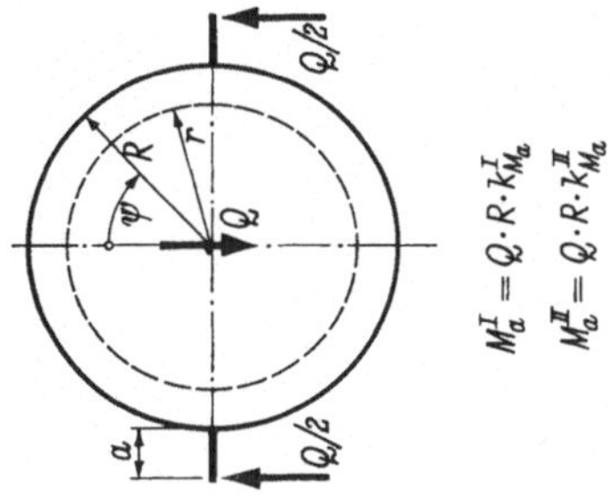

$$M_a^I = Q \cdot R \cdot k_{M_a}^I$$
$$M_a^{II} = Q \cdot R \cdot k_{M_a}^{II}$$

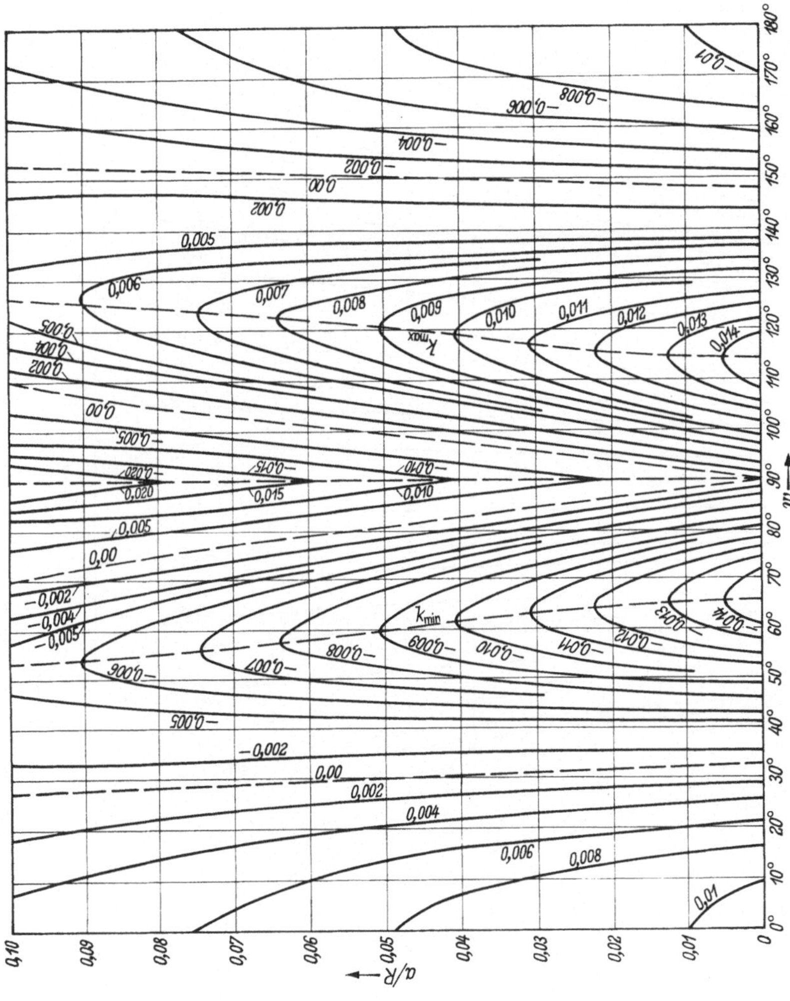

Abb. 103. Sonderfall.
Faktoren $k_{M_a}^I$ und $k_{M_a}^{II}$ zur Bestimmung der *Biegemomente* im Auflagerring.

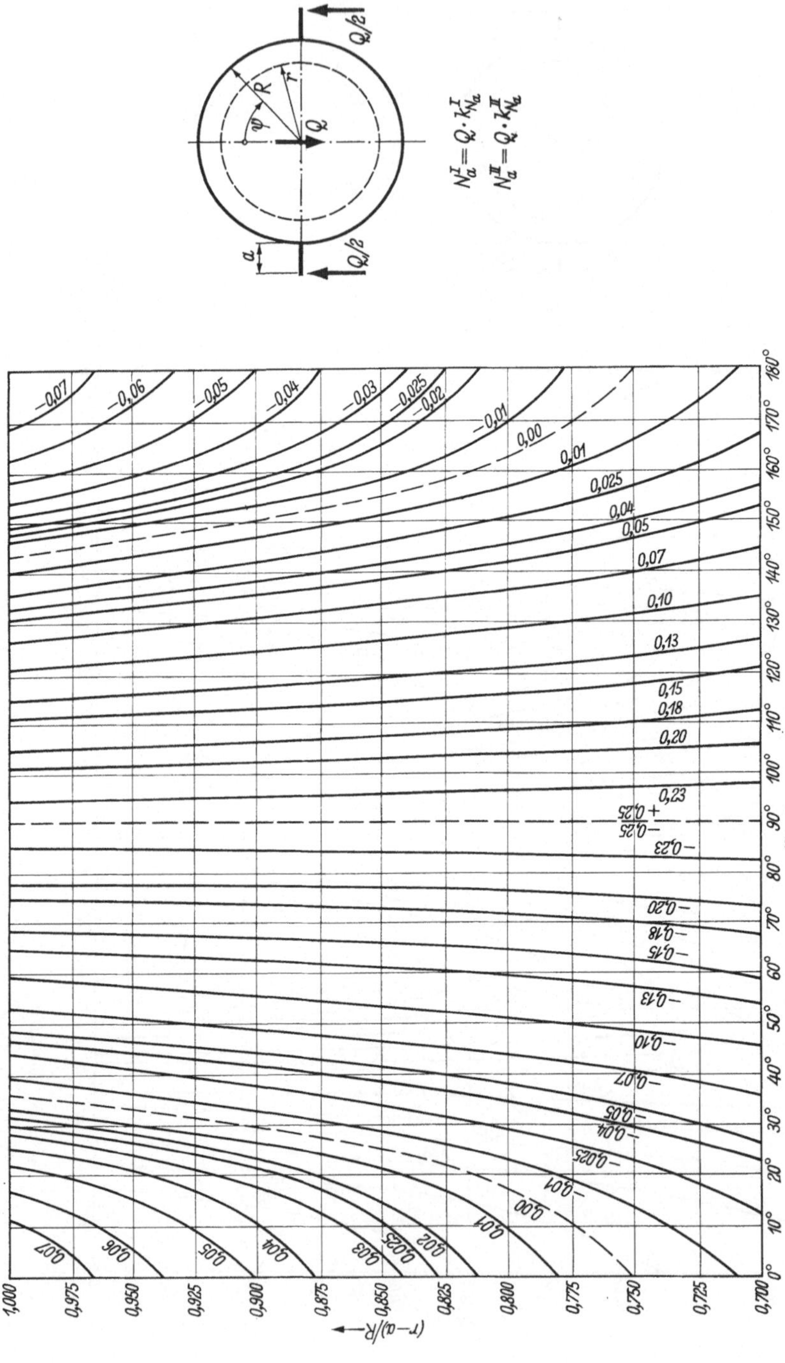

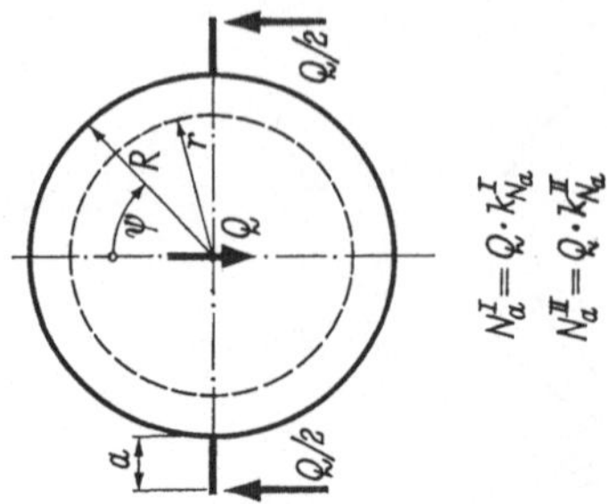

Abb. 104. Sonderfall.
Faktoren $k_{N_a}^I$ und $k_{N_a}^{II}$ zur Bestimmung der *Normalkräfte* im Auflagerring.

$Q_a^I = Q \cdot k_{Q_a}^I$

$Q_a^{II} = Q \cdot k_{Q_a}^{II}$

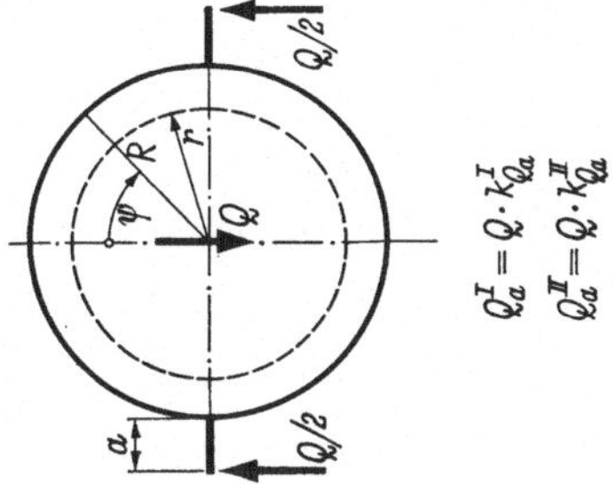

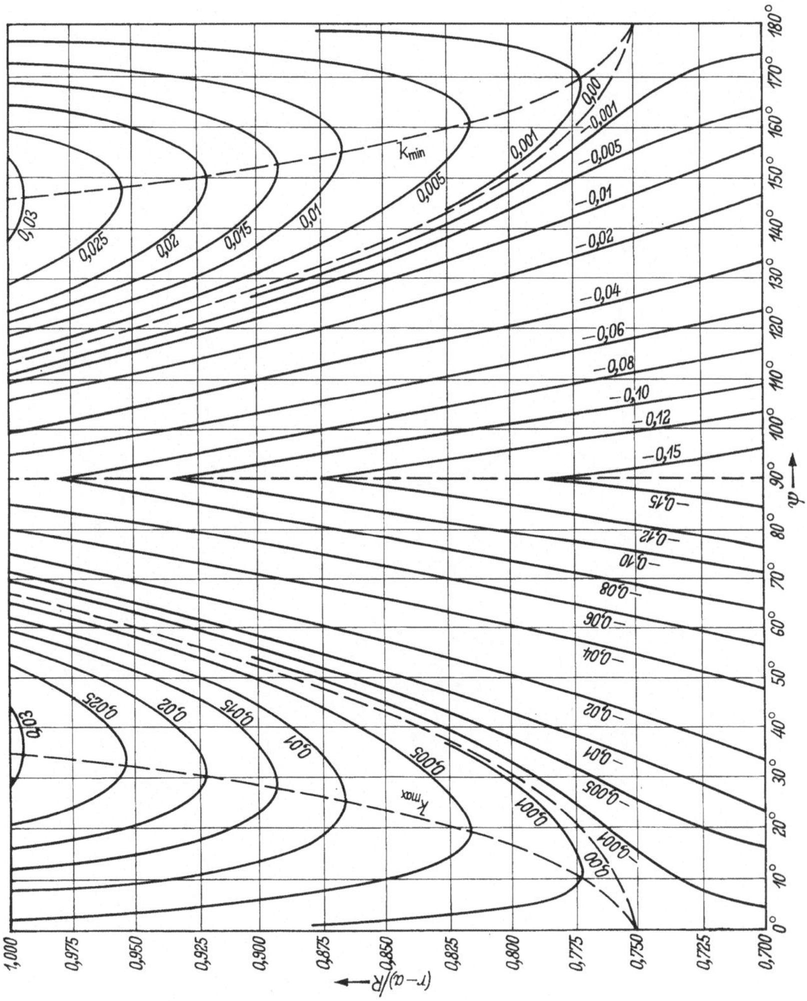

Abb 105. Sonderfall.

Faktoren $k_{Q_a}^I$ und $k_{Q_a}^{II}$ zur Bestimmung der *Querkräfte* im Auflagerring.

ψ	$k_{M_1}^\pi$	ψ	$k_{M_1}^\pi$
0°	0,079578		
5°	0,078670	95°	− 0,096794
10°	0,075963	100°	− 0,100584
15°	0,071505	105°	− 0,101977
20°	0,065376	110°	− 0,100756
25°	0,057685	115°	− 0,096729
30°	0,048572	120°	− 0,089732
35°	0,038204	125°	− 0,079629
40°	0,026774	130°	− 0,066321
45°	0,014497	135°	− 0,049740
50°	0,001608	140°	− 0,029858
55°	− 0,011637	145°	− 0,006683
60°	− 0,024971	150°	0,019738
65°	− 0,038115	155°	0,049316
70°	− 0,050780	160°	0,081924
75°	− 0,062676	165°	0,117396
80°	− 0,073510	170°	0,155523
85°	− 0,082993	175°	0,196062
90°	− 0,090845	180°	0,238732

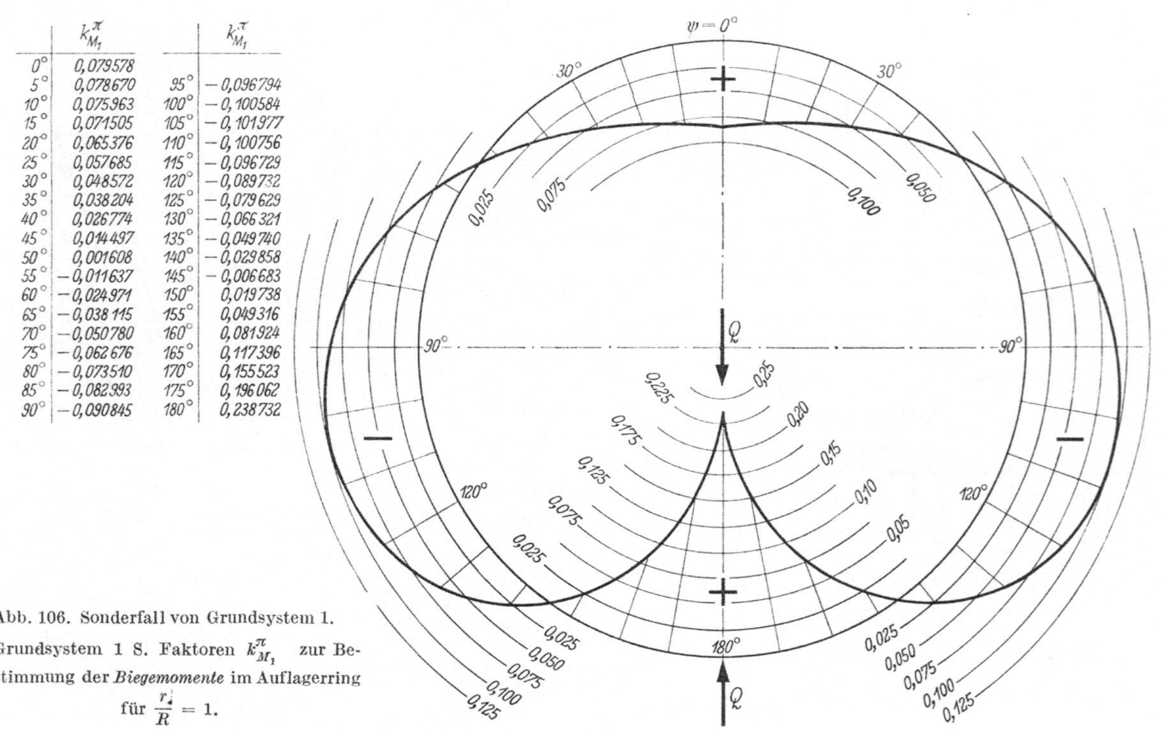

Abb. 106. Sonderfall von Grundsystem 1.

Grundsystem 1 S. Faktoren $k_{M_1}^\pi$ zur Bestimmung der *Biegemomente* im Auflagerring

für $\dfrac{r_i}{R} = 1$.

ψ	$k_{N_1}^{\pi}$	ψ	$k_{N_1}^{\pi}$
0°	0,238732		
5°	0,236614	95°	− 0,283692
10°	0,230282	100°	− 0,315013
15°	0,219814	105°	− 0,343517
20°	0,205334	110°	− 0,368780
25°	0,187017	115°	− 0,390408
30°	0,165082	120°	− 0,408041
35°	0,139794	125°	− 0,421359
40°	0,111459	130°	− 0,430081
45°	0,080421	135°	− 0,433974
50°	0,047059	140°	− 0,432853
55°	0,011783	145°	− 0,426582
60°	− 0,024971	150°	− 0,415082
65°	− 0,062746	155°	− 0,398326
70°	− 0,101067	160°	− 0,376344
75°	− 0,139446	165°	− 0,349223
80°	− 0,177391	170°	− 0,317106
85°	− 0,214406	175°	− 0,280191
90°	− 0,250000	180°	− 0,238732

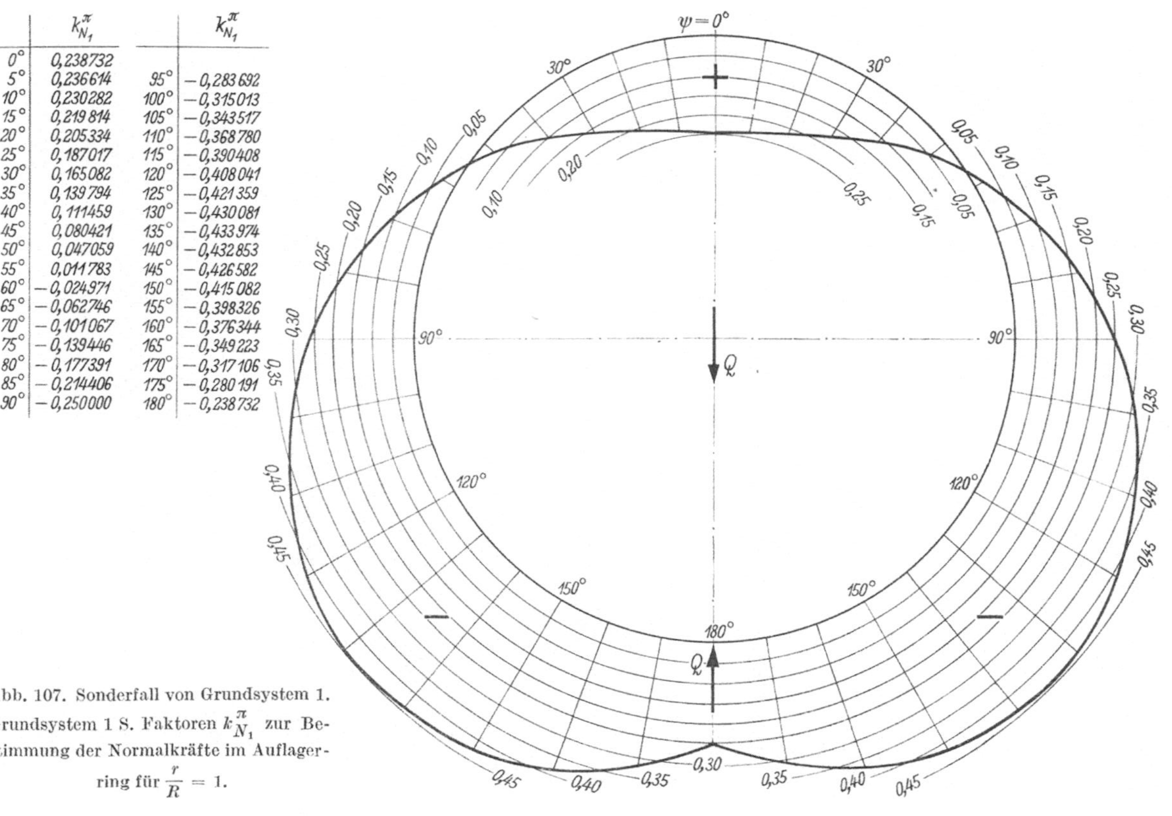

Abb. 107. Sonderfall von Grundsystem 1. Grundsystem 1 S. Faktoren $k_{N_1}^{\pi}$ zur Bestimmung der Normalkräfte im Auflagerring für $\frac{r}{R} = 1$.

	$k_{Q_1}^{\pi}$		$k_{Q_1}^{\pi}$
$0°$	$0,000000$		
$5°$	$0,020772$	$95°$	$0,056275$
$10°$	$0,041174$	$100°$	$0,030133$
$15°$	$0,060843$	$105°$	$0,001377$
$20°$	$0,079422$	$110°$	$-0,029723$
$25°$	$0,096569$	$115°$	$-0,062881$
$30°$	$0,111958$	$120°$	$-0,097751$
$35°$	$0,125284$	$125°$	$-0,133972$
$40°$	$0,136268$	$130°$	$-0,171153$
$45°$	$0,144658$	$135°$	$-0,208895$
$50°$	$0,150236$	$140°$	$-0,246755$
$55°$	$0,152816$	$145°$	$-0,284292$
$60°$	$0,152249$	$150°$	$-0,321055$
$65°$	$0,148428$	$155°$	$-0,356585$
$70°$	$0,141282$	$160°$	$-0,390424$
$75°$	$0,130787$	$165°$	$-0,422120$
$80°$	$0,116957$	$170°$	$-0,451230$
$85°$	$0,099853$	$175°$	$-0,477326$
$90°$	$0,079578$	$180°$	$-0,500000$

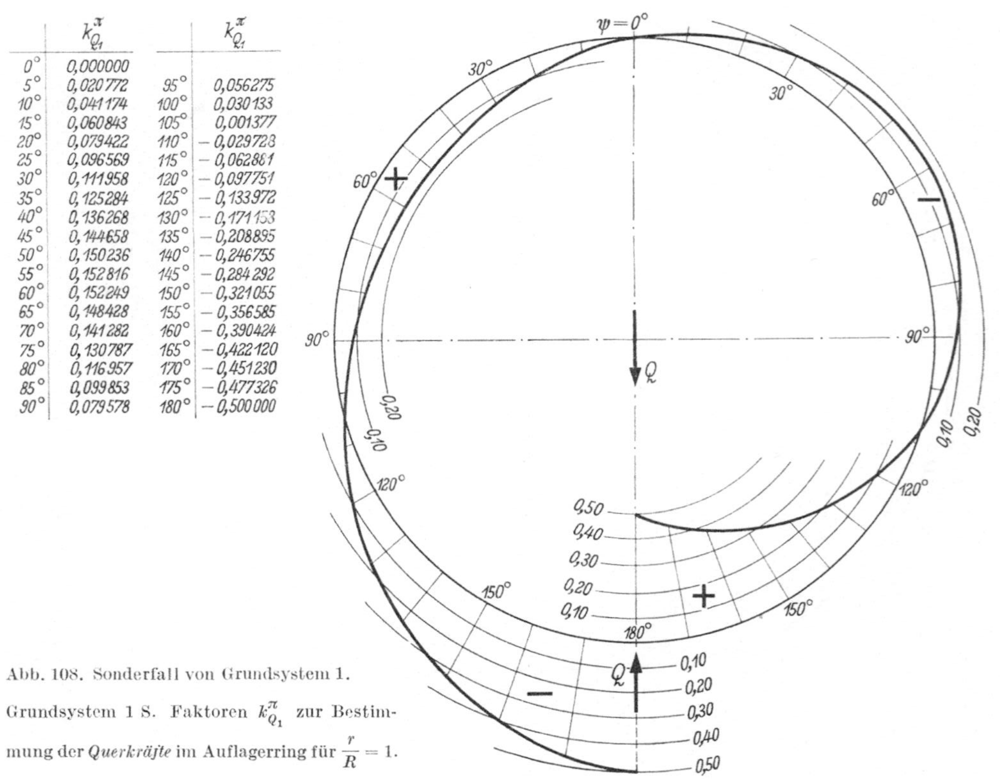

Abb. 108. Sonderfall von Grundsystem 1.

Grundsystem 1 S. Faktoren $k_{Q_1}^{\pi}$ zur Bestimmung der *Querkräfte* im Auflagerring für $\frac{r}{R} = 1$.

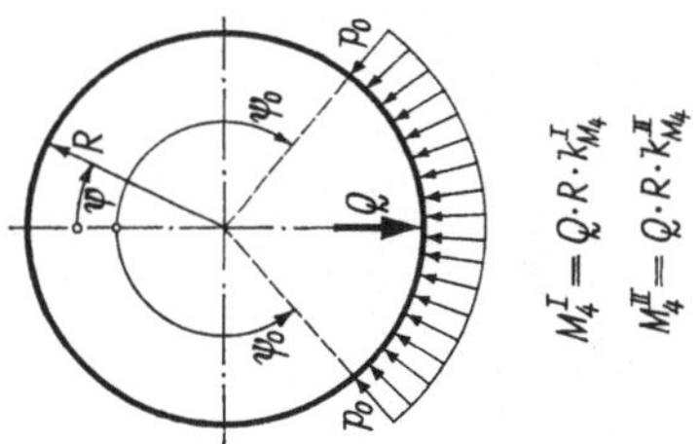

$$M_4^I = Q \cdot R \cdot k_{M_4}^I$$
$$M_4^{II} = Q \cdot R \cdot k_{M_4}^{II}$$

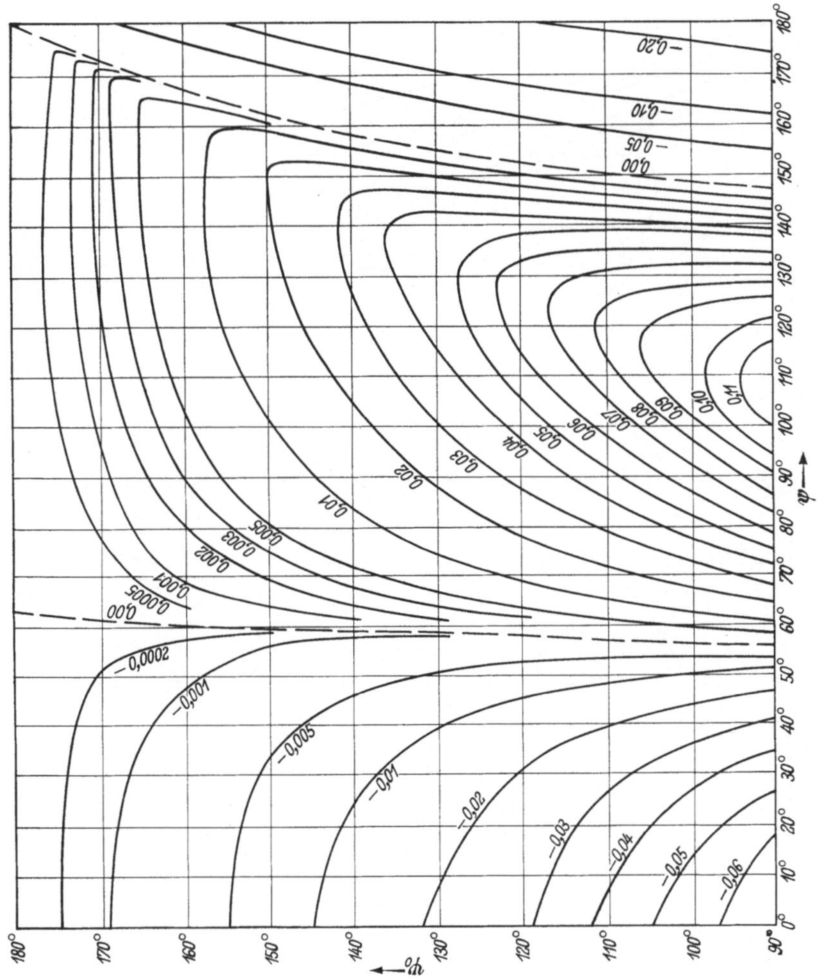

Abb. 109. Grundsystem 4.
Faktoren $k_{M_4}^I$ und $k_{M_4}^{II}$ zur Bestimmung der Biegemomente im Auflagerring.

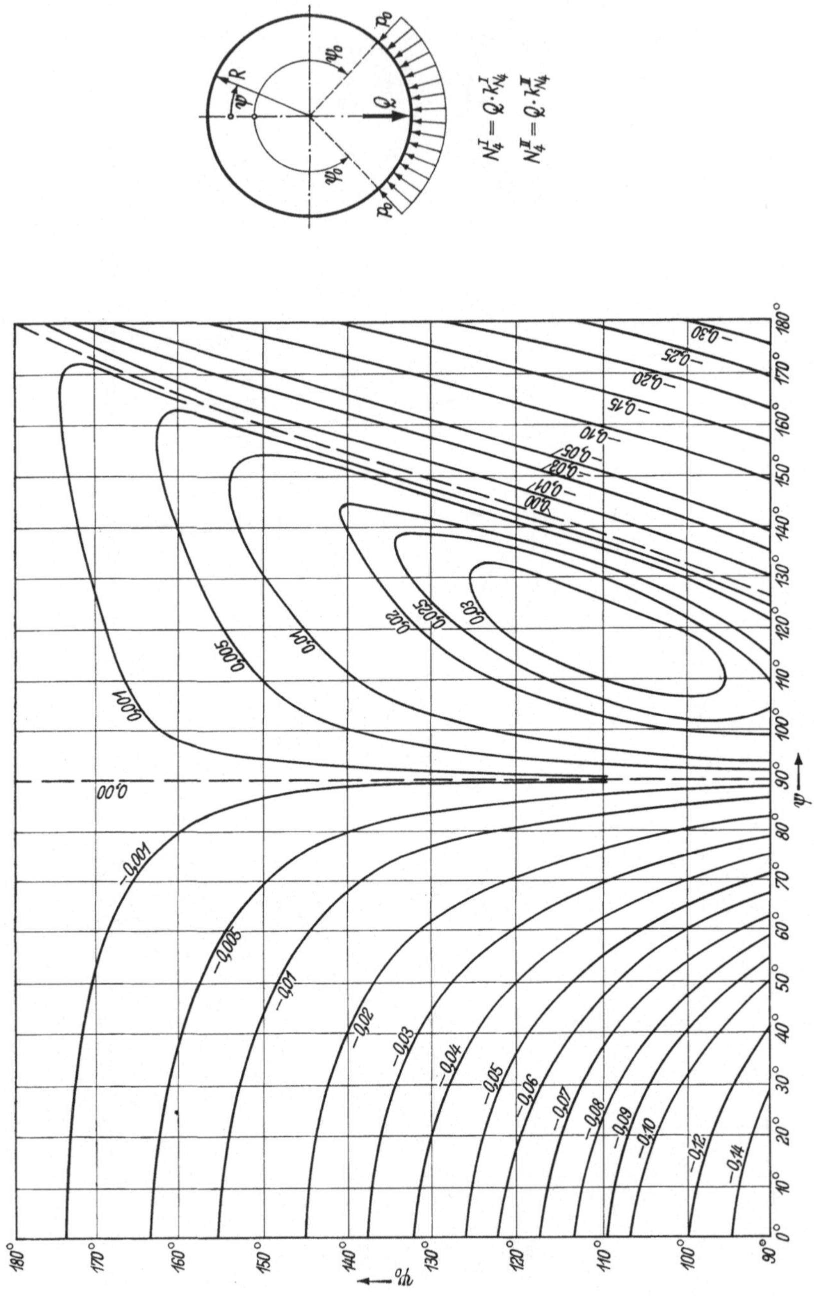

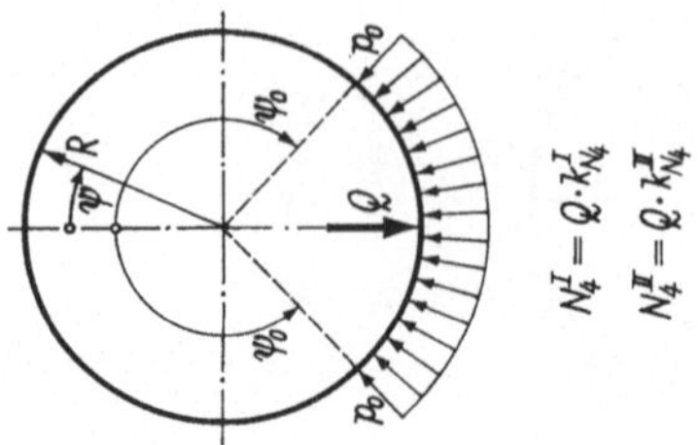

Abb. 110. Grundsystem 4.

Faktoren $k_{N_4}^I$ und $k_{N_4}^{II}$ zur Bestimmung der *Normalkräfte* im Auflagerring.

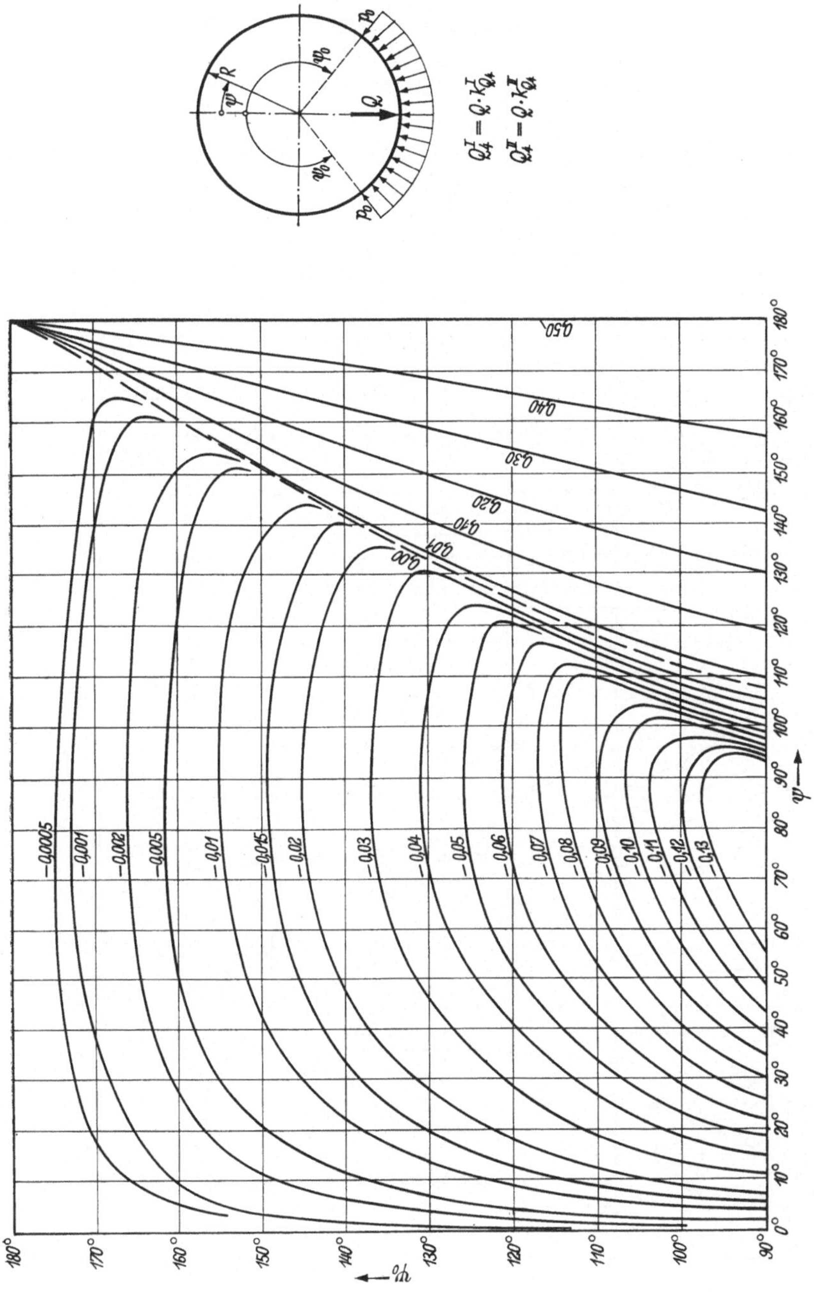

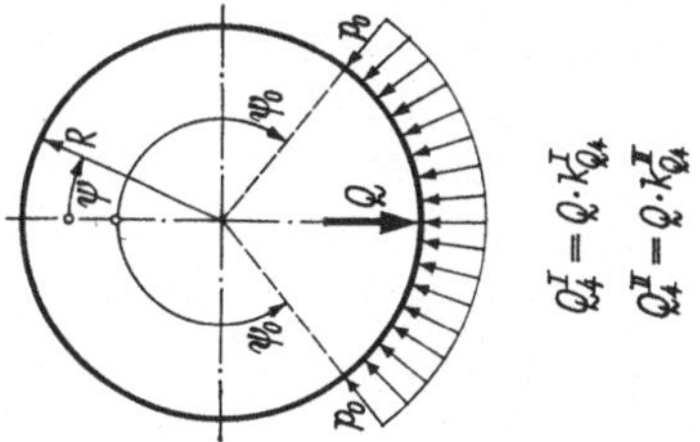

Abb. 111. Grundsystem 4.

Faktoren $k_{Q_4}^I$ und $k_{Q_4}^{II}$ zur Bestimmung der Querkräfte im Auflagerring.

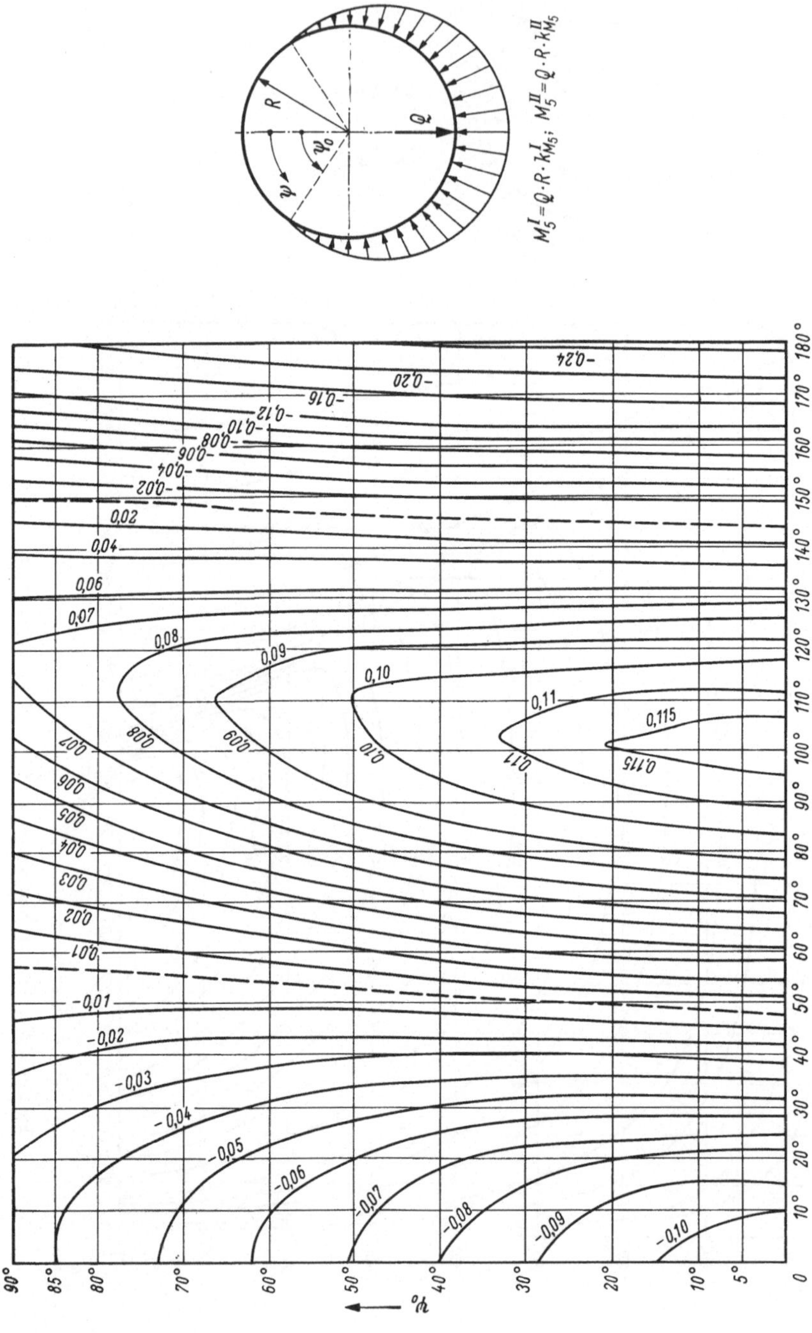

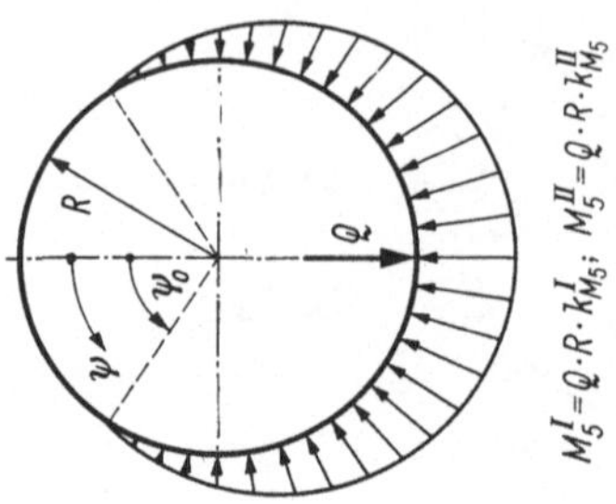

Abb. 112. Grundsystem 5.
Faktoren $k_{M_5}^I$ und $k_{M_5}^{II}$ zur Bestimmung der *Biegemomente* im Versteifungsring (vgl. S. 165).

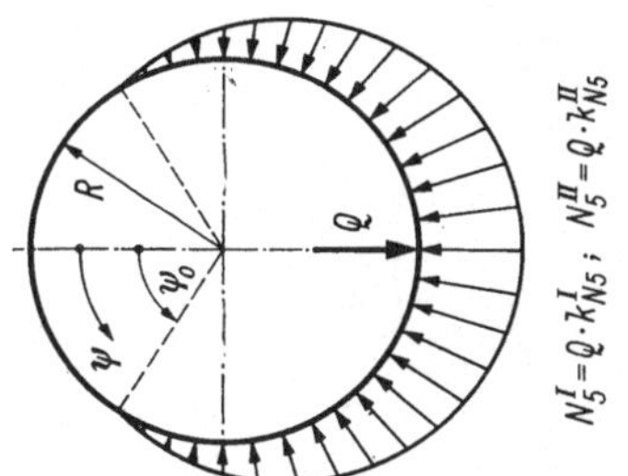

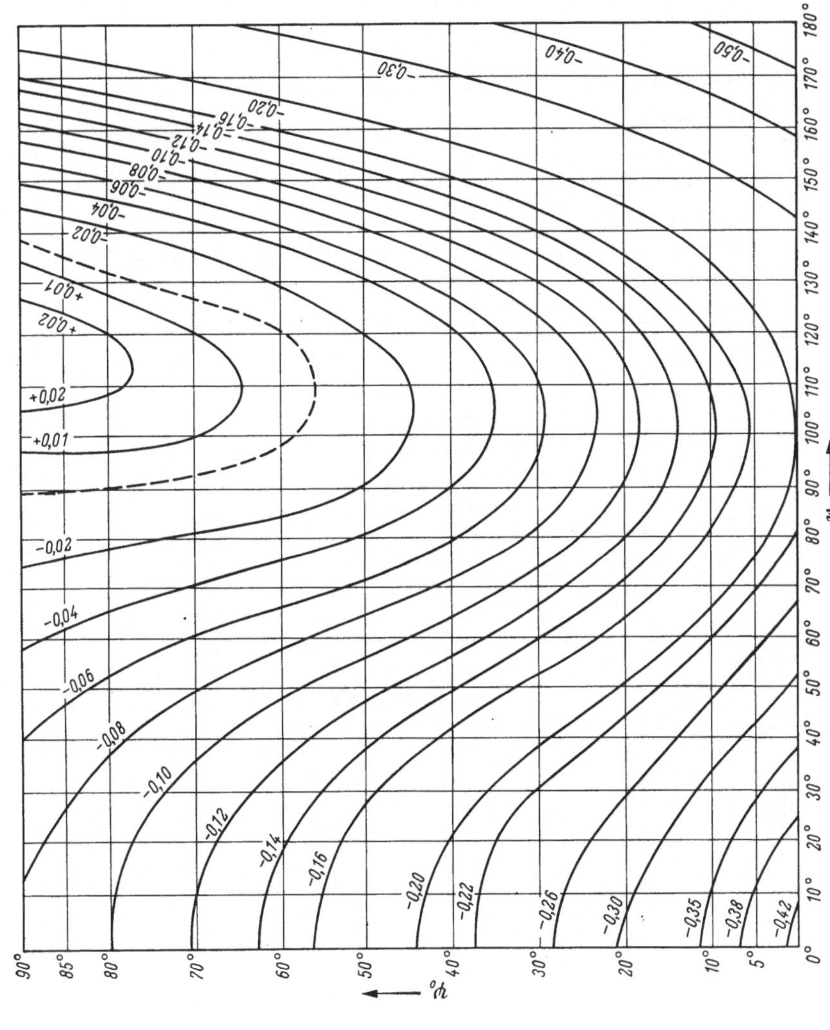

Abb. 113. Grundsystem 5.
Faktoren $k_{N_5}^I$ und $k_{N_5}^{II}$ zur Bestimmung der *Normalkräfte* im Versteifungsring (vgl. S. 166).

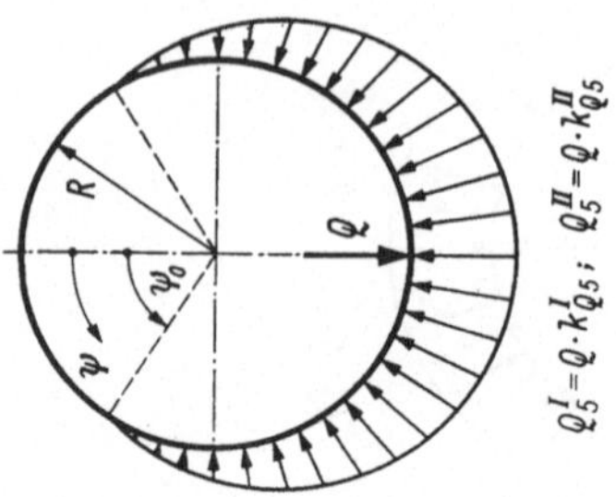

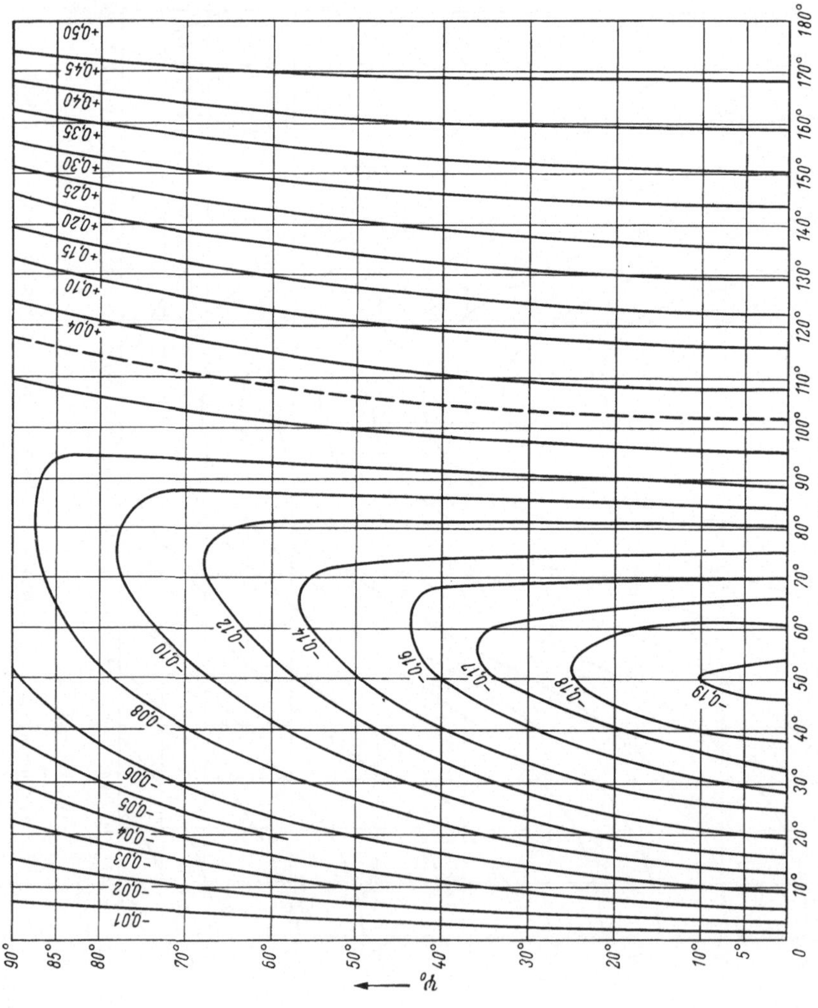

Abb. 114. Grundsystem 5.
Faktoren $k_{Q_5}^{I}$ und $k_{Q_5}^{II}$ zur Bestimmung der *Querkräfte* im Versteifungsring (vgl. S. 167).

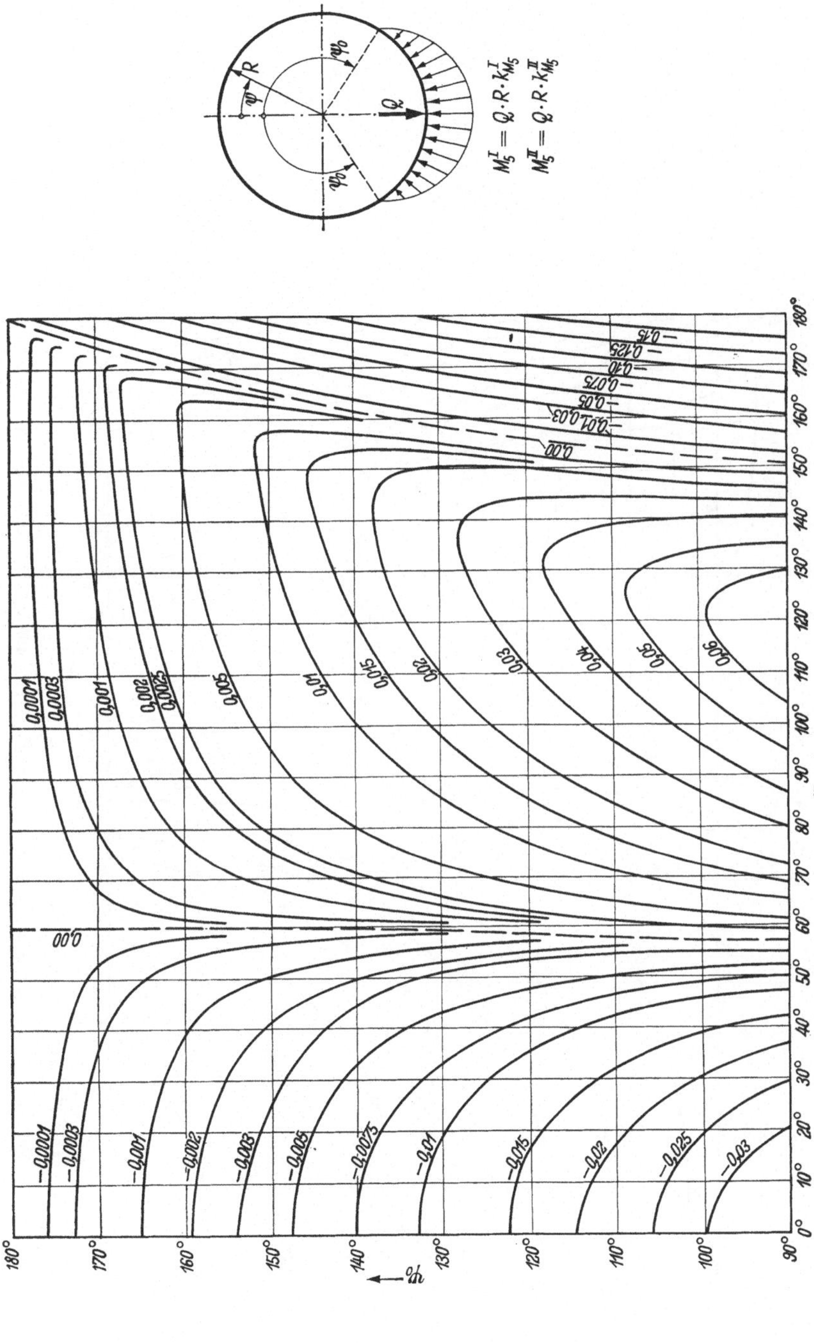

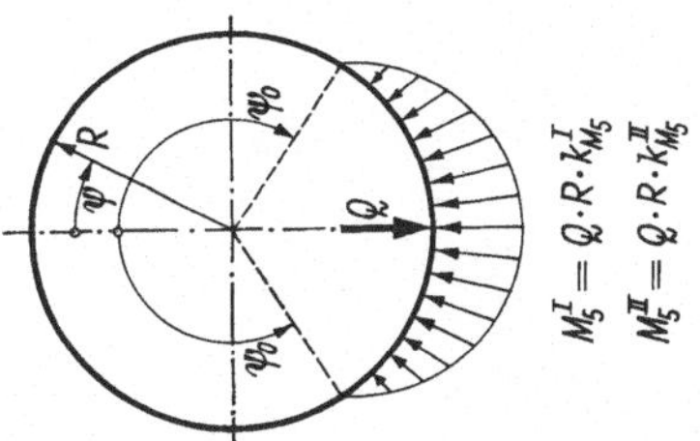

Abb. 115. Grundsystem 5.
Faktoren $k_{M_5}^I$ und $k_{M_5}^{II}$ zur Bestimmung der *Biegemomente* im Auflagerring (vgl. Abb. 112).

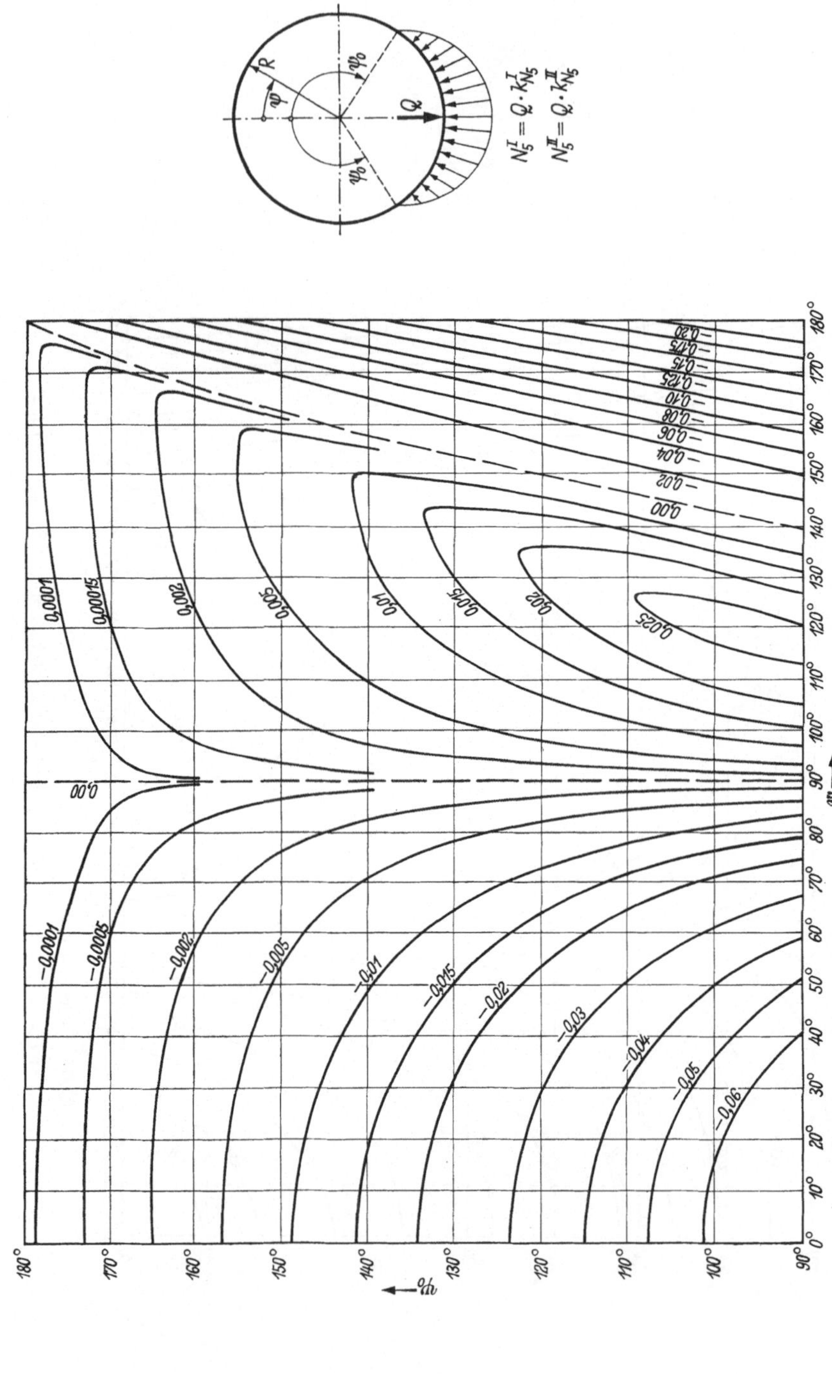

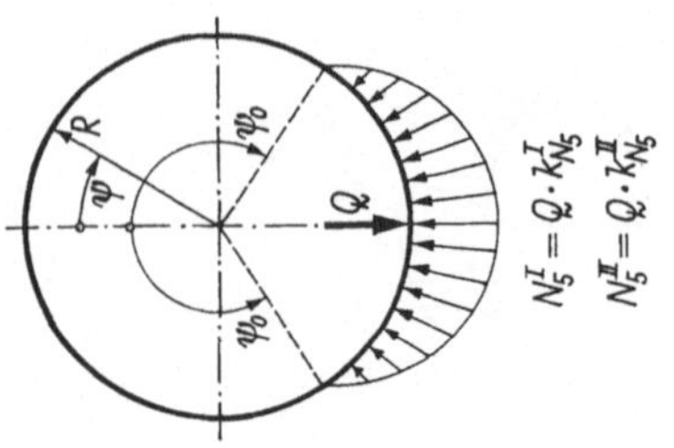

Abb. 116. Grundsystem 5.

Faktoren $k_{N_5}^{II}$ und $k_{N_5}^{II}$ zur Bestimmung der *Normalkräfte* im Auflagerring (vgl. Abb. 113).

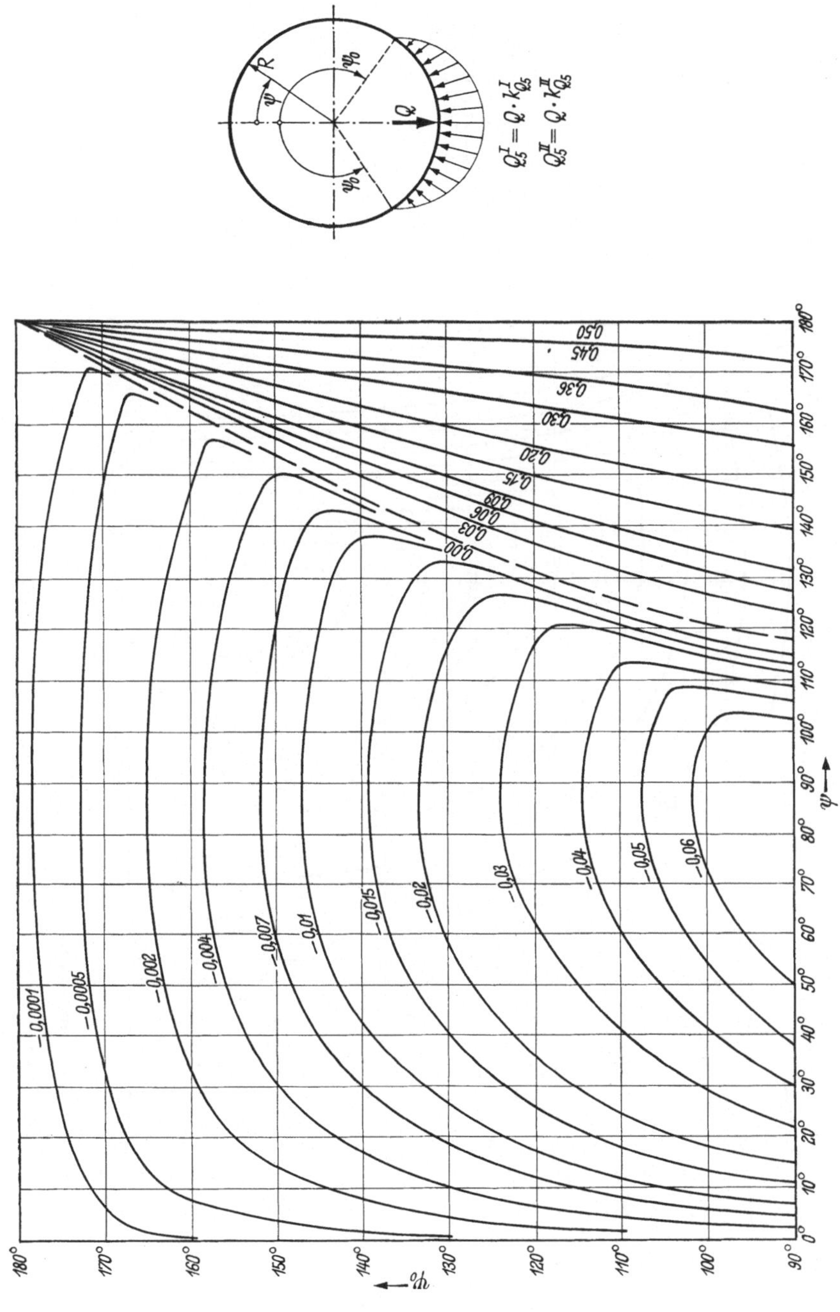

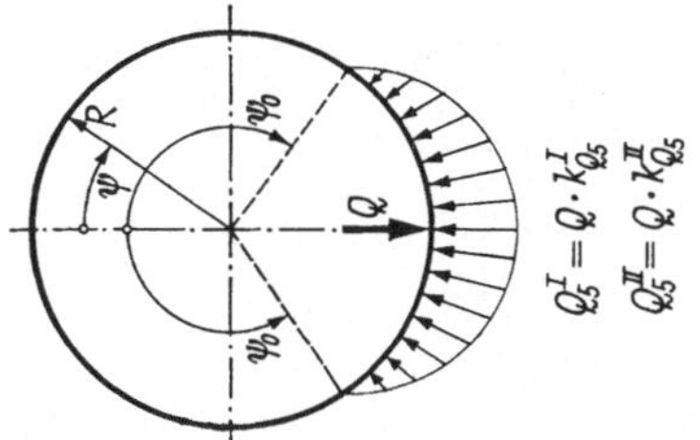

Abb. 117. Grundsystem 5.
Faktoren $k_{Q_5}^{I}$ und $k_{Q_5}^{II}$ zur Bestimmung der *Querkräfte* im Auflagerring (vgl. Abb. 114).

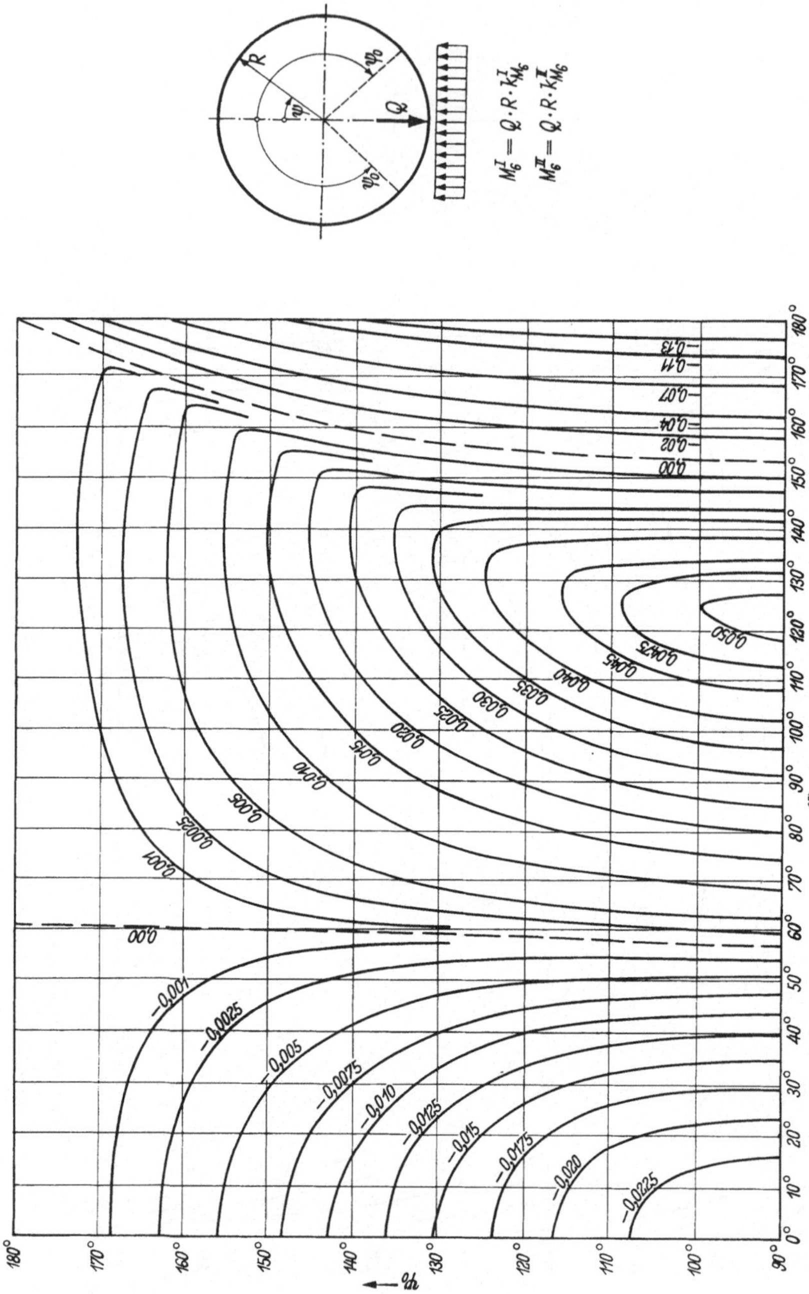

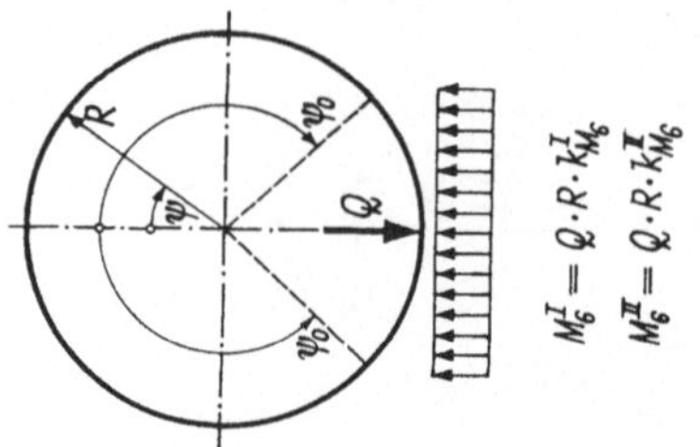

Abb. 118. Grundsystem 6.
Faktoren $k_{M_6}^I$ und $k_{M_6}^{II}$ zur Bestimmung der *Biegemomente* im Auflagerring.

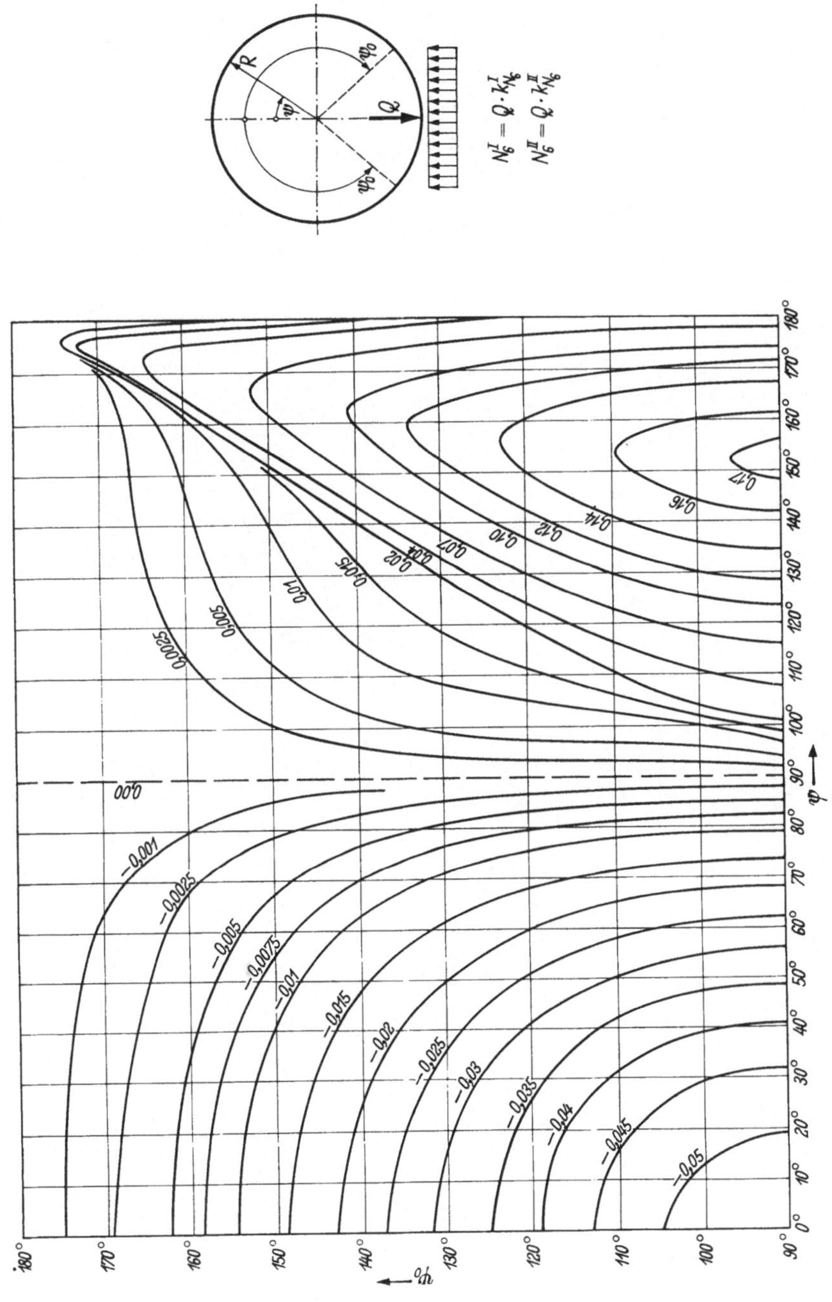

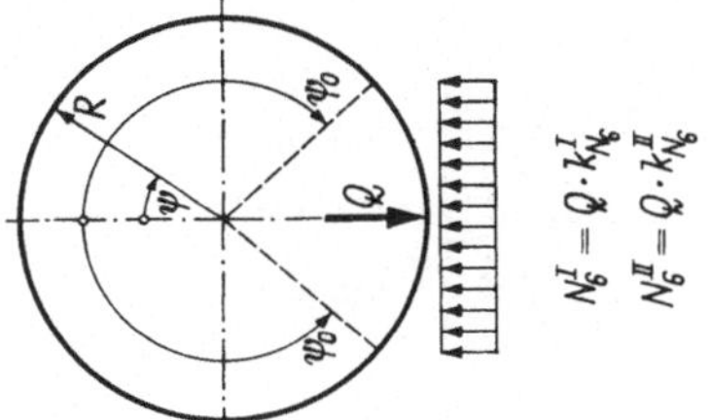

Abb. 119. Grundsystem 6.

Faktoren $k_{N_6}^I$ und $k_{N_6}^{II}$ zur Bestimmung der *Normalkräfte* im Auflagerring.

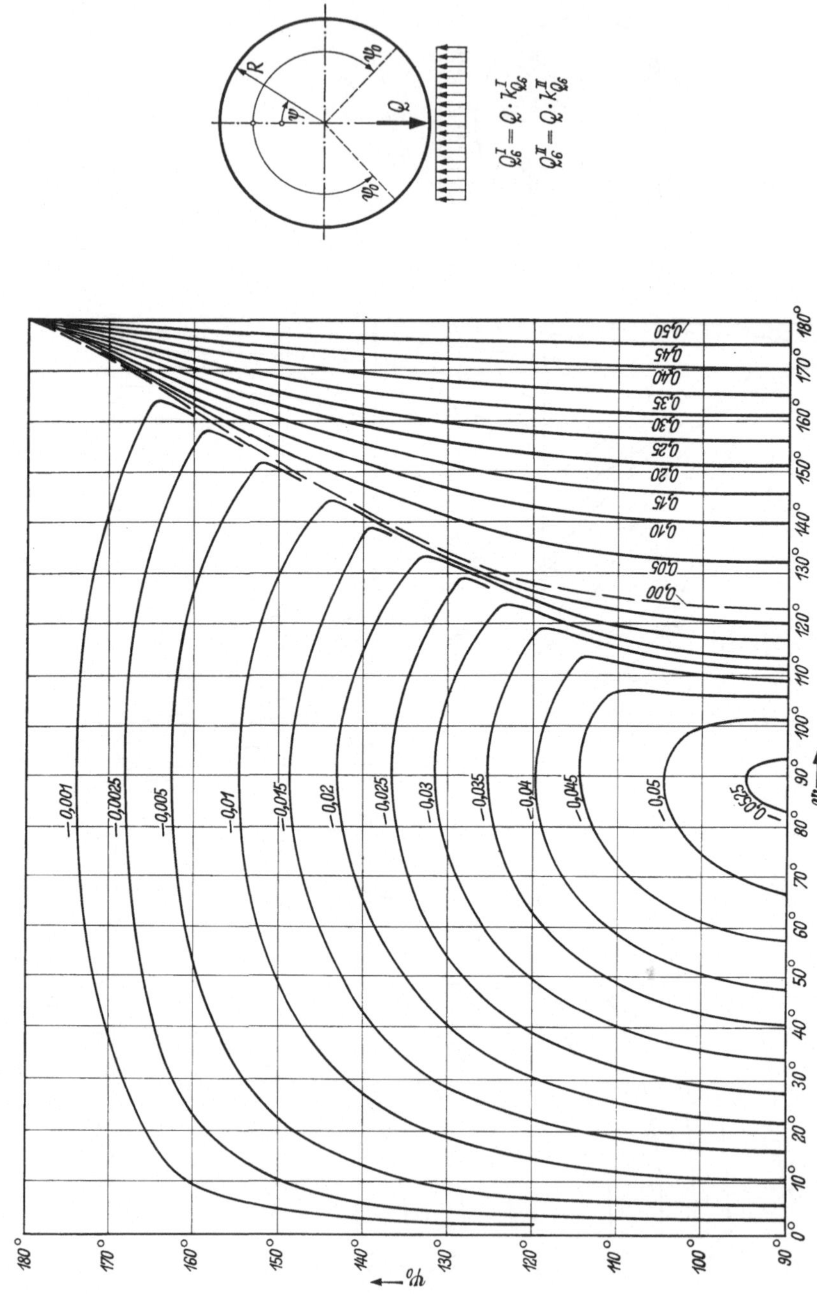

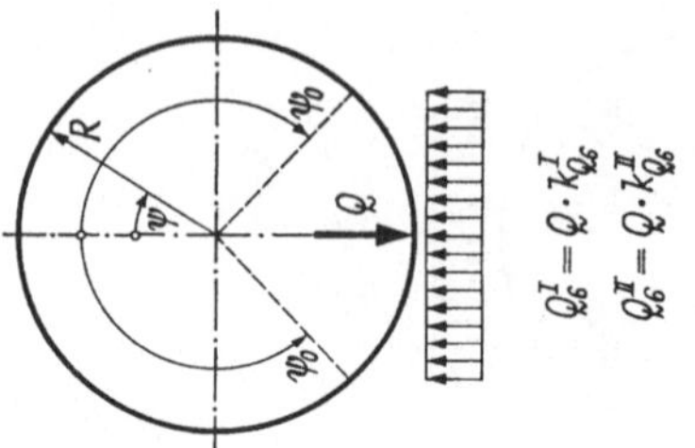

Abb. 120. Grundsystem 6.

Faktoren $k_{Q_6}^I$ und $k_{Q_6}^{II}$ zur Bestimmung der *Querkräfte* im Auflagerring.

7. Zusammenfassung

In der ungestörten Rohrschale einer mittels Auflagerringen gelagerten Druckrohrleitung treten unter den üblichen Lastfällen keine Biegebeanspruchungen auf. Querbelastungen, wie z. B. Eigengewicht- und Wasserlast-Komponenten werden als Schubkräfte an die Auflagerringe übertragen und von ihnen an die Fundamente abgegeben. Der Auflagerring verursacht in der angrenzenden Rohrschale — die sich z. B. unter Innendruck aufweiten will, vom starren Ringträger aber zurückgehalten wird — der Membrantheorie widersprechende Störspannungen, die ihrerseits auf das baustatische Verhalten des Auflagerringes und seine Querschnittseigenschaften Einfluß nehmen. Erst nach gebührender Berücksichtigung dieser Tatsachen kann der Auflagerring als selbständiges Bauelement weiterbehandelt werden. Die Momenten-, Normalkraft- und Querkraftverteilung über den Ringumfang ist dabei, unter Benutzung von durch einen elektronischen Rechenautomaten errechneten Hilfsfaktoren und gegebenenfalls durch Superposition bestimmter Grundsysteme, einfach und genau für alle im Druckrohrleitungsbau auftretenden Lagerungsweisen und Lastfälle bestimmbar. Es wird ferner ein Vergleich von Auflagerringsystemen und damit die Auswahl von für bestimmte Verhältnisse besonders geeigneten Typen möglich. Die Hilfsfaktoren der Grundsysteme lassen sich auch für die Berechnung anderer Konstruktionen des Druckrohrleitungsbaues, wie z. B. Versteifungsringe, Festpunkte und Krümmerverankerungen, verwenden. Insbesondere für die Berechnung eingeerdeter, ringversteifter Rohrstränge können durch einfache Variation der Grundsysteme alle typischen Belastungsschemen erfaßt werden. Meßtechnische Untersuchungen an einem Modell und an ausgeführten Bauwerken bestätigen die Gültigkeit der benutzten Berechnungsgrundlagen bzw. weisen den Einfluß bestimmter Nebenerscheinungen nach.

Literaturverzeichnis

1 Love, A. E. H.: Lehrbuch der Elastizität. Leipzig, u. Berlin: Teubner, 1907.
2 Reissner, H.: Über die Spannungsverteilung in zylindrischen Behälterwänden. Beton und Eisen 7 (1908).
3 Meissner, E.: Das Elastizitätsproblem für dünne Schalen von Ringflächen-, Kugel- und Kegelform. Phys. Z. 14 (1913).
4 Reissner, H.: Formänderungen und Spannungen einer dünnwandigen, an den Rändern frei aufliegenden beliebig belasteten Zylinderschale. ZAMM 13 (1953).
5 Miesel, K.: Über die Festigkeit von Kreiszylinderschalen mit nichtachsensymmetrischer Belastung. Ing.-Arch. 1 (1930).
6 Craemer, H.: Einige Iterations-Relaxationsverfahren für drehsymmetrisch beanspruchte Zylinderschalen. Österr. Ing.-Arch. 6 (1952).
7 Günther, H.: Schnittkräfte und Verformungen in Kreiszylinderschalen und deren Anwendung auf Silo- und Behälterbauten. Bautechn. 37 (1960).
8 Wittneben, H. J.: Ein Beitrag zur Berechnung rotationssymmetrischer Behälter. Bautechn. 37 (1960).
9 Müller, K.-H.: Spannungen in anisotropen kreiszylindrischen Rohren. Ing.-Arch. 27 (1960).
10 Born, J.: Praktische Schalenstatik. Berlin: Ernst u. Sohn, 1960.
11 Aas-Jakobsen, A.: Die Berechnung der Zylinderschalen. Berlin/Göttingen/Heidelberg: Springer 1958.
12 Chronowicz, A., u. J. Born: Die Berechnung von Zylinderschalen (Praktisches Näherungsverfahren). Stuttgart: K. Wittwer, 1961.
13 Föppl, A.: Vorlesungen über Technische Mechanik. Leipzig u. Berlin: Teubner, 1922.
14 Timoshenko/Lessells: Festigkeitslehre. Berlin: Springer 1928.
15 Flügge, W.: Statik und Dynamik der Schalen. Berlin/Göttingen/Heidelberg: Springer, 1957.
16 Girkmann, K.: Flächentragwerke. Wien: Springer, 1956.
17 Pflüger, A.: Elementare Schalenstatik. Berlin/Göttingen/Heidelberg: Springer, 1960.
18 Flügge, W.: Stresses in Shells. Berlin/Göttingen/Heidelberg: Springer, 1960.
19 Timoshenko, S., u. S. Woinowsky-Krieger: Theory of plates and shells. New York, Toronto, London: McGraw-Hill, 1959.
20 Kantorowitsch, S. B.: Die Festigkeit der Apparate und Maschinen für die chemische Industrie. Berlin: VEB-Verlag Technik, 1955.
21 Wlassow, W. S.: Allgemeine Schalentheorie und ihre Anwendung in der Technik. Berlin: Akademie-Verlag 1958.
22 v. Jürgensonn, H.: Elastizität und Festigkeit im Rohrleitungsbau. Berlin/Göttingen/Heidelberg: Springer, 1953.
23 Betonkalender, 2. Teil. Berlin: Ernst u. Sohn, 1958.
24 Fröhlich, O.: Beitrag zur Berechnung weiter Rohre. Zeitschr. d. österr. Ingenieur- und Arch.-Vereins 3 (1910).

25 Thoma, D.: Die Beanspruchung freitragender, gefüllter Rohre durch das Gewicht der Flüssigkeit. Zeitschr. f. d. ges. Turbinenwesen 17 (1920).

26 Schwerin, E.: Über die Spannungen in freitragenden gefüllten Rohren. ZAMM 2 (1922).

27 Meissner, E.: Zur Festigkeitsberechnung von Hochdruck-Kesseltrommeln. Schweiz. Bauztg. 86 (1925).

28 Hruschka, A.: Druckrohrleitungen der Wasserkraftwerke. Entwurf, Berechnung, Bau und Betrieb. Wien u. Berlin: Springer, 1929.

29 Ickes, H. L., J. C. P. Page and S. O. Harper: Penstock analysis and stiffener design. Boulder canyon project; final reports, Denver, Colorado, 1940.

30 Esslinger, M.: Über die Beanspruchungen von Rohrleitungen durch Eigengewicht. Bautechn. 20 (1942).

31 Roark, R. J.: Formulars for stress and strain. New York, Toronto, London: McGraw-Hill, 1954.

32 Bellometti, U.: Condotte Forzate. Milano: Editore Ulrico Hoepli, 1955.

33 Gravina, P. B. J., u. C. P. Stüssi: Theorie und Berechnung der Rotationsschalen. Berlin/Göttingen/Heidelberg: Springer, 1961.

34 Schwaigerer, S.: Festigkeitsberechnung von Bauelementen des Dampfkessel-, Behälter- und Rohrleitungsbaues. Berlin/Göttingen/Heidelberg: Springer, 1961.

35 Atrops, H.: Stählerne Druckrohrverzweigungen, Entwurf und Berechnung. Berlin/Göttingen/Heidelberg: Springer, 1963.

36 Hawranek, A., u. O. Steinhardt: Theorie und Berechnung der Stahlbrücken. Berlin/Göttingen/Heidelberg: Springer, 1958.

37 Pasternak, P.: Formeln zur raschen Berechnung der Biegebeanspruchung in kreisrunden Behältern. Schweiz. Bauztg. 86 (1925).

38 —: Die praktische Berechnung biegefester Kugelschalen, kreisrunder Fundamentplatten auf elastischer Bettung und kreiszylindrischer Wandungen in gegenseitiger monolither Verbindung. ZAMM 6 (1926).

39 Neuber, H.: Aufstellung und Integration der Grundgleichungen der biegesteifen Kreiszylinderschale mit Hilfe der allgemeinen Schalentheorie. Wissenschaftl. Zeitschr. d. TH Dresden, 2 (1952/53) Nr. 4/5.

40 Rüdiger, D., u. J. Urban: Kreiszylinderschalen. Leipzig: Teubner, 1955.

41 Rabich, R.: Die Statik der Schalenträger. Bauplanung u. Bautechn. 9 (1955) H. 3/4; 10 (1956) H. 1.

42 Schmidt, H.: Ein Beitrag zum Randstörungsproblem an den Binderscheiben der Kreiszylinderschalen. Bauplanung und Bautechn. 11 (1957) H. 1/2.

43 Forkel, W.: Zur Berechnung der Randstörungsschnittkräfte rotationssymmetrischer Schalen bei Zusammenschluß mehrerer Elemente. Bautechn. 35 (1958).

44 Markus, J.: Berechnung der aus rotationssymmetrischen Schalen zusammengesetzten Bauwerke mit dem Croßschen Verfahren. Beton- und Stahlbetonbau 55 (1960).

45 Wetzorke, M.: Über die Bruchsicherheit von Rohrleitungen in parallelwandigen Gräben. Veröff. d. Inst. f. Siedlungswasserwirtschaft d. TH Hannover (1960) H. 5.

46 Sass, F., Ch. Dousché u. A. Leitner: Dubbels Taschenbuch für den Maschinenbauer. Berlin/Göttingen/Heidelberg: Springer, 1953.

47 Busemann, R.: Versetzte logarithmische Spiralen zum Auftragen von gedämpften Schwingungen und deren Ableitungen zur Berechnung von Balken auf elastischer Unterlage, sowie zur Berechnung von Kreiszylinderwänden für zentralsymmetrische Belastungen. Stahlbau 24 (1955).

48 EBERLE, E.: Spannungen in Zylinderschalen endlicher Länge. Techn. Rundschau Sulzer (1959) H. 1.

49 SCHORER, H.: Design of large pipe-lines. Amer. soc. of civil engrs.; Transactions, paper No. 1829.

50 ATROPS, H.: Untersuchung der Versteifungen in Rohrverzweigungen (Diss.), Karlsruhe, 1953.

51 BIER, P. J.: Welded Steel-Penstocks-design and construction. Techn. Editorial Office, Denver Colorado: Denver, Federal Center, 1949.

52 ESSLINGER, M.: Aussteifungsringe von Druckrohrleitungen. Stahlbau 28 (1959).

53 REUSCH, D.: Beitrag zur Berechnung ringversteifter Rohre unter drehsymmetrischer und nicht drehsymmetrischer Belastung. (Diss.), Karlsruhe, 1963.

54 TSCHIERSCH, R.: Entwurf einer Druckrohrlagerung. (Diplomarbeit), Karlsruhe, 1952.

55 GITTER, R.: Spannungsuntersuchungen an einer eingeerdeten Druckrohrleitung. (Diplomarbeit), Karlsruhe, 1964.

56 DRESCHER, G.: Der eingeschnürte kurze Hohlzylinder und die Berechnung der Spannungsverhältnisse in ausgesteiften Flanschen von Rahmenecken. (Diss.), Weimar, 1959.

57 HAYASHI, K.: Theorie des Trägers auf elastischer Unterlage. Berlin: Springer, 1921.

58 PASTERNAK, P.: Die baustatische Theorie biegefester Balken und Platten auf elastischer Bettung. Beton u. Eisen, 1926.

59 BIEZENO, C. B., u. R. GRAMMEL: Technische Dynamik, Bd. I. Berlin/Göttingen/Heidelberg: Springer, 1953.

60 SCHULTZ-GRUNOW, F.: Einführung in die Festigkeitslehre. Düsseldorf: Werner, 1949.

61 STÜSSI, F.: Baustatik, Bd. I. Basel/Stuttgart: Birkhäuser, 1953.

62 BLEICH, H.: Die Spannungsverteilung in den Gurtungen gekrümmter Stäbe mit T- und I-förmigem Querschnitt. Stahlbau 6 (1933).

63 STEINHARDT, O.: Beitrag zur Berechnung gekrümmter Stäbe mit gegliedertem Querschnitt. (Diss.), Darmstadt, 1938.

64 STEINHARDT, O.: Die Berechnung zweistäbiger Rahmenecken mit zusammengesetztem Querschnitt. Stahlbau 13 (1940).

65 PITTNER, E.: Zur Ermittlung des Bantlinschen Querschnittsfaktors für stark gekrümmte Stäbe. VDI-Z. 92 (1950).

66 STEINHARDT, O.: Konstruieren in Stahl unter besonderer Berücksichtigung der HV-Schrauben. Sonderdruck aus: Gleitfeste Schraubenverbindungen im Stahlbau; Veröffentlichungen des Deutschen Stahlbauverbandes, (1958) H. 12.

67 STEINHARDT, O.: Die Stahlkonstruktionen der großen deutschen hydroelektrischen Speicheranlagen. Sonderdruck aus: Stahlbautagung Heidelberg, 1958, Veröff. d. Deutschen Stahlbauverbandes, (1958) H. 12.

68 SONNTAG, R.: Zur ebenen Biegung des stark gekrümmten Stabes mit veränderlicher Querschnittshöhe. Mitt. a. d. Mech.-Techn. Labor d. TH München, (1931) H. 35.

69 FÖPPL, L., u. G. SONNTAG: Tafeln und Tabellen zur Festigkeitslehre. München: Oldenbourg, 1951.

70 KARLSSON, K.: Till Tubledningars Hallfasthetsberäkning. Teknisk Tidskrift, Väg- och Vattenbyggnadskonst. (1910) H. 4.

71 KARLSSON, K.: Über Schwerkraftspannungen in Rohrleitungen von großen Durchmessern und deren rationelle Konstruktion. Schweiz. Bauztg. 80 (1922).

72 Hökerberg, T.: Ett Bidrag till Tubledningars Hallfasthetsberäkning. Teknisk Tidskrift; Väg- och Vattenbyggnadskonst. (1919) H. 3.

73 Pohl, K.: Berechnung des biegungsfesten Kreisringes mit radialer, stetiger, elastischer Stützung. Stahlbau 5 (1931).

74 Pohl, K.: Berechnung der Ringversteifungen dünnwandiger Hohlzylinder. Stahlbau 4 (1931).

75 Müller-Breslau, H.: Beitrag zur Theorie der Kuppel- und Turmdächer und verwandter Konstruktionen. Z-VDI 42 (1898).

76 Hansen, F.: Zur Berechnung der Stützringe an Druckrohrleitungen. Wasserkraft und Wasserwirtschaft 30 (1935).

77 Stradtmann, F. H.: Stahlrohr-Handbuch. Essen: Vulkanverlag Classen, 1956.

78 Rühl, K.: Berechnung von Versteifungsringen. Bauplanung u. Bautechnik 2 (1948).

79 Beyer, K.: Die Statik im Stahlbetonbau. Berlin/Göttingen/Heidelberg: Springer, 1956.

80 Hirschfeld, K.: Baustatik. Berlin/Göttingen/Heidelberg: Springer, 1958.

81 Schoklitsch, A.: Handbuch des Wasserbaues. Wien: Springer, 1952.

82 Mosonyi, E.: Wasserkraftwerke. Verlag der Ungar. Akademie d. Wissenschaften, 1959.

83 Marquardt, E.: Rohrleitungen und geschlossene Kanäle. 4. Kap. aus: Handbuch für Eisenbetonbau, Bd. 9, 1934.

84 Guerrin, A., u. G. Daniel: Le calcul des tuyaux en béton armé et non armé. Paris: Editions Eyrolles, 1952.

85 Reusch, D.: Beitrag zur Berechnung eingeerdeter Rohre. Bauingenieur 36 (1961).

86 Untersuchung des Spannungszustandes eines horizontalen Behälters auf Stützen. Techn. Mitt. des GWK-Verbandes, Jan. 1959, Übersetzung d. Untersuchungsberichtes d. „Institut de Soudre" unter Leitung von Herrn Gerbeaux.

87 Herber, K. H.: Beanspruchungen an den Lagerstellen liegender zylindrischer Flüssigkeitsbehälter. Techn. Mitt. d. GWK-Verbandes, Dezember 1959.

88 Herber, K. H.: Beanspruchungen an den Lagerstellen liegender zylindrischer Flüssigkeitsbehälter. Techn. Mitt. d. GWK-Verbandes, Mai 1958.

89 Bijlaard, P. P.: Stresses from local Loadings in Cylindrical Pressure Vessels. Transactions of the ASME 77 (1955).

90 Girkmann, K.: Berechnung eines Rohrstranges mit Gleitblechlagerung. Österr. Ing.-Arch. 1950.

91 Kaufmann, W.: Statik der Tragwerke. Berlin/Göttingen/Heidelberg: Springer, 1957.

92 Andrä, W., u. F. Leonhardt: Neue Entwicklungen für Lager von Bauwerken, Gummi- und Gummitopflager. Bautechn. 39 (1962).

93 Marquardt, E.: Beton- und Eisenbetonleitungen — ihre Belastung und Prüfung. Berlin: Ernst u. Sohn, 1934.

94 Spangler, M. G.: Stresses in Pressure Pipelines and Protective Casing Pipes. Journal of the Structural Division, Proceedings of the American Society of Civil Engineers, Paper 1054.

95 Spangler, M. G.: Protective Casings for Pipelines. Petroleum Engn. 1952.

96 Hruschka, A.: Die Berechnung von erdbedeckten, nachgiebigen Druckrohrleitungen. Wasserkraft und Wasserwirtschaft 36 (1941).

97 Voellmy, A.: Eingebettete Rohre. Diss. an der ETH Zürich 1937.

98 Wilson, W. M., and E. D. Olson: Tests of cylindrical shells. University of

Illinois. Engng. experiments station. Bull. ser. No. 331 (1941) 71: „Tests of Supporting Rings".

99 Schadel, O., u. J. Schneider: Abnahmeprüfungen und Dehnungsmessungen an der neuen geschweißten Druckrohrleitung des Leitzach-Kraftwerkes. Stahlbau 6 (1962).

100 Schneider, J.: Bau- und Montageüberwachung einer geschweißten Druckrohrleitung für das Leitzach-Kraftwerk. Techn. Überwachung 2 (1961).

101 Schiller, A.: Verformungs- und Beanspruchungsmessungen bei der Druckprobe der Turbinenrohrleitung HAPPURG I. Mannesmann-Forschungsbericht, Untersuchungsber. Nr. 70/62, 1962.

102 Marquardt, E.: Fortschritte bei der Bemessung und Bauausführung von Beton- und Stahlbetonrohrleitungen. Bautechn. 44 (1952).

103 Voellmy, A.: Bemessung und Bruchsicherheit von Rohrleitungen, insbesondere von Eternitleitungen. Schweiz. Bauztg. 15 (1943).

104 Drescher, G.: Das im Erdreich eingebettete Rohr. Österr. Ingenieur-Zeitschrift 3 (1965).

105 Unterstenhöfer, L.: Bewegungen und Kräfte in eingeerdeten Stahlrohrleitungen durch Temperatureinwirkungen. (Diss.), Stuttgart, 1955.

106 Tölke, F.: Festigkeitsberechnung für die 150 km lange eingeerdete stählerne Druckrohrleitung vom Bodensee nach Stuttgart.

107 VDEW (Vereinigung Deutscher Elektrizitätswerke e. V.) „Richtlinien für die Erstellung von stählernen Druckrohrleitungen für Wasserkraftanlagen". Verlags- und Wirtschaftsgesellschaft der Elektrizitätswerke m. b. H. (VWEW), Frankfurt, 1966.

108 Steinhardt, O.: Druckrohrleitungen für Wasserkraftwerke (neuere Entwicklungen). Berichte der „Versuchsanstalt für Stahl, Holz und Steine" der Technischen Hochschule Fridericiana in Karlsruhe; 3. Folge, H. 2, 1965. und The Bulletin of the Faculty of Engng. Cairo University, 1964 (engl. Fassung).

109 Mang, F.: Baustatische Untersuchung der Auflagerringe stählerner Druckrohrleitungen (Diss.), Karlsruhe 1965.

110 Mang, F.: Gepanzerte Druckstollen und Rohrleitungen für Pumpspeicherwerke. Techn. Mitt. d. Hauses d. Technik 59 (1966).